HUAWEI

5G 移 动 通 信 技 术 系 列 教 程

5G
承载网技术及部署

微课版

赵新胜 陈美娟 ◎ **主编**

陶亚雄 胡方霞 何国雄 刘志远 ◎ 副主编

U0177389

人民邮电出版社

北 京

图书在版编目（CIP）数据

5G承载网技术及部署：微课版 / 赵新胜，陈美娟主编. -- 北京：人民邮电出版社，2021.1
5G移动通信技术系列教程
ISBN 978-7-115-54952-5

Ⅰ. ①5… Ⅱ. ①赵… ②陈… Ⅲ. ①无线电通信－移动网－高等学校－教材 Ⅳ. ①TN929.5

中国版本图书馆CIP数据核字(2020)第185159号

内 容 提 要

本书较为全面地介绍了 5G 承载网的相关内容。全书共 11 章，具体内容包括绪论、5G 系统、5G 承载网解决方案及技术概述、5G 承载网路由技术及部署、5G 承载网隧道技术及部署、5G 承载网 VPN 技术及部署、5G 承载网同步技术及部署、5G 承载网 SDN 技术及部署、5G 承载网切片技术及部署、5G 承载网可靠性技术及部署和 5G 承载网整体部署方案。全书通过二维码方式，穿插了许多在线视频，可以帮助读者巩固所学的内容。

本书既可以作为本科院校和高职高专院校通信类专业的教材，也可以作为华为 5G 承载网工程师（HCIA-5G-Bearer）认证的培训教材。同时，本书也适合运营商网络维护人员、移动通信设备技术支持人员和广大移动通信爱好者自学使用。

◆ 主　　编　赵新胜　陈美娟
　　副 主 编　陶亚雄　胡方霞　何国雄　刘志远
　　责任编辑　郭　雯
　　责任印制　王　郁　马振武
◆ 人民邮电出版社出版发行　　北京市丰台区成寿寺路 11 号
　　邮编 100164　电子邮件 315@ptpress.com.cn
　　网址 https://www.ptpress.com.cn
　　固安县铭成印刷有限公司印刷
◆ 开本：787×1092　1/16
　　印张：13.25　　　　　　　2021 年 1 月第 1 版
　　字数：302 千字　　　　　　2025 年 1 月河北第 6 次印刷

定价：49.80 元

读者服务热线：(010)81055256　印装质量热线：(010)81055316
反盗版热线：(010)81055315
广告经营许可证：京东市监广登字 20170147 号

5G移动通信技术系列教程编委会

序　FOREWORD

　　2019 年是全球 5G 商用元年，5G 在信息传送能力、信息连接能力和信息传送时延性能方面与 4G 相比有了量级的提升。"新基建"等政策更加有力地推动了 5G 与行业的融合，5G 将渗透到经济社会生活的各个领域中，并推动和加速各行各业向数字化、网络化和智能化的转型。

　　新兴技术的快速发展往往伴随着新兴应用领域的出现，更高的技术门槛对人才的专业技术能力和综合能力均提出了更高的要求。为此，需要进一步加强校企合作、产教融合和工学结合，紧密围绕产业需求，完善应用型人才培养体系，强化实践教学，推动教学、教法的创新，驱动应用型人才能力培养的升维。

　　"5G 移动通信技术系列教程"是由高校教学一线的教育工作者与华为技术有限公司、浙江华为通信技术有限公司的技术专家联合成立的编委会共同编写的，它将华为技术有限公司的 5G 产品、技术按照工程逻辑进行模块化设计，建立从理论到工程实践的知识桥梁，目标是培养既具备扎实的 5G 理论基础，又能从事工程实践的优秀应用型人才。

　　"5G 移动通信技术系列教程"包括《5G 无线技术及部署》《5G 承载网技术及部署》《5G 无线网络规划与优化》和《5G 网络云化技术及应用》4 本教材。这套教材有效地融合了华为职业技能认证课程体系，将理论教学与工程实践融为一体，同时，配套了华为技术专家讲授的在线视频，嵌入了华为工程现场实际案例，能够帮助读者学习前沿知识，掌握相关岗位所需技能，对于相关专业高校学生的学习和工程技术人员的在职教育来说，都是难得的教材。

　　我很高兴看到这套教材的出版，希望读者在学习后，能够有效掌握 5G 技术的知识体系，掌握相关的实用工程技能，成为 5G 技术领域的优秀人才。

中国工程院院士

2020 年 4 月 6 日

前言 / PREFACE

伴随着国内 5G 网络的正式商用，万物互联的高速移动通信时代正式来临。与 4G 网络相比，5G 网络能够实现更高的数据速率、更低的通信时延及更大的系统连接数，并且在网络结构和关键技术等方面与 4G 网络有着较大的区别。4G 改变了生活方式，而 5G 将改变整个社会、使能各行各业。作为通信行业的从业者，5G 是必须要掌握的移动通信技术。

5G 网络规模庞大，无论是在大规模建设阶段，还是在网络维护阶段，移动通信运营商都需要大量 5G 网络建设和维护人员。本书的编写基于编者多年现网工作经验，从培养现网工程师的角度出发，以理论知识与实际应用相结合的方式，培养 5G 的专业人才。

本书以现网工程建设和维护的各个环节为主线，介绍了 5G 网络建设和维护需要掌握的理论知识及关键技术。通过绪论、5G 系统和 5G 承载网解决方案及技术概述简要介绍了移动通信网络、5G 移动通信系统的基本情况、5G 承载网面临的需求及技术解决方案；通过 5G 承载网路由技术及部署、5G 承载网隧道技术及部署、5G 承载网 VPN 技术及部署和 5G 承载网同步技术及部署全面介绍了 5G 承载网的基础理论知识；通过 5G 承载网 SDN 技术及部署、5G 承载网切片技术及部署和 5G 承载网可靠性技术及部署详细介绍了 5G 承载网的关键技术；通过 5G 承载网整体部署方案介绍了理论知识和关键技术如何应用在实际的承载网中。

本书适合在校通信类专业的学生、运营商的设备维护人员、通信技术等行业的从业人员使用。本书中穿插了许多在线视频二维码，读者可以通过扫描二维码在线观看相关的技术教学视频。完成本书的学习后，读者应能够掌握 5G 产品工程师需要具备的各项技能。

党的二十大报告提出"加快实施创新驱动发展战略。坚持面向世界科技前沿、面向经济主战场、面向国家重大需求、面向人民生命健康，加快实现高水平科技自立自强。以国家战略需求为导向，集聚力量进行原创性引领性科技攻关，坚决打赢关键核心技术攻坚战。加快实施一批具有战略性全局性前瞻性的国家重大科技项目，增强自主创新能力"。华为自主研发的 5G 技术，无论是在核心技术领域，还是在整体市场营收能力，都处于全球领先地位。目前，我国的 5G 网络建设让我国人民率先用上了更加畅通的 5G 网络，也助力我国建设出了目前全球最大的 5G 网络。

本书的参考学时为 48~64 学时，建议采用理论实践一体化的教学模式，参考学时可以参照以下的学时分配表。

学时分配表

序 号	课 程 内 容	学 时
1	绪论	2~3
2	5G 系统	3~5
3	5G 承载网解决方案及技术概述	5~6
4	5G 承载网路由技术及部署	5~6
5	5G 承载网隧道技术及部署	4~6
6	5G 承载网 VPN 技术及部署	5~7
7	5G 承载网同步技术及部署	4~5
8	5G 承载网 SDN 技术及部署	4~5

续表

序　号	课　程　内　容	学　时
9	5G 承载网切片技术及部署	4~6
10	5G 承载网可靠性技术及部署	5~7
11	5G 承载网整体部署方案	5~6
	课程考评	2
学时总计		48~64

　　本书由赵新胜、陈美娟任主编，陶亚雄、胡方霞、何国雄、刘志远任副主编，杨嘉玮、许渊参与编写。由于编者水平和经验有限，书中难免存在疏漏和不足之处，敬请广大读者批评指正。

编　者
2023 年 1 月

目 录

CONTENTS

第1章 绪论 1

1.1 移动通信网络架构 2

1.2 移动通信网络的演进 3

    1.2.1 第一代移动通信系统 4

    1.2.2 第二代移动通信系统 4

    1.2.3 第三代移动通信系统 5

    1.2.4 第四代移动通信系统 5

    1.2.5 第五代移动通信系统 6

1.3 本书内容与学习目标 8

本章小结 10

课后习题 10

第2章 5G 系统 11

2.1 5G 系统概述 12

    2.1.1 5G 标准组织 12

    2.1.2 IMT-2020 愿景 12

    2.1.3 5G 标准进程 13

2.2 5G 业务和主要应用场景 14

    2.2.1 eMBB 业务 14

    2.2.2 uRLLC 业务 15

    2.2.3 mMTC 业务 16

    2.2.4 5G 典型应用场景 17

2.3 5G 承载网解决方案和关键技术 ... 18

    2.3.1 5G 承载网解决方案 18

    2.3.2 5G 承载网路由技术 18

    2.3.3 5G 承载网隧道技术 19

    2.3.4 5G 承载网 VPN 技术 20

    2.3.5 5G 承载网同步技术 20

    2.3.6 5G 承载网 SDN 技术 21

    2.3.7 5G 承载网切片技术 21

    2.3.8 5G 承载网可靠性技术 22

本章小结 23

课后习题 23

第3章 5G 承载网解决方案及
     技术概述 24

3.1 5G 承载网需求分析 25

    3.1.1 网络架构变化需求 25

    3.1.2 业务需求 31

    3.1.3 高精度时钟同步需求 32

    3.1.4 自动化网络运维需求 33

3.2 5G 承载网解决方案 34

    3.2.1 5G 承载网整体架构 34

    3.2.2 5G 承载网技术方案 35

本章小结 40

课后习题 41

第4章 5G 承载网路由技术及
     部署 42

4.1 5G 承载网需求分析 43

    4.1.1 基本概念 43

    4.1.2 路由计算 44

4.2 OSPF 协议及部署 45

    4.2.1 基本概念 45

    4.2.2 路由计算 46

    4.2.3 部署方案 48

4.3 IS-IS 协议及部署 50

    4.3.1 基本概念 50

    4.3.2 路由计算 51

    4.3.3 部署方案 54

4.4 BGP 及部署 55

    4.4.1 基本概念 55

    4.4.2 路由传播与选择 56

    4.4.3 部署方案 59

本章小结 59

课后习题 60

第5章 5G 承载网隧道技术及部署 61

5.1 MPLS LDP 隧道技术及部署....62
  5.1.1 MPLS 协议 62
  5.1.2 LDP 64
  5.1.3 MPLS LDP 的基本配置........67
5.2 MPLS TE 隧道技术及部署......67
  5.2.1 MPLS TE 概述.....................67
  5.2.2 MPLS TE 工作原理 69
  5.2.3 MPLS TE 的基本配置 71
5.3 SR 隧道技术及部署.................71
  5.3.1 SR 概述 72
  5.3.2 SR 工作原理 73
  5.3.3 SR 的基本配置 79
本章小结 79
课后习题 80

第6章 5G 承载网 VPN 技术及部署 81

6.1 VPN 概述.....................82
6.2 MPLS L2VPN 技术及部署......82
  6.2.1 PWE3 技术及部署 82
  6.2.2 VPLS 技术及部署 86
6.3 MPLS L3VPN 技术及部署......90
  6.3.1 MPLS L3VPN 概述 90
  6.3.2 MPLS L3VPN 工作原理.......92
  6.3.3 MPLS L3VPN 的基本配置 ...97
6.4 EVPN 技术及部署.................97
  6.4.1 EVPN 概述 98
  6.4.2 EVPN 工作原理.................100
  6.4.3 EVPN 的基本配置 104
本章小结 105
课后习题 105

第7章 5G 承载网同步技术及部署 106

7.1 5G 基站同步需求 107

  7.1.1 基站同步技术分类 107
  7.1.2 基站同步技术现状 109
  7.1.3 基站同步技术需求 111
7.2 5G 承载网同步关键技术........112
  7.2.1 同步以太网技术.................112
  7.2.2 IEEE 1588v2/ITU-T G.8275.1 标准 112
  7.2.3 Atom GPS.....................115
7.3 5G 承载网同步技术部署实例 ...116
  7.3.1 同步部署原则.....................117
  7.3.2 同步部署方案.....................117
本章小结 120
课后习题 120

第8章 5G 承载网 SDN 技术及部署 121

8.1 SDN 背景及发展.....................122
  8.1.1 传统网络的挑战 122
  8.1.2 传统网络架构.....................123
  8.1.3 SDN 基本概念.....................124
8.2 SDN 关键技术.....................126
  8.2.1 SDN 典型控制器—— Agile Controller-WAN......126
  8.2.2 SDN 接口.....................126
  8.2.3 OpenFlow 原理.................127
  8.2.4 BGP-LS 基础 132
  8.2.5 PCEP 基础 133
  8.2.6 NETCONF 协议基础 134
  8.2.7 YANG 模型基础 135
8.3 SDN 部署案例.....................136
本章小结 137
课后习题 137

第9章 5G 承载网切片技术及部署 139

9.1 5G 端到端切片技术.............140
  9.1.1 5G 端到端切片应用场景......140
  9.1.2 5G 端到端切片定义 141

9.1.3　5G 端到端切片管理 143

9.2　5G 承载网切片技术 144

　　9.2.1　承载网服务质量衡量指标.....144

　　9.2.2　承载网面临的挑战 145

　　9.2.3　承载网的发展方向 147

9.3　5G 承载网切片关键技术........150

　　9.3.1　FlexE 技术.....................150

　　9.3.2　OTN ODUk 技术..............152

9.4　SPN 技术 155

　　9.4.1　SPN 设计 155

　　9.4.2　SPN 架构.......................155

　　9.4.3　SPN 关键技术 156

本章小结......................................157

课后习题......................................157

第 10 章　5G 承载网可靠性技术及

　　　　　部署 158

10.1　可靠性概念 159

　　10.1.1　网络的可靠性指标 159

　　10.1.2　5G 承载网的可靠性机制....159

　　10.1.3　5G 承载网的可靠性技术....160

10.2　5G 承载网的故障检测技术....160

　　10.2.1　BFD 协议......................161

　　10.2.2　OAM 快速检测机制 162

10.3　PW 保护技术 163

　　10.3.1　PW APS 的基本概念........163

　　10.3.2　MC-PW APS / PW 冗余

　　　　　保护的基本概念...............164

10.4　隧道保护技术.....................165

　　10.4.1　MPLS TE FRR................166

　　10.4.2　MPLS TE Hot-Standby 166

　　10.4.3　MPLS TE Hot-Standby 的

　　　　　部署示例 167

　　10.4.4　SR-TP APS 技术............168

　　10.4.5　FlexE 通道 APS 169

10.5　IP/VPN FRR 技术............170

　　10.5.1　IP FRR 170

10.5.2　VPN FRR 原理................171

10.5.3　IP 与 VPN 混合 FRR........171

10.5.4　VPN FRR 的应用 172

10.6　TI-LFA FRR 172

　　10.6.1　TI-LFA FRR 产生原因.....173

　　10.6.2　TI-LFA FRR 原理............173

　　10.6.3　TI-LFA FRR 转发流程.....175

　　10.6.4　SR BE 防微环 176

10.7　5G 承载网可靠性综合部署 ... 178

　　10.7.1　设备级可靠性部署 178

　　10.7.2　接口级可靠性部署 178

　　10.7.3　网络侧可靠性部署 178

　　10.7.4　L2VPN+L3VPN 场景的

　　　　　网络可靠性部署.............179

　　10.7.5　L3VPN+L3VPN 场景的

　　　　　网络可靠性部署 180

本章小结......................................181

课后习题..................................... 181

第 11 章　5G 承载网整体部署

　　　　　方案.......................182

11.1　5G 承载网架构模型 183

　　11.1.1　5G 承载网架构演进 183

　　11.1.2　5G 承载网架构方案 184

11.2　中国移动方案示例 186

　　11.2.1　中国移动 5G 承载网

　　　　　物理设计 187

　　11.2.2　中国移动 5G 承载网

　　　　　规划设计 189

11.3　中国电信&中国联通方案

　　　示例 195

　　11.3.1　中国电信&中国联通 5G

　　　　　承载网物理设计.................195

　　11.3.2　中国电信&中国联通 5G

　　　　　承载网规划设计................197

本章小结...................................... 202

课后习题...................................... 202

Chapter

1

第 1 章
绪论

人类对通信需求的不断提升和通信技术的突破创新，推动着移动通信系统的快速演进。5G 不再只是从 2G 到 3G 再到 4G 的网络传输速率的提升，而是将"人-人"之间的通信扩展到"人-网-物" 3 个维度的万物互联，打造全移动和全连接的数字化社会。

本章主要讲解 5G 网络的整体架构，以及移动通信系统从第一代向第五代演进的过程。

课堂学习目标

- 掌握移动通信网络架构

- 了解移动通信网络演进过程

1.1 移动通信网络架构

第五代（5th Generation，5G）移动通信系统网络架构分为无线接入网、承载网和核心网 3 部分，如图 1-1 所示。这 3 部分的具体介绍如下。

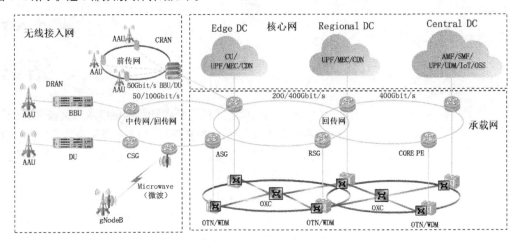

图 1-1 移动通信网络架构

1. 无线接入网

此部分只包含一种网元——5G 基站，也称为 gNodeB。它主要通过光纤等有线介质与承载网设备对接，特殊场景下也采用微波等无线方式与承载网设备对接。

目前，5G 无线接入网组网方式主要有集中式无线接入网（Centralized Radio Access Network，CRAN）和分布式无线接入网（Distributed Radio Access Network，DRAN）两种。国内运营商目前的策略是以 DRAN 为主，CRAN 按需部署。CRAN 场景下的基带单元（Baseband Unit，BBU）集中部署后与有源天线单元（Active Antenna Unit，AAU）之间采用光纤连接，距离较远，因而对光纤的需求量很大，部分场景下需要引入波分前传。在 DRAN 场景下，BBU 和 AAU 采用光纤直连方案。

未来无线侧也会向云化方向演进，BBU 可能会分解成集中单元（Centralized Unit，CU）和分布单元（Distributed Unit，DU）两部分。CU 云化后会部署在边缘数据中心，负责处理传统基带单元的高层协议；DU 可以集中式部署在边缘数据中心或者分布式部署在靠近 AAU 侧，负责处理传统基带单元的底层协议。

2. 承载网

承载网由光缆互联的承载网设备，通过 IP 路由协议、故障检测技术、保护倒换技术等实现相应的逻辑功能。承载网的主要功能是连接基站与基站、基站与核心网，提供数据的转发功能，并保证数据转发的时延、速率、误码率、业务安全等指标满足相关的要求。5G 承载网的结构可以从物理层次和逻辑层次两个维度进行划分。

从物理层次划分时，承载网被分为前传网（CRAN 场景下 AAU 到 DU/BBU 之间）、中传网（DU 到 CU 之间）、回传网（CU/BBU 到核心网之间），其中，中传网是 BBU 云化演进且 CU 和 DU 分离部署之后才有的。如果 CU 和 DU 没有分离部署，则承载网的端到端仅有前传网和回传网。回传网还会借助波分设备实现大带宽长距离传输，如图 1-1 所示，其下层两个环是波分环，上层 3 个环是 IP 无线接入网（IP Radio Access Network，IPRAN）或分组传送网（Packet Transport Network，PTN）环，波分环具备大颗粒、长距离传输的能力，IPRAN/PTN 环具备灵活转发的能力，上下两种环配合使用，实现承载网的大颗粒、长距离、灵活转发能力。一般来说，前传网和中传网是 50Gbit/s 或 100Gbit/s 组成的环形网络，回传网是 200Gbit/s 或 400Gbit/s 组成的环形网络。

从逻辑层次划分时，承载网被分为管理平面、控制平面和转发平面 3 个逻辑平面。其中，管理平面完成承载网控制器对承载网设备的基本管理功能，控制平面完成承载网转发路径（即业务隧道）的规划和控制，转发平面完成基站之间、基站与核心网之间用户报文的转发功能。

图 1-1 涉及了一些新名词，注释如下。

（1）基站侧网关（Cell Site Gateway，CSG）：移动承载网中的一种角色名称，该角色位于接入层，负责基站的接入。

（2）汇聚侧网关（Aggregation Site Gateway，ASG）：移动承载网中的一种角色名称，该角色位于汇聚层，负责对移动承载网接入层海量 CSG 业务流进行汇聚。

（3）无线业务侧网关（Radio Service Site Gateway，RSG）：承载网中的一种角色名称，该角色位于汇聚层，负责连接无线控制器。

（4）运营商边界路由器（CORE Provider Edge Router，CORE PER）：运营商边缘路由器，由服务提供商提供的边缘设备。

（5）光传送网（Optical Transport Network，OTN）：通过光信号传输信息的网络。

（6）波分复用（Wavelength Division Multiplexing，WDM）：一种数据传输技术，不同的光信号由不同的颜色（波长频率）承载，并复用在一根光纤上传输。

（7）光交叉连接（Optical Cross-Connect，OXC）：一种用于对高速光信号进行交换的技术，通常应用于光网络（Mesh，网状互连的网络）中。

3. 核心网

核心网可以由传统的定制化硬件或者云化标准的通用硬件来实现相应的逻辑功能。核心网主要用于提供数据转发、运营商计费，以及针对不同业务场景的策略控制（如速率控制、计费控制等）功能等。

核心网中有 3 类数据中心（Data Center，DC），其中，中心 DC（Central DC）部署在大区中心或者各省省会城市中，区域 DC（Region DC）部署在地市机房中，边缘 DC（Edge DC）部署在承载网接入机房中。核心网设备一般放置在中心 DC 机房中。为了满足低时延业务的需要，会在地市和区县建立数据中心机房。核心网设备会逐步下移至这些机房中，缩短了基站至核心网的距离，从而降低了业务的转发时延。

5G 核心网用于控制和承载分离。核心网控制面网元和一些运营支撑服务器等部署在中心 DC 中，如接入和移动性管理功能（Access and Mobility Management Function，AMF）、会话管理功能（Session Management Function，SMF）、用户面功能（User Plane Function，UPF）、统一数据管理（Unified Data Management，UDM）功能、其他服务器（如物联网（Internet of Things，IoT）应用服务器、运营支撑系统（Operations Support System，OSS）服务器）等。根据业务需求，核心网用户面网元可以部署在区域 DC 和边缘 DC 中。例如，区域 DC 可以部署核心网的用户面功能、多接入边缘计算（Multi-access Edge Computing，MEC）、内容分发网络（Content Delivery Network，CDN）等；边缘 DC 既可以部署 UPF、MEC、CDN，又可以部署无线侧云化集中单元等。

1.2 移动通信网络的演进

随着移动用户数量的不断增加，以及人们对移动通信业务需求的不断提升，移动通信系统已经经历了五代的变革。本节主要对移动通信网络演进过程进行介绍。

1.2.1　第一代移动通信系统

第一代（1st Generation，1G）移动通信技术诞生于 20 世纪 40 年代。其最初是美国底特律警察使用的车载无线电系统，主要采用大区制模拟技术。1978 年底，美国贝尔实验室成功研制了先进移动电话系统（Advanced Mobile Phone System，AMPS），建成了蜂窝状移动通信网，这是第一种真正意义上的具有即时通信能力的大容量蜂窝状移动通信系统。1983 年，AMPS 首次在芝加哥投入商用并迅速推广。到 1985 年，AMPS 已扩展到了美国的 47 个地区。

与此同时，其他国家也相继开发出各自的蜂窝状移动通信网。英国在 1985 年开发了全接入通信系统（Total Access Communications System，TACS），频段为 900MHz。加拿大推出了 450MHz 移动电话系统（Mobile Telephone System，MTS）。瑞典等北欧国家于 1980 年开发了北欧移动电话（Nordic Mobile Telephone，NMT）移动通信网，频段为 450MHz。中国的 1G 移动通信系统于 1987 年 11 月 18 日在广东第六届全运会上开通并正式商用，采用的是 TACS 制式。从 1987 年 11 月中国电信开始运营模拟移动电话业务到 2001 年 12 月底中国移动关闭模拟移动通信网，1G 移动通信系统在中国的应用长达 14 年，用户数最高时达到了 660 万。如今，1G 时代那像砖头一样的手持终端——"大哥大"已经成为很多人的回忆。

由于 1G 移动通信系统是基于模拟通信技术传输的，因此存在频谱利用率低、系统安全保密性差、数据承载业务难以开展、设备成本高、体积大、费用高等局限，其最关键的问题是系统容量低，已不能满足日益增长的移动用户的需求。为了解决这些缺陷，第二代（2nd Generation，2G）移动通信系统应运而生。

1.2.2　第二代移动通信系统

20 世纪 80 年代中期，欧洲首先推出全球移动通信系统（Global System for Mobile communications，GSM）数字通信网系统。随后，美国、日本也制定了各自的数字通信体系。数字通信系统具有频谱效率高、容量大、业务种类多、保密性好、语音质量好、网络管理能力强等优点，因此得到了迅猛发展。

第二代移动通信系统包括 GSM、IS-95 码分多址（Code Division Multiple Access，CDMA）、先进数字移动电话系统（Digital Advanced Mobile Phone System，DAMPS）、个人数字蜂窝系统（Personal Digital Cellular System，PDCS）。特别是其中的 GSM，因其体制开放、技术成熟、应用广泛，已成为陆地公用移动通信的主要系统。

使用 900MHz 频带的 GSM 称为 GSM900，使用 1800MHz 频带的 GSM 称为 DCS1800，它是依据全球数字蜂窝通信的时分多址（Time Division Multiple Access，TDMA）标准而设计的。GSM 支持低速数据业务，可与综合业务数字网（Integrated Services Digital Network，ISDN）互连。GSM 采用了频分双工（Frequency Division Duplex，FDD）方式、TDMA 方式，每载频支持 8 信道，载频带宽为 200kHz。随着通用分组无线系统（General Packet Radio System，GPRS）、增强型数据速率 GSM 演进（Enhanced Data Rate for GSM Evolution，EDGE）技术的引入，GSM 网络功能得到不断增强，初步具备了支持多媒体业务的能力，可以实现图片发送、电子邮件收发等功能。

IS-95 CDMA 是北美地区的数字蜂窝标准，使用 800MHz 频带或 1.9GHz 频带。IS-95 CDMA 采用了码分多址方式。CDMA One 是 IS-95 CDMA 的品牌名称。CDMA2000 无线通信标准也是以 IS-95 CDMA 为基础演变的。IS-95 又分为 IS-95A 和 IS-95B 两个阶段。

DAMPS 也称 IS-54/IS-136（北美地区的数字蜂窝标准），使用 800MHz 频带，是两种北美地区数字蜂窝标准中推出的较早的一种，使用了 TDMA 方式。

PDC 是由日本提出的标准，即后来中国的个人手持电话系统（Personal Handyphone System，PHS），俗称"小灵通"。因技术落后和后续移动通信发展需要,"小灵通"网络已经关闭。

我国的 2G 移动通信系统主要采用了 GSM 体制,例如,中国移动和中国联通均部署了 GSM 网络。2001 年,中国联通开始在中国部署 IS-95 CDMA 网络(简称 C 网)。2008 年 5 月,中国电信收购了中国联通的 C 网,并将 C 网规划为中国电信未来主要发展方向。

2G 移动通信系统的主要业务是语音服务,其主要特性是提供数字化的语音业务及低速数据业务。它克服了模拟移动通信系统的弱点,语音质量、保密性能得到较大的提高,并可进行省内、省际自动漫游。由于 2G 移动通信系统采用了不同的制式,移动通信标准不统一,用户只能在同一制式覆盖的范围内进行漫游,因而无法进行全球漫游。此外,2G 移动通信系统带宽有限,因而限制了数据业务的应用,无法实现高速率的数据业务,如移动多媒体业务。

尽管 2G 移动通信系统技术在发展中不断得到完善,但是随着人们对于移动数据业务需求的不断提高,希望能够在移动的情况下得到类似于固定宽带上网时所得到的速率,因此,需要有新一代的移动通信技术来提供高速的空中承载,以提供丰富多彩的高速数据业务,如电影点播、文件下载、视频电话、在线游戏等。

1.2.3　第三代移动通信系统

第三代(3rd Generation,3G)移动通信系统又被国际电信联盟(International Telecommunication Union,ITU)称为 IMT-2000,指在 2000 年左右开始商用并工作在 2000MHz 频段上的国际移动通信系统。IMT-2000 的标准化工作开始于 1985 年。3G 标准规范具体由第三代移动通信合作伙伴项目(3rd Generation Partnership Project,3GPP)和第三代移动通信合作伙伴项目二(3rd Generation Partnership Project 2,3GPP2)分别负责。

3G 移动通信系统最初有 3 种主流标准,即欧洲各国和日本提出的宽带码分多址(Wideband Code Division Multiple Access,WCDMA),美国提出的码分多址接入 2000(Code Division Multiple Access 2000,CDMA2000),以及中国提出的时分同步码分多址接入(Time Division-Synchronous Code Division Multiple Access,TD-SCDMA)。其中,3GPP 从 R99 开始进行 3G WCDMA/TD-SCDMA 标准制定,后续版本进行了特性增强和增补,3GPP2 提出了从 CDMA IS95(2G)—CDMA 20001x—CDMA 20003x(3G)的演进策略。

3G 移动通信系统采用了 CDMA 技术和分组交换技术,而不是 2G 系统通常采用的 TDMA 技术和电路交换技术。在业务和性能方面,3G 移动通信系统不仅能传输语音,还能传输数据,提供了高质量的多媒体业务,如可变速率数据、移动视频和高清晰图像等,实现了多种信息一体化,从而能够提供快捷、方便的无线应用。

尽管 3G 移动通信系统具有低成本、优质服务质量、高保密性及良好的安全性能等优点,但是仍有不足:第一,3G 标准共有 WCDMA、CDMA2000 和 TD-SCDMA 三大分支,3 种制式之间存在相互兼容的问题;第二,3G 的频谱利用率比较低,不能充分地利用宝贵的频谱资源;第三,3G 支持的速率还不够高。这些不足远远不能适应未来移动通信发展的需要,因此需要寻求一种能适应未来移动通信需求的新技术。

另外,全球微波接入互操作性(Worldwide Interoperability for Microwave Access,WiMAX)又称为 802.16 无线城域网(核心标准是 802.16d 和 802.16e),是一种为企业和家庭用户提供"最后一千米"服务的宽带无线连接方案。此技术与需要授权或免授权的微波设备相结合之后,由于成本较低,从而扩大了宽带无线市场,改善了企业与服务供应商的认知度。2007 年 10 月 19 日,在国际电信联盟在日内瓦举行的无线通信全体会议上,经过多数国家投票通过,WiMAX 正式被批准成为继 WCDMA、CDMA2000 和 TD-SCDMA 之后的第四个全球 3G 标准。

1.2.4　第四代移动通信系统

2000 年确定了 3G 国际标准之后,ITU 就启动了第四代(4th Generation,4G)移动通信系统的相关工作。2008 年，ITU 开始公开征集 4G 标准，有 3 种方案成为 4G 标准的备选方案，分别是 3GPP 的长期演进（Long Term Evolution, LTE）、3GPP2 的超移动宽带（Ultra Mobile Broadband, UMB）以及电气电子工程师协会（Institute of Electrical and Electronics Engineers, IEEE）的 WiMAX（IEEE 802.16m，也被称为 Wireless MAN-Advanced 或者 WiMAX2），其中最被产业界看好的是 LTE。LTE、UMB 和移动 WiMAX 虽然各有差别，但是它们也有相同之处，即 3 个系统都采用了正交频分复用（Orthogonal Frequency Division Multiplexing, OFDM）和多入多出（Multiple-Input Multiple-Output, MIMO）技术，以提供更高的频谱利用率。其中，3GPP 的 R8 开始进行 LTE 标准化的制定，后续在特性上进行了增强和增补。

LTE 并不是真正意义上的 4G 技术，而是 3G 向 4G 技术发展过程中的一种过渡技术，也被称为 3.9G 的全球化标准，它采用 OFDM 和 MIMO 等关键技术，改进并且增强了传统无线空中接入技术。这些技术的运用，使得 LTE 的峰值速率相比 3G 有了很大的提高。同时，LTE 技术改善了小区边缘位置用户的性能，提高了小区容量值，降低了延迟网络成本。

2012 年，LTE-Advanced 被正式确立为 IMT-Advanced（也称 4G）国际标准，我国主导制定的 TD-LTE-Advanced 同时成为 IMT-Advanced 国际标准。LTE 包括 TD-LTE（时分双工）和 LTE FDD（频分双工）两种制式，我国引领了 TD-LTE 的发展。TD-LTE 继承和拓展了 TD-SCDMA 在智能天线、系统设计等方面的关键技术和自主知识产权，系统能力与 LTE FDD 相当。2015 年 10 月，3GPP 在项目合作组（Project Coordination Group, PCG）第 35 次会议上正式确定将 LTE 新标准命名为 LTE-Advanced Pro。这是 4.5G 在标准上的正式命名。这一新的品牌名称是继 3GPP 将 LTE-Advanced 作为 LTE 的增强标准后，对 LTE 系统演进的又一次定义。

1.2.5　第五代移动通信系统

2015 年 10 月 26 日至 30 日，在瑞士日内瓦召开的 2015 无线电通信全会上，国际电信联盟无线电通信部门（ITU-R）正式批准了 3 项有利于推进未来 5G 研究进程的决议，并正式确定了 5G 的法定名称是"IMT-2020"。

为了满足未来不同业务应用对网络能力的要求，ITU 定义了 5G 的八大能力目标，如图 1-2 所示，分别为峰值速率达到 10Gbit/s、用户体验速率达到 100Mbit/s、频谱效率是 IMT-A 的 3 倍、移动性达到 500km/h、空中接口（简称"空口"）时延达到 1ms、连接数密度达到 10^6 个设备/平方千米、网络功耗效率是 IMT-A 的 100 倍、区域流量能力达到 10Mbit/s/m²。

5G 的应用场景分为三大类：增强移动宽带（enhanced Mobile Broadband, eMBB）、超高可靠低时延通信（ultra Reliable and Low Latency Communication, uRLLC）、海量机器类通信（massive Machine Type of Communication, mMTC），不同应用场景有着不同的关键能力要求。其中，峰值速率、空中接口时延、连接数密度是关键能力。eMBB 场景下主要关注峰值速率和用户体验速率等，其中，5G 的峰值速率是 LTE 的 100 倍，达到了 10Gbit/s；uRLLC 场景下主要关注空中接口时延和移动性，其中，5G 的空中接口时延相对于 LTE 的 50ms 降低到了 1ms；mMTC 场景下主要关注连接数密度，5G 的每平方千米连接数相对于 LTE 的 10^4 个提升到了 10^6 个。不同应用场景对网络能力的诉求如图 1-3 所示。

2016 年 6 月 27 日，3GPP 在 3GPP 技术规范组（Technical Specifications Groups, TSG）第 72 次全体会议上就 5G 标准的首个版本——R15 的详细工作计划达成一致。该计划记述了各工作组的协调项目和检查重点，并明确 R15 的 5G 相关规范将于 2018 年 6 月确定。

在 3GPP TSG RAN 方面，针对 R15 的 5G 新空口（New Radio, NR）调查范围，技术规范组一致同意对独立（Stand alone, SA）组网和非独立（Non-Standalone, NSA）组网两种架构提供支持。其中，

5G NSA 组网方式需要使用 4G 基站和 4G 核心网,初期以 4G 作为控制面的锚点,满足运营商利用现有 LTE 网络资源,实现 5G NR 快速部署的需求。NSA 组网作为过渡方案,主要以提升热点区域带宽为主要目标,没有独立信令面,依托 4G 基站和核心网工作,对应的标准进展较快。要实现 5G 的 NSA 组网,需要对现有的 4G 网络进行升级,对现网性能和平稳运行有一定影响,需要运营商关注。R15 还确定了目标用例和目标频带。目标用例为增强型移动宽带、超高可靠低时延通信及海量机器类通信。目标频带分为低于 6GHz 和高于 6GHz 两类。另外,3GPP TSG 第 72 次全体会议在讨论时强调,5G 的标准在无线和协议两个方面的设计都要具有向上兼容性,且分阶段导入功能是实现各个用例的关键点。

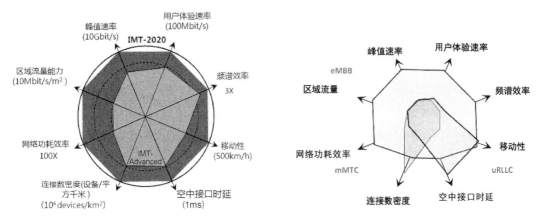

图 1-2 5G 的八大能力目标   图 1-3 不同应用场景对网络能力的诉求

2017 年 12 月 21 日,在国际电信标准组织 3GPP RAN 的第 78 次全体会议上,5G NSA 组网标准冻结,这是全球第一个可商用部署的 5G 标准。5G 标准 NSA 组网方案的完成是 5G 标准化进程的一个里程碑,标志着 5G 标准和产业进程进入加速阶段,标准冻结对通信行业来说具有重要意义,这意味着核心标准就此确定,即便将来正式标准仍有微调,也不影响之前厂商的产品开发,5G 商用进入倒计时。

2018 年 6 月 14 日,3GPP TSG 第 80 次全体会议批准了 5G SA 组网标准冻结。此次 SA 组网标准的冻结,不仅使 5G NR 具备了独立部署的能力,还带来了全新的端到端新架构,赋能企业级客户和垂直行业的智慧化发展,为运营商和产业合作伙伴带来了新的商业模式,开启了一个全连接的新时代。至此,5G 已经完成第一阶段标准化工作,进入了产业全面冲刺新阶段。3GPP 关于 5G 协议标准的规划路线如图 1-4 所示。

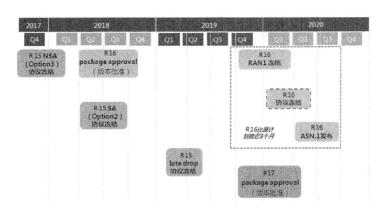

图 1-4 3GPP 关于 5G 协议标准的规划路线

1.3 本书内容与学习目标

本书共包含了 11 章的内容，分别是绪论、5G 系统、5G 承载网解决方案及技术概述、5G 承载网路由技术及部署、5G 承载网隧道技术及部署、5G 承载网 VPN 技术及部署、5G 承载网同步技术及部署、5G 承载网 SDN 技术及部署、5G 承载网切片技术及部署、5G 承载网可靠性技术及部署、5G 承载网整体部署方案。

第 1 章 绪论

本章主要介绍移动通信网络演进过程，每一代移动通信系统中承载网的设备类型和用途。完成对本章的学习后要求达成如下目标。

（1）掌握移动通信网络架构

（2）了解移动通信网络演进过程

第 2 章 5G 系统

本章主要介绍 5G 网络的愿景及标准、5G 业务类型及特点、无线和核心网变化对承载网提出的新需求、5G 承载网为了满足新需求而制定的解决方案和新技术。完成对本章的学习后要求达成如下目标。

（1）了解 5G 网络愿景及指标

（2）了解 5G 业务和主要应用场景

（3）了解 5G 承载网解决方案和关键技术

第 3 章 5G 承载网解决方案及技术概述

本章通过介绍 5G 无线设备和核心网设备的变化，引出对 5G 承载网新需求的分析。为了满足这些新需求，5G 承载网采用了新的组网方案和技术方案。完成对本章的学习后要求达成如下目标。

（1）了解 5G 承载网面临的需求

（2）掌握 5G 承载网的解决方案及技术

第 4 章 5G 承载网路由技术及部署

本章主要介绍 5G 承载网使用的相关路由协议，如 OSPF 协议、IS-IS 协议、BGP。针对每一种路由协议，分别详细介绍了协议的基本概念、路由计算、部署方案。完成对本章的学习后要求达成如下目标。

（1）了解 5G 承载网路由协议的原理

（2）掌握 5G 承载网路由协议部署方案

第 5 章 5G 承载网隧道技术及部署

本章主要介绍 4G 和 5G 承载网使用的相关隧道技术，如 MPLS、SR。针对每一种隧道技术，分别详细介绍了隧道的基本概念、工作原理、配置部署。完成对本章的学习后要求达成如下目标。

（1）掌握移动承载网建立隧道的目的

（2）掌握移动承载网中常用的隧道技术

（3）了解 5G 承载网所使用的隧道技术

（4）掌握 5G 承载网隧道技术工作原理

第 6 章 5G 承载网 VPN 技术及部署

本章主要介绍 4G 和 5G 承载网使用的相关 VPN 技术，如 PWE3、VPLS、EVPN。针对每一种 VPN 技术，分别详细介绍了技术的基本概念、工作原理、配置部署。完成对本章的学习后要求达成如下目标。

（1）了解 VPN 的概念及应用场景需求

（2）掌握 L2VPN 与 L3VPN 的工作原理

（3）掌握 5G 承载网中的 VPN 技术及部署

第 7 章　5G 承载网同步技术及部署

本章通过对 5G 业务同步需求的分析，引出了 5G 同步技术，介绍了现有同步技术的种类，并详细介绍了通过承载网实现的同步技术和解决方案。完成对本章的学习后要求达成如下目标。

（1）掌握同步技术的基本概念

（2）了解 5G 基站同步需求

（3）掌握 5G 承载网同步关键技术

（4）了解 5G 承载网同步技术部署实例

第 8 章　5G 承载网 SDN 技术及部署

本章主要介绍 5G 承载网使用的相关 SDN 技术，详细介绍了 SDN 的基本概念、关键技术和部署方案。完成对本章的学习后要求达成如下目标。

（1）掌握 SDN 的基本概念

（2）掌握 SDN 架构

（3）了解 SDN 网元及设备

（4）掌握 SDN 接口协议

（5）了解 SDN 设计

第 9 章　5G 承载网切片技术及部署

本章主要介绍 5G 端到端切片技术，以及 5G 承载网使用的切片技术，详细介绍了切片技术的概念、关键技术、现网部署方案。完成对本章的学习后要求达成如下目标。

（1）了解 5G 切片背景及标准进展

（2）了解 5G 切片 E2E 架构及原理

（3）掌握 5G 承载网关键技术

（4）了解 SPN 架构及原理

第 10 章　5G 承载网可靠性技术及部署

本章主要介绍 5G 承载网的可靠性技术，详细介绍了可靠性的概念、技术指标、故障检测技术、保护技术，以及 5G 承载网的可靠性部署方案。完成对本章的学习后要求达成如下目标。

（1）了解可靠性的通用基础知识

（2）掌握 5G 承载网故障检测技术

（3）掌握 5G 承载网可靠性技术及部署

第 11 章　5G 承载网整体部署方案

本章主要介绍 5G 承载网的网络架构模型，并通过中国移动、中国电信、中国联通三家电信运营商的 5G 承载网规划设计方案详细说明相关技术在实际网络中的应用。完成对本章的学习后要求达成如下目标。

（1）掌握 5G 承载网架构模型

（2）了解中国移动 5G 承载网方案

（3）了解中国联通 5G 承载网方案

（4）了解中国电信 5G 承载网方案

本章小结

　　本章首先介绍了 5G 网络的整体架构，包括无线接入网、承载网和核心网；其次，讲解了移动通信系统从第一代向第五代演进的过程；最后，对本书所有章节的内容和各章节的学习目标进行了描述。

　　完成本章的学习后，读者应该对 5G 整体网络架构有一定的了解，熟悉移动通信网络演进的过程，并充分了解本书的内容规划和学习目标。

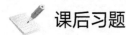 课后习题

1. 选择题

（1）在 5G 移动通信系统网络架构中，无线接入网的设备是（　　　）。

　　A. BTS　　　　　　B. BSC　　　　　　C. gNodeB　　　　　　D. eNodeB

（2）【多选】从物理层次划分，5G 承载网被分为（　　　）。

　　A. 前传网　　　　　B. 中传网　　　　　C. 后传网　　　　　　D. 回传网

（3）【多选】为了满足低时延业务需要，核心网的部分网络需要下沉到（　　　）类数据中心中。

　　A. 核心 DC　　　　B. 中心 DC　　　　　C. 区域 DC　　　　　D. 边缘 DC

（4）【多选】全球 3G 标准包含（　　　）。

　　A. WCDMA　　　　B. CDMA2000　　　C. TD-SCDMA　　　　D. WiMAX

（5）4G 使用（　　　）作为接入技术。

　　A. FDMA　　　　　B. CDMA　　　　　C. TDMA　　　　　　D. OFDMA

2. 简答题

（1）写出 ITU 定义的 5G 的八大能力目标。

（2）概述 5G 的三大应用场景。

Communication

2 Chapter

第 2 章
5G 系统

随着 5G 移动网络技术的逐步成熟，以及一部分行业对 5G 移动网络的迫切需求，国内电信运营商在 2019 年 10 月 31 日正式商用 5G 移动网络。由 4G 移动网络过渡到 5G 移动网络是一个逐步演进的过程。

本章将初步介绍 5G 移动通信系统的基本情况，包括 5G 标准组织、5G 愿景、5G 应用场景、5G 承载网的基本概念、5G 承载网的解决方案及关键技术，以使读者对 5G 系统有一个基本的了解。

课堂学习目标

- 了解 5G 网络愿景及指标
- 了解 5G 业务和主要应用场景
- 了解 5G 承载网解决方案和关键技术

2.1 5G 系统概述

IMT-2020 是 5G 的法定名称，是在 2015 年世界无线通信大会上由 ITU 确定的。随着 5G 移动网络技术的逐步成熟，以及一部分行业对 5G 移动网络的迫切需求，国内电信运营商在 2018 年开始部署 5G 移动网络实验局。2019 年 6 月，工业和信息化部（简称工信部）正式向电信运营商发布 5G 移动网络牌照，并在 2019 年 10 月 31 日正式商用 5G 移动网络。本章将对 5G 移动通信系统的基本概念、承载网的解决方案及关键技术进行简单介绍。

2.1.1　5G 标准组织

下一代移动网络（Next Generation Mobile Network，NGMN）联盟对 5G 的展望如下：5G 不仅仅是一种技术，更是一个端到端（End to End，E2E）的生态系统，包括各种新兴的应用，以及可持续的商业模式。5G 是一个端到端的生态系统，实现全移动、全连接的社会。它通过现有和新兴的应用，以及可持续的商业模式为客户和合作伙伴创造价值。

3GPP 成立于 1998 年，由许多国家和地区的电信标准化组织共同组成，是一个具有广泛代表性的国际标准化组织，是 5G 技术的重要制定者之一。3GPP 成立时，多个国家的企业和组织都在争夺通信技术的话语权，但是每一代移动通信技术的革新都不是某个个体能够完成的，它涉及基站的建立、传送网络的配套、芯片制造的匹配、相关技术的研发、采用怎样的频率、使用何种波段等。3GPP 的成员包括中国通信标准化协会（China Communications Standards Association，CCSA）、美国的电信行业解决方案联盟（Alliance for Telecommunication Industry Solutions，ATIS）、日本的电信技术委员会（Telecommunication Technology Committee，TCC）、欧洲电信标准协会（European Telecommunications Standards Institute，ETSI）、日本的无线工业及商贸联合会（Association of Radio Industries and Businesses，ARIB）、印度电信标准开发协会（Telecommunications Standards Development Society of India，TSDSI）、韩国的电信技术协会（Telecommunications Technology Association，TTA）。3GPP 不断发展壮大，涉及数百家公司的大量工作和协作，包括网络运营商、终端制造商、芯片制造商、基础设施制造商、学术界、研究机构、政府机构等。

2.1.2　IMT-2020 愿景

移动通信主要面向以人为主体的通信，注重提供更好的用户体验。面向未来，超高清、3D 和浸入式视频的流行将会驱动数据速率大幅提升，例如，8K（3D）视频经过百倍压缩之后传输速率仍然需要大约 1Gbit/s。增强现实、云桌面、在线游戏等业务，不仅对上下行数据传输速率提出了新的挑战，同时对端到端的时延提出了苛刻要求。未来人们对各种应用场景下的通信体验要求越来越高，用户希望能够在体育场、露天集会、演唱会等超密集场景，以及高铁、地铁等高速移动环境下获得良好的应用体验。

物联网主要面向物与物、物与人的通信，不仅涉及普通个人用户，也涵盖了大量不同类型的行业用户。物联网业务类型丰富多样，业务特征差异巨大，对于智能电网、环境监控、智能家居、智能抄表等业务，需要网络支持海量设备接入和大量小数据包转发；而视频监控、移动医疗等业务对传输速率提出了很高的要求；车联网和工业控制等业务则要求毫秒级的时延和接近 100% 的可靠性。

无论是移动互联网还是物联网，用户在不断追求高品质业务体验的同时，也在期望成本的降低。同时，5G 需要提供更高的安全机制，不仅要求能够满足互联网金融、安防监控、安全驾驶、移动医疗等业务的极高安全要求，也要求能够为大量低成本的物联网业务提供安全解决方案。

因此，作为第五代移动通信技术，3GPP 为 5G 定义了 3 类应用场景，包含 IMT-2020 愿景的 8 个关键指标的提升，8 个关键指标包括用户体验速率、空中接口时延、连接数密度、移动性、峰值速率、区域流量能力、频谱效率、能源效率。

其中，IMT-2020 希望用户体验速率能够达到 100～1000Mbit/s，空中接口时延降低到 1ms，连接数密度达到 10^6 个设备/平方千米，能够在 500km/h 的高速列车上维持稳定的网络连接。同时，在峰值速率、流量密度、频谱效率、能源效率方面也有所突破。

2.1.3　5G 标准进程

国际电信联盟已经启动了面向 5G 标准的研究工作，并明确了 IMT-2020（5G）工作计划，即 2015 年完成 IMT-2020 国际标准的前期研究，2016 年完成 5G 技术性能需求和评估方法研究，2017 年启动 5G 候选方案征集，2020 年完成标准制定。

在 2G、3G、4G 时代，技术标准存多个版本，例如，4G 就有中国主导的 TD-LTE 和其他国家主导的 FDD-LTE 之分。但从产业发展趋势来看，5G 将形成一个统一的、融合的单一标准。3GPP 作为国际移动通信行业的主要标准组织，承担着 5G 国际标准技术内容的制定工作。3GPP 的 R14 阶段被认为是启动 5G 标准研究的最佳时机。R15 阶段到 2018 年 6 月时，已完成独立组网的 5G 标准，支持增强移动宽带和低时延高可靠物联网，完成了网络接口协议。R16 阶段原计划在 2020 年 3 月完成满足 ITU 全部要求的完整的 5G 标准。

2013 年 5 月 13 日，韩国三星电子有限公司宣布已经成功开发了 5G 的核心技术，这一技术预计将于 2020 年开始推向商业化。

2014 年 5 月 8 日，日本电信运营商 NTT DoCoMo 正式宣布将与爱立信、诺基亚、三星等六家厂商共同合作，开始测试超越现有 4G 网络 1000 倍网络承载能力的高速 5G 网络，该网络的传输速率有望提升至 10Gbit/s，并在 2015 年展开户外测试，计划在 2020 年开始商用。

2015 年 3 月 1 日，英国《每日邮报》报道称，英国已经成功研制出了 5G 网络，并进行了 100m 内的传送数据测试，数据传输速率高达 125Gbit/s，是 4G 网络的 65000 倍，理论上 1s 可以下载 30 部电影，并称将在 2018 年投入公众测试，2020 年正式投入商用。

2016 年，诺基亚与加拿大运营商 Bell Canada 合作完成了加拿大首次 5G 网络技术的测试。测试中使用了 73GHz 范围内的频谱，数据传输速率为加拿大现有 4G 网络的 6 倍。

2017 年 11 月，工信部发布通知，正式启动了 5G 技术研发试验的第三阶段工作，并力争在 2018 年底实现第三阶段试验的基本目标。

2017 年 12 月 21 日，在国际电信标准组织 3GPP RAN 第 78 次全体会议上，5G 非独立组网技术首发版本正式冻结并发布。

2017 年 12 月，国家发展和改革委员会发布了《关于组织实施 2018 年新一代信息基础设施建设工程的通知》，要求 2018 年将在不少于 5 个城市开展 5G 规模组网试点，每个城市 5G 基站数量不少于 50 个，全网 5G 终端不少于 500 个。

中国 IMT-2020（5G）推进组在 2018 年 1 月 16 日正式发布了 5G 技术研发试验第三阶段的第一批规范。在 2018 年底，中国 5G 产业链主要环节基本达到预商用水平。

2018 年 2 月 23 日，在世界移动通信大会（Mobile World Congress，MWC）召开前夕，电信运营商沃达丰公司和华为公司联合宣布，其在西班牙合作采用非独立组网的 3GPP 5G 新无线标准和 Sub 6GHz 频段完成了全球首个 5G 通话测试。

2018 年 2 月 27 日，华为公司在 2018 年的世界移动通信大会上发布了首款 3GPP 标准 5G 商用芯片巴龙 5G01 和 5G 商用终端，支持全球主流 5G 频段，包括 Sub 6GHz（低频）、mmWave（毫米波，高频），理论上可以实现最高 2.3Gbit/s 的数据下载速率。

2018 年 4 月 23 日，重庆市首张 5G 实验网正式开通，推动 5G 产品走向成熟，标志着重庆市 5G 网络商用之路的正式起步。

2018 年 5 月 21 日至 25 日，3GPP 在韩国釜山召开了 5G 第一阶段标准完成前的最后一场会议。此次会议确定了 3GPP R15 标准的全部内容，标志着 5G 第一个商业化标准即将完成。最终的 5G 独立组网标准在 2018 年 6 月 11 日至 14 日的 3GPP RAN 第 80 次全体会议上冻结。

5G 标准进展及各阶段的关键技术点如图 2-1 所示。

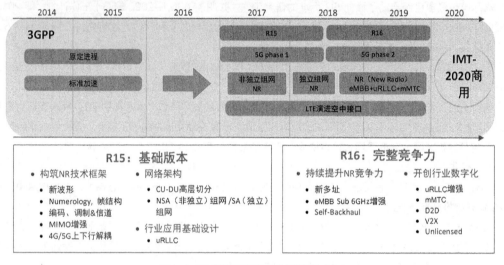

图 2-1　5G 标准进展及各阶段的关键技术点

2.2　5G 业务和主要应用场景

5G 将会给电信产业带来巨大的变化，多种新兴业务都要求高质量、大带宽、高吞吐量的 5G 网络。同时，5G 给其他行业带来了巨大变化。5G 不仅仅是一种技术，更是一个 E2E 的生态系统，包括各种新兴的应用案例，以及可持续的商业模式。5G 不只涉及人和人之间的通信，也包括了物联网的应用场景，可以使用户有效地连接到各类内容、服务和数据，可以提供更多的用户接入能力，以及更安全的网络服务能力。因此，5G 对网络的带宽、时延、可靠性等指标提出了更高的要求。

对于 5G，3GPP 提出必须提高速率、降低时延，能够在 500km/h 的高速列车上维持稳定的网络连接，并且定义了 3 类应用场景：eMBB、uRLLC、mMTC。

2.2.1　eMBB 业务

eMBB 作为移动通信最基本的方式，可满足移动性、连续性、高速率和高密度需求。例如，虚拟现实（Virtual Reality，VR）、增强现实（Augmented Reality，AR）、随时随地云存取、高速移动上网（高铁）等，这些都要求 5G 网络能够提供足够的带宽。未来 5G 单基站能够提供 10Gbit/s 的带宽速率。eMBB 的典型应用如图 2-2 和图 2-3 所示。

图 2-2　5G VR/AR 教学和游戏

图 2-3　5G 赛事高清直播

VR/AR 教学和游戏、大型会议/赛事高清直播、人工智能、无人机配送/巡航、平安城市监控等，都将借助 5G 的大带宽实现。

2.2.2　uRLLC 业务

uRLLC 面向车联网、工业控制、智能制造、智能交通物流及垂直行业的特殊应用需求，为用户提供 1ms 的空中接口时延和接近 100% 业务可靠性保证。uRLLC 典型应用如图 2-4 和图 2-5 所示。

公交车自动驾驶、危险环境作业、车辆远程驾驶、远程控制智能机器人完成各项任务、远程医疗检测和手术等，都将借助 5G 的超低时延和超高可靠性实现。

图 2-4　5G 车联网

图 2-5　5G 智能制造

2.2.3　mMTC 业务

　　mMTC 面向环境监测、智能抄表、智能农业等以传感和数据采集为目标的应用场景，具有小数据包、低功耗、低成本、海量连接的特点，要求支持 10^6 个设备/平方千米的密度。mMTC 的典型应用如图 2-6 所示。

图 2-6 mMTC 的典型应用

智能家居、智能电网、共享单车等各种与生活息息相关、与工作紧密联系的事物，都将通过 5G 接入网络实现万物互联。

2.2.4 5G 典型应用场景

几个典型的 eMBB、uRLLC、mMTC 应用案例如下。

（1）eMBB 类应用。VR/AR 属于 eMBB 类应用，对于 VR/AR 的应用，读者首先想到的是娱乐领域，如游戏，以及韩国 KT、英国 BT、德国电信等运营商都已经或即将推出的针对体育赛事、演唱会等的 VR 直播业务，可增强用户的现场体验感；但除了娱乐领域之外，VR/AR 在教育领域和医疗保健等商业领域也有着潜在的应用需求。以中国为例，目前在线教育已经比较成熟了，如果能进一步通过 VR/AR 的形式提升其互动性，则将对激发学生的学习兴趣、提升学习效率有极大的帮助。非娱乐领域的市场规模大概占整个 VR/AR市场的 50%，是不容忽视的应用市场。

无人机的应用已经越来越广泛，包括基站巡检、实时图像传输、空域监控等应用，5G 的大带宽特性可以支撑更高分辨率的图像实时传输，由于 5G 阶段会引入波束成形和波束跟踪技术，可以像光束一样跟踪终端的移动，从而使无人机在低空飞行的高度扩大到接近 1000m，而在当前 LTE 阶段通常只能满足 100m以下低空飞行。

（2）uRLLC 类应用。在车联网方面，以车辆编队应用为例，会存在车辆–车辆（Vehicle-to-Vehicle，V2V）和车辆–网络（Vehicle-to-Network，V2N）两种通信场景。其中，V2V 的通信主要包括车辆间距控制、车辆控制信息回传、视频信息传输、前车操作提醒和指示等；V2N 的通信主要包括车辆操作记录、行驶线路记录、车辆故障记录、事故视频等资料回传到云端服务器。在车辆编队行驶过程中，编队的头车有司机，后面的跟随车都是通过网络自动跟行的，如图 2-7 所示，当跟随车与头车的车间距足够近时，跟随车的风阻会减少，可降低燃油量，据美国相关分析显示，每辆车每年可节省 21000 美元的成本。节省人力是车辆编队应用的另一个优势，例如，美国 2014 年司机短缺 4.8 万人，估计 2024 年司机短缺将达到 17.5 万人，此应用可以很好地解决这个问题。目前，日本的研究机构已经实现了 3 车编队、间距 4m、速度为 80km/s 的测试。如果车间距从 4m 降为 1m，则油耗节省率可以从 10%提升到 30%。除了车辆编队应用外，远程驾驶是车联网的另一种应用，例如，在一些物流园区、矿山开采等场景下，可以很好地解决司机复用的问题，提高了人均效率、降低了人员风险。

当然，5G 也可以应用在智能制造、远程医疗等领域中，在这些领域中，不同的业务有不同的要求，例如，动作控制对于时延要求会比较高，端到端时延要达到 2～5ms。

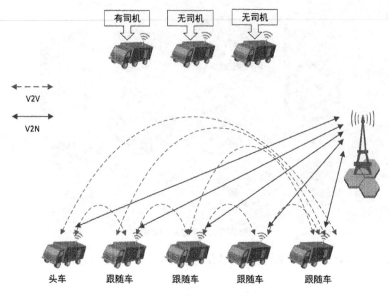

图 2-7 车辆编队应用

车辆编队应用简介

（3）mMTC 类应用。在物联网方面，将在 5G 迎来更广泛的应用，例如，家庭中的电表、水表、天然气表都将利用 5G 的超强接入能力接入网络，每个月的电费、水费、天然气费可利用网络定时上报给电力公司、水利公司、燃气公司，相应的费用清单也会定时发送给用户，用户可以根据清单完成网上付费。节能、环保、高效的物联网，将使千万家庭和公司受益。

2.3 5G 承载网解决方案和关键技术

5G 的 3 类典型应用提出的超大带宽、超低时延、超高可靠和超大接入的需求，需要 5G 移动通信系统提供相应的解决方案。作为整个 5G 移动通信系统中的重要组成部分，5G 承载网也需要有满足业务需求的解决方案和关键技术。

2.3.1 5G 承载网解决方案

为了满足 5G 业务的超大带宽、超低时延、超高可靠和超大接入的需求，5G 的无线设备、承载网设备与核心网设备在软硬件和解决方案方面都发生了变化。无线设备拆分为 CU、DU 和 AAU 3 种硬件单元，并且可以根据业务需要进行分布式安装部署。核心网设备拆分为控制平面（Control Plane，CP）和用户平面（User Plane，UP）两部分，且这两部分同样可以分布式部署。承载网的任务是将无线设备和核心网设备连接起来，将无线设备或者核心网设备发送的数据报文以最优的路径发送到目的设备。由于 5G 无线和核心网设备采用了分布式部署的方式，使得信号流更加复杂和多样，5G 承载网利用新设备、新技术和新方案，使得承载网变得更加智能，能够满足 5G 业务的大带宽、低时延和高可靠的需求。5G 承载网架构如图 2-8 所示。

2.3.2 5G 承载网路由技术

在 5G 承载网中，为了实现业务报文的灵活转发及使设备运维更加便捷，引入了新的路由协议和技术，如中间系统到中间系统（Intermediate System to Intermediate System，IS-IS）、分段路由（Segment Routing，SR）等。通过这些新的路由协议和技术，5G 承载网的隧道可以由控制器或者承载网设备自动计算出来。为了减轻承载网设备的负担，以及减少路由表的路由条目，采用了进程隔离方案，使用了默认路由、黑洞路由和路由引入等技术。采用 OSPF 区域规划进行进程隔离的应用如图 2-9 所示。

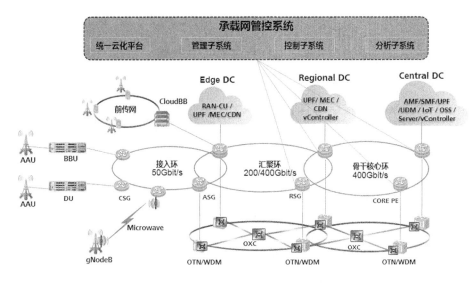

图 2-8　5G 承载网架构

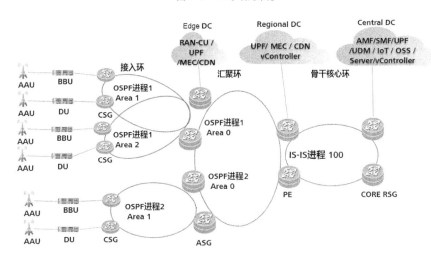

图 2-9　采用 OSPF 区域规划进行进程隔的应用

2.3.3　5G 承载网隧道技术

相对于 4G 承载网的多协议标记交换（Multi-Protocol Label Switching，MPLS）隧道技术，5G 承载网的 SR 隧道技术更加适合 5G 网络的业务需要。5G 承载网采用新的控制器网络云化引擎（Network Cloud Engine，NCE）管理和控制承载网的设备及业务，控制器依赖软件定义网络（Software Defined Networking，SDN）和分段路由技术实现自动计算业务路径的功能。5G 承载网隧道技术的应用如图 2-10 所示。

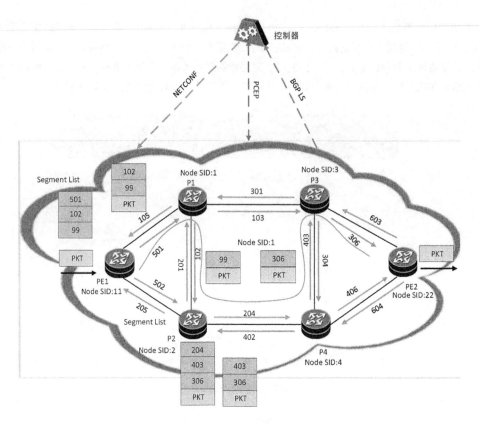

图 2-10 5G 承载网隧道技术的应用

2.3.4 5G 承载网 VPN 技术

由于虚拟专用网（Virtual Private Network，VPN）技术具有投资成本低、高带宽、高可靠、高安全及可扩展等优点，在 4G 承载网中就已经使用了二层 VPN 技术和三层 VPN 技术。5G 承载网仍然使用 VPN 技术。基于 MPLS 的 VPN 应用如图 2-11 所示。

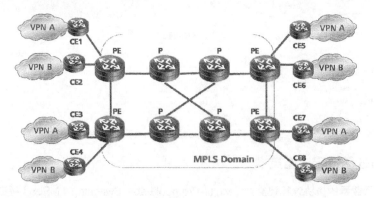

图 2-11 基于 MPLS 的 VPN 应用

2.3.5 5G 承载网同步技术

无线基站的时钟同步和时间同步是移动通信的基础条件，目前无线基站普遍采用卫星授时的方式获取同步时钟和同步时间，并且多数基站会提取全球定位系统（Global Positioning System，GPS）提供的时钟和时间。随着中国北斗卫星系统的逐步完善，无线基站的时钟源又增加了一种选择。1588v2 时钟是一种采用 IEEE 1588v2 协议的高精度时钟，可以通过地面传输网络将时钟源的同步信号传递给无线基站使用，随着 1588v2 技术和方案的逐步完善，5G 网络中也会采用这种同步技术。5G 时钟和时间同步方案如图 2-12 所示。

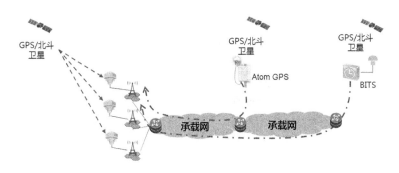

图 2-12　5G 时钟和时间同步方案

2.3.6　5G 承载网 SDN 技术

SDN 技术对网络的控制和转发功能进行了分离，继而集中控制平面的管理能力，借助软件可编程模式实现网络优化，使控制平面获得更广泛的应用。5G 承载网的控制器 NCE 借助 SDN 和 SR 技术实现自动计算业务路径的功能。5G 承载网 SDN 技术方案如图 2-13 所示。

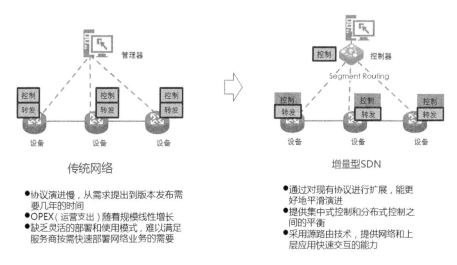

图 2-13　5G 承载网 SDN 技术方案

2.3.7　5G 承载网切片技术

5G 承载网的切片技术利用时隙复用技术实现端口带宽的高效利用，利用多个 100Gbit/s 物理端口的捆绑技术实现大带宽长距离传输，利用设备内部物理层转发技术实现低时延转发，最终帮助 5G 移动网络满足业务的大带宽、低时延需求。5G 承载网切片方案如图 2-14 所示。

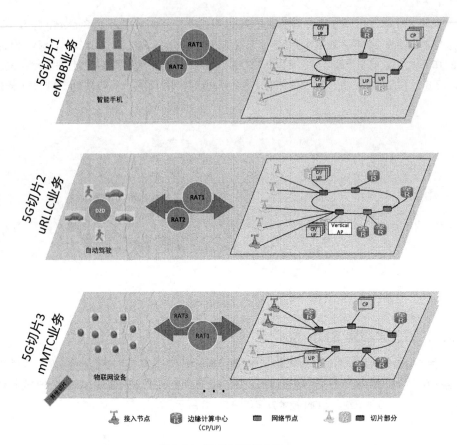

图 2-14　5G 承载网切片方案

2.3.8　5G 承载网可靠性技术

5G 业务不仅包括手机用户的传统业务，还包括各个行业的业务，如自动驾驶、远程医疗和智能制造等，因此 5G 网络的可靠性要求会更高。5G 承载网利用各种检测技术和保护技术实现了更好的风险抵抗功能。5G 承载网保护技术如图 2-15 所示。

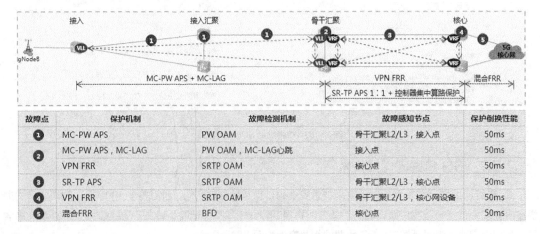

故障点	保护机制	故障检测机制	故障感知节点	保护倒换性能
❶	MC-PW APS	PW OAM	骨干汇聚L2/L3，接入点	50ms
❷	MC-PW APS，MC-LAG	PW OAM，MC-LAG心跳	接入点	50ms
	VPN FRR	SRTP OAM	核心点	50ms
❸	SR-TP APS	SRTP OAM	骨干汇聚L2/L3，核心点	50ms
❹	VPN FRR	SRTP OAM	骨干汇聚L2/L3，核心网设备	50ms
❺	混合FRR	BFD	核心点	50ms

图 2-15　5G 承载网保护技术

本章小结

本章概括地介绍了整个 5G 系统、5G 主要应用场景和需求、5G 承载网解决方案和关键技术。首先，介绍了 5G 标准组织的基本情况、5G 的愿景、5G 标准制定的进程；其次，根据业务分类介绍了 5G 主要应用场景和业务需求；最后，针对 5G 典型业务需求，介绍了 5G 承载网的解决方案和配套的关键技术。

完成本章的学习后，读者应该了解 5G 的基本情况、各种应用场景和需求，并掌握 5G 承载网的解决方案和关键技术。

 课后习题

1. 选择题

（1）3GPP 为 5G 定义了三类应用场景，包含 IMT−2020 愿景的 8 个关键指标的提升，这 8 个关键指标不包括（　　　）。

　　A. 用户体验速率　　B. 端到端时延　　　C. 峰值速率　　　　　D. 基础架构层

（2）对于 5G，3GPP 为 5G 定义了三类应用场景，这三类应用场景不包括（　　　）。

　　A. eMBB　　　　　B. uRLLC　　　　　C. MTC　　　　　　D. mMTC

（3）未来 5G 的 eMBB 典型应用可以使一个无线基站提供 10Gbit/s 的带宽速率，以下应用中不属于 eMBB 典型应用的是（　　　）。

　　A. AR 教学　　　　　　　　　　　B. VR 游戏

　　C. 大型会议/赛事高清直播　　　　　D. 车辆自动驾驶

2. 问答题

（1）列举说明 eMBB 这类业务包含哪些具体应用。

（2）列举说明 uRLLC 这类业务包含哪些具体应用。

（3）列举说明 mMTC 这类业务包含哪些具体应用。

（4）简述 5G 承载网的关键技术包含哪些。

（5）举例介绍 5G 网络三大应用场景。

3

第 3 章
5G 承载网解决方案及技术概述

"4G 改变生活，5G 改变社会"，5G 不仅仅是一种技术，还是一个端到端的生态系统，包含各种新兴的应用和商业模式。那么，5G 承载网应该如何演进才能满足 5G 业务的要求呢？

本章将详细介绍 5G 移动通信系统中各种 5G 应用向 5G 承载网提出的需求，以及 5G 承载网面对这些需求和挑战如何设计相应的技术解决方案，以使读者了解 5G 承载网解决方案和整体架构。

课堂学习目标

- 了解 5G 承载网面临的需求
- 掌握 5G 承载网的解决方案及技术

Communication

3.1　5G 承载网需求分析

根据 ITU-T 的建议，5G 典型应用可以分为 3 类。第一类是 eMBB 业务，此类业务多数为手机用户的使用情景，可以使用户有效地连接到多媒体服务、内容和数据，典型的应用为 VR/AR 类应用，与 4G 相比，此类应用可以提供更大的带宽和更高的访问速率。第二类是 uRLLC 业务，此类业务的主要需求是超低时延、超高可靠，典型的应用包括车联网、远程医疗等。第三类是 mMTC 业务，此类业务更多的是物联网应用，主要需求是满足大量终端的网络接入。在这 3 类典型应用中，eMBB 和 uRLLC 对 5G 承载网提出了一部分技术方面的需求，mMTC 对终端和无线设备提出了许多需求，但是对承载网没有提出特别的需求。

eMBB、uRLLC 和 mMTC 这 3 类典型应用对 5G 网络提出的需求包括超大带宽、超低时延、超高可靠、超大接入，为了满足这些需求，无线设备与核心网设备在硬件方面都发生了变化。为了应对无线设备和核心网设备的变化，承载网设备在组网方案方面也进行了调整。本节将从网络架构、业务需求和时钟同步需求等多个维度，分析 5G 承载网面临的具体需求。

3.1.1　网络架构变化需求

移动通信网络的整体架构包括无线基站设备、移动承载网和核心网 3 部分，如图 3-1 所示。数据通信设备用于连接无线基站和核心网服务器，承担着数据转发的重要功能。

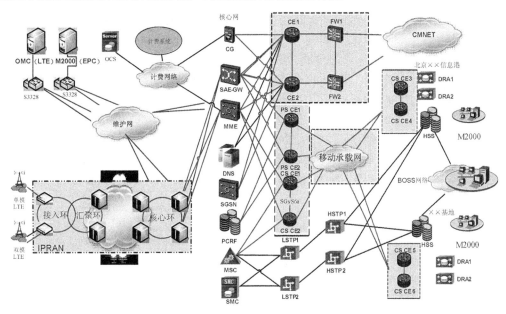

图 3-1　移动通信网络的整体架构

本书主要侧重于 5G 承载网相关内容的介绍，无线基站设备和核心网部分的技术内容详见配套教材的其他书籍，本书不再进行详细介绍。

移动通信网络整体架构中的移动承载网部分承担的是"管道"的功能，具体的功能实现可以分为两部分：无线回传网和 IP 承载网。3G 无线基站和基站控制器之间的 IP 网络负责将 3G 无线基站侧的数据上送到基站控制器，4G 无线基站和 4G 核心网之间的 IP 网络负责将 4G 无线基站侧的数据上送到 4G 核心网，这部分网络被称为无线接入网络（Radio Access Network，RAN）。核心网服务器设备之间的 IP 网络负责提供核心网设备间的 IP 互连通道，这部分网络被称为 IP 承载网。

无线接入网的主要作用是接入无线侧基站的业务，2G 时代，主流使用 SDH 等方式进行业务承载，到 3G 和 4G 时代，主要借助 IP 化的方式进行业务承载。使用 IP 技术进行业务承载的无线接入网也被称为基于 IP 的无线接入网络（IP Radio Access Network, IPRAN）。

IP 承载网的主要作用是实现核心网各功能服务器之间的业务互通和与 Internet 的互访连接。4G 核心网中实现无线终端语音呼叫和上网访问功能的服务器包括移动性管理实体（Mobility Management Entity, MME）、服务网关（Service Gateway, SGW）、分组网关（Packet Gateway, PGW）、策略和计费规则功能（Policy and Charging Rules Function, PCRF）、归属用户服务器（Home Subscriber Server, HSS）等设备，这些设备位于网络中的不同位置，相互之间需要进行信令连接和数据访问。其中，数据的转发就是通过 IP 承载网实现的。

在移动通信网络由 3G 向 4G 演进，再由 4G 向 5G 演进的过程中，IP 承载网的网络结构相对稳定，而无线回传网的网络结构发生了巨大变化，本书主要针对无线接入网进行介绍。在日常工作和技术交流中，为了便于沟通，经常使用"移动承载网"代指无线接入网络，因此，在本书后面的内容中，使用"4G 承载网"代指 4G 无线接入网络，使用"5G 承载网"代指 5G 无线接入网络。

在 4G 时代，所有移动用户通过手机访问互联网的应用程序（Application, App），都是手机通过基站演进型节点 B（evolved NodeB, eNodeB）接入运营商的网络，由 eNodeB 将移动用户的数据通过承载网递送至演进型分组核心网（Evolved Packet Core, EPC），再由 EPC 经过 IP 承载网递送至 App 服务器。4G 承载网的作用就是连接所有 eNodeB 和 EPC，将 eNodeB 送来的数据送往 EPC 或者其他 eNodeB。

X2 业务简介

EPC 由 SGW 和 MME 两部分组成。其中，由 eNodeB 通过承载网设备传递给 EPC 的移动用户数据，称为 S1 业务，eNodeB 与 EPC（SGW 或 MME）之间的接口称为 S1 接口；由 eNodeB 通过承载网设备传递给其他相邻 eNodeB 的数据，称为 X2 业务，相邻 eNodeB 之间的接口称为 X2 接口。

在 4G 网络中，多个核心网设备组成一个核心网的资源池，所有 eNodeB 都需要具备与资源池中的任何一个核心网设备通信的能力，这个能力需要依靠承载网来实现。同时，由于 X2 业务的存在，eNodeB 需要具备与相邻 eNodeB 的通信能力，这个能力也需要依靠承载网来实现。因此，承载网需要满足业务流向需求，即业务灵活转发的需求。S1 业务和 X2 业务如图 3-2 所示。

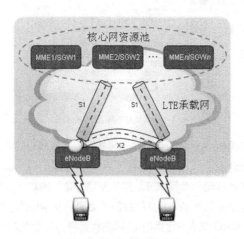

图 3-2　S1 业务和 X2 业务

2G/3G 网络到 4G 网络的演进，对于分组承载网提出了更高的要求，此时基站带宽更高、网络结构趋向扁平、业务功能更为复杂，而且引入了 X2 接口，允许基站之间进行数据转发。2G/3G 演进到 4G 的方案如图 3-3 所示。

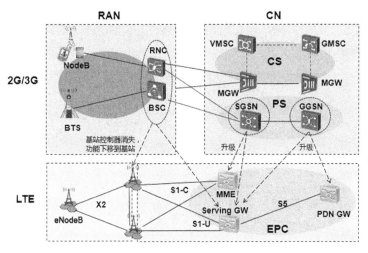

图 3-3　2G/3G 演进到 4G 的方案

4G 承载网从基站侧至核心网侧，由接入层、汇聚层与核心层三层组成。接入层和汇聚层都采用了环形组网，核心层采用了"口"字形组网，各层之间通过一对分组传送网（Packet Transport Network, PTN）设备衔接。接入层设备和汇聚层设备共同组成 4G 承载网的 L2VPN，核心层设备组成 4G 承载网的 L3VPN，L2VPN 和 L3VPN 通过 L2/L3 PTN 设备衔接。接入层 PTN 设备与基站设备相连，核心层 L3 PTN 设备与核心网设备相连。4G 承载网典型组网架构如图 3-4 所示。

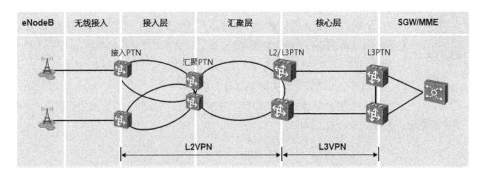

图 3-4　4G 承载网典型组网架构

接入层 PTN 设备和汇聚层 PTN 设备利用原有 2G 和 3G 的承载网 PTN 设备，以及新建的一部分 PTN 设备，共同组成 4G 承载网的 L2VPN，既承载 2G 和 3G 业务，又承载 4G 业务的二层部分，即静态二层专线。核心层的 L2/L3 PTN 设备和 L3 PTN 设备全部新建，共同组成 4G 承载网的 L3VPN，承载 4G 业务的三层部分，即静态三层路由。

2G 基站收发信台（Base Transceiver Station, BTS）的业务，通过与之相连的接入 PTN 设备，经过承载网的接入层和汇聚层，转发至 2G 基站控制器（Base Station Controller, BSC）。3G 基站 NodeB 的业务，通过与之相连的接入承载网设备，经过承载网的接入层和汇聚层，转发至 3G 基站无线网络控制器（Radio Network Controller, RNC）。

对于 4G 网络中的 S1 业务，即 4G 基站 eNodeB 的业务，通过与之相连的接入 PTN 设备，经过承载网的接入层和汇聚层，转发至 L2/L3 PTN 设备，在 L2/L3 PTN 设备内部出 L2VPN，进入 L3VPN，再根据路由表进行三层路由转发，递送至 L3 PTN 设备，由 L3 PTN 设备根据路由表转发至核心网设备。

对于 4G 网络中的 X2 业务，即 4G 基站间的业务，通过与之相连的接入 PTN 设备，经过承载网的接入层和汇聚层，转发至 L2/L3 PTN 设备，由 L2/L3 PTN 设备根据路由表转发至目的基站。2G/3G/4G 承载网业务流向如图 3-5 所示。

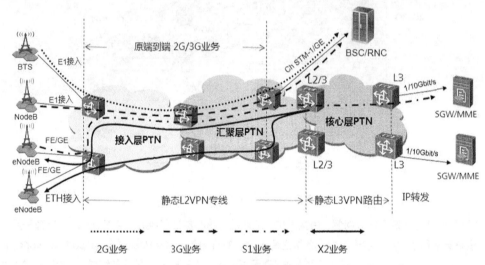

图 3-5　2G/3G/4G 承载网业务流向

2G/3G/4G 承载网业务
流向简介

为了满足 5G 业务的超大带宽、超低时延和超高可靠的需求，5G 网络中的各种产品都在进行演进。

（1）无线接入网。相对于 4G 时代基站划分为 BBU 与射频拉远单元（Remote Radio Unit，RRU）两个功能单元，5G 无线基站功能将分解为 CU、DU 和 AAU 3 个功能模块。4G 向 5G 无线接入网演进后的结构变化如图 3-6 所示。

其中，CU 处理非实时性部分协议（如 PDCP 和 RRC）；DU 处理实时性业务、调度、寻呼、广播等；AAU 放于室外或者拉远放置在楼顶天面的设备上，主要用于完成信号的中频处理、射频处理、双工等。

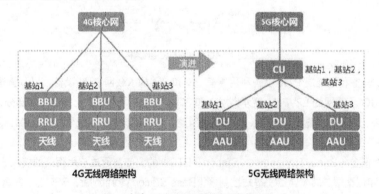

（a）4G 和 5G 无线接入网架构

图 3-6　4G 向 5G 无线接入网演进后的结构变化

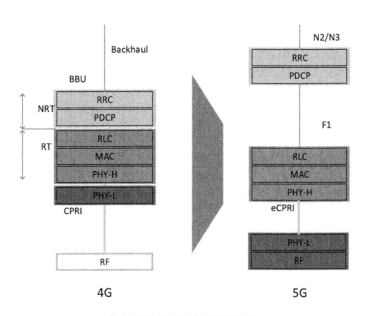

（b）4G 和 5G 无线接入网协议栈结构

图 3-6　4G 向 5G 无线接入网演进后的结构变化（续）

由于无线基站的分解，无线接入网的部署形态也发生了相应的变化，CU、DU 和 AAU 这 3 个模块可分可合，非常灵活。此外，由于无线接入网有不同的部署形态，承载网也被划分为前传网、中传网和回传网 3 部分。5G 无线接入网的 4 种部署形态如图 3-7 所示。

图 3-7　5G 无线接入网的 4 种部署形态

其中，部署形态 A 与传统 4G 宏站一致，CU 与 DU 共硬件部署，构成 BBU；部署形态 B 是 DU 部署在 4G BBU 机房中，CU 集中部署；部署形态 C 是 DU 集中部署，CU 更高层次集中部署；部署形态 D 是 CU 与 DU 共站点集中部署。

（2）核心网。在 4G 阶段，核心网有许多功能单元，而且这些功能单元通常是由不同的实体来完成的，这就造成了 4G 核心网内部的互连比较复杂。但是，4G 的功能总体上可以分成两类，一类用于控制信息处理，另一类用于用户面业务处理。在 5G 阶段，随着网络功能虚拟化（Network Functions Virtualization，NFV）的不断完善，核心网的组成将会简化为 CP 和 UP 两部分，且这两部分可以分离并且分布式部署。特别是 UP，可以根据业务的需要下移部署，更靠近用户，从而提供更低的时延和更好的业务体验。CP 用于处理信令，对时延等性能要求不高，一般仍然部署在较高的网络位置。核心网的演变如图 3-8 所示。

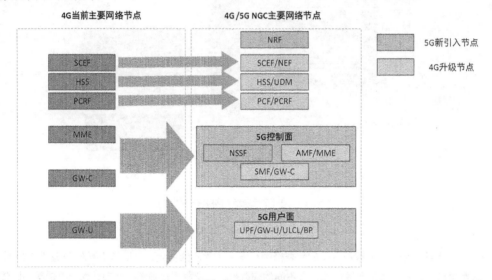

图 3-8 核心网的演变

核心网云化下移给承载网带来的最大变化是连接变化。在 4G 时代，基站到核心网的连接为汇聚型，网络的流量以 S1 流量为主，占流量的 95%左右，所有的 S1 流量由成千上万个基站汇聚到部署在核心层的若干套核心网。而 5G 核心网下移以后，单个基站存在发往不同核心网的流量，如自动驾驶业务在边缘的 MEC 处理，视频类等业务在本地数据中心处终结；由于内容备份、虚拟机迁移等需要，不同层级核心网之间也存在流量，导致整个网络的流量呈现 Mesh 化。同时，核心网的下移并不是一蹴而就的，而要根据实际的业务发展需求，综合考虑建网成本、用户体验等多个因素，连接存在不确定性。为了应对 Mesh 化的连接及连接的不确定性，承载网需要将三层网络下移，至少下移至移动边缘计算所在的位置，从而实现灵活的调度。核心网对承载网的影响如图 3-9 所示。

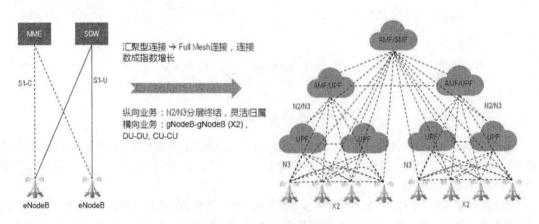

图 3-9 核心网对承载网的影响

3.1.2　业务需求

移动承载网的架构：总体上将会从 3G、4G 阶段回传网（Backhaul Network）为主的架构，逐步向前传、中传和回传的架构转变，分别对应到 AAU、DU、CU、下一代核心（Next Generation Core, NGC）网的分段分层。由于分布式的 CU 和 UP 通常是共站布置的，这就造成了回传网部分的连接主要是控制信号的连接，以及高挂的 UP（如 mMTC 业务对应的 UP）的连接；但由于数据趋向中心化，承载网还承担了这些分布式数据中心的数据中心互连（Data Center Interconnect, DCI）的需求。无线与核心网对承载网的整体影响如图 3-10 所示。

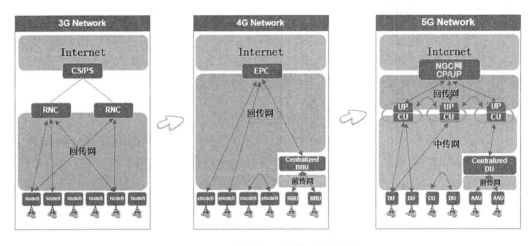

图 3-10　无线与核心网对承载网的整体影响

5G 业务与 4G 业务相比，在许多方面有明显的区别。例如，许多业务指标都需要提升，以满足业务的基本需要和用户体验；业务也对承载网提出了新需求，要求承载网的设备和解决方案能够进一步优化和改进，以满足业务的性能要求。

5G 的 eMBB 业务要求单个基站达到 10Gbit/s 的传输速率，而 4G 的单个基站只能达到 1 Gbit/s 的传输速率。uRLLC 业务要求实现端到端 1ms 并且 99.9999% 的可靠性，而 4G 要求的 S1 业务端到端时延是 10ms，X2 业务端到端时延是 4ms。mMTC 业务要求能够接入 10^6 个设备/平方千米，而在 4G 时期，接入数量远远少于此数值。

Xn 业务简介

与 4G 相比，整个 5G 的技术指标在八大维度都有了显著提升，例如，峰值速率提升了 10～20 倍，用户体验速率提升了 10 倍，时延更低等。此外，5G 拥有多样化的商业应用场景，每种商业场景的需求差别很大，例如，eMBB 场景的特点是带宽大，需要高效率承载，对可靠性的要求与 4G 相同，都在 99.9% 级别；而 uRLLC 场景要求实现端到端低时延网络，并且对可靠性的要求达到了 99.9999% 的级别；mMTC 场景的特点是广覆盖、多连接，对带宽、时延要求不高，对可靠性要求也不高。不同商用场景的需求，需要从无线网、承载网、核心网构建端到端的差异化网络承载。因此，承载网还需要实现网络切片，即"在一个物理网络中，将相关的业务功能、网络资源组织在一起，形成一个完整、自治、独立运维的逻辑网络，以满足特定的用户和业务需求"。

与 4G 业务对承载网的需求相比，5G 业务对承载网的需求发生了较大变化。

首先是各种场景下基站"最后一千米"的接入需求。4G 时代，基站"最后一千米"接入存在多种方式，在光纤场景下，主要是 IP 回传；在日韩等部分光纤丰富的国家，存在 BBU 集中布置的场景，而在光纤匮乏的地区，微波也是常见的基站接入方式。5G 时代，单基站带宽峰值可能达到 10Gbit/s，IP/微波如何在现网基础上实现接入带宽的大幅度提升，是 5G 承载网的首要问题。

其次是大带宽、低时延、灵活连接的基础网络需求。5G 的带宽是 4G 的 10 倍，承载网需要高性价比的带宽解决方案。承载网接入层占整个承载网成本的 70% 以上，因此需要引入高性价比的超 10Gbit/s 接口，在满足带宽需求的同时不会带来建网成本的大幅增长；在汇聚层和核心层，需要适时引入超 100Gbit/s 接口，也需要考虑建网成本问题。针对 5G 低时延，除了核心网、内容源下移以减少时延之外，承载网本身也需要通过降低单跳时延来减少业务端到端的时延。同时，承载网还需要提供设备之间灵活的连接能力，以满足无线、核心网云化之后带来的 Mesh 化、不确定的连接等需求。

3.1.3　高精度时钟同步需求

在 5G 阶段，对于基站的主流频段，无论是 C-Band 还是毫米波，都将采用 TDD 工作模式，这与 4G 绝大多数网络采用 FDD 的现状相比，是一个比较大的变化。这也引出了 5G 网络的第三个技术需求点，即时间同步。在 FDD 工作模式的 4G 网络中，只需要为基站提供时钟同步即可，而在 TDD 工作模式的 5G 网络中，5G 基站的基础业务需要 1.5μs 的时间精度，这与 4G 基站 TDD 工作模式的要求是相同的。但是，5G 基站的协同特性业务对基站之间的时间同步要求达到 350ns。

5G 基站之间的协同业务，是指两个基站同时为一个手机用户提供服务，这就要求协同基站做到时间对齐，误差不能超过循环前缀（Cyclic Prefix，CP）的范围。5G 基站之间的协同业务如图 3-11 所示。

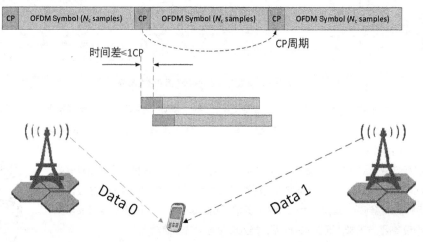

图 3-11　5G 基站之间的协同业务

5G 基站的同步时钟和同步时间信号可以通过卫星（北斗卫星或 GPS）获取，也可以通过地面传输网络获取。作为基于分组交换的移动回传网，5G 承载网需要综合考虑 5G 多种业务对高精度时钟的需求，在不同切片场景下提供满足业务的时钟和时间同步能力，如图 3-12 所示。

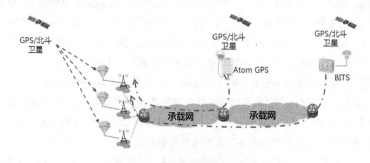

图 3-12　5G 时钟和时间同步方案

通过卫星同步方案，可以在每个基站站点部署北斗系统或 GPS，无须经过承载网，但是存在高成本、高功耗、高失效率等诸多问题。每个基站需要额外配置与卫星对接的设备，室内基站、与卫星之间存在遮挡物的基站，都不易获取卫星同步信号。

采用 IEEE 1588 同步方案，承载网逐级传递同步信息，为基站提供同步时钟和同步时间信号。虽然通过承载网给基站授时存在损耗，但是可以通过时钟源下移等解决方案进行弥补，最终实现低成本、低功耗的目标。

3.1.4　自动化网络运维需求

5G 时代，除了基本的带宽、时延、连接的需求以外，如何通过 SDN 自动化简化业务布放，满足一张物理网络支撑海量的不同服务等级协议（Service Level Agreement，SLA）的定制等需求也成为承载网需要关注的问题，具体包括以下 3 个方面。

（1）按需的连接。5G 时代，无线、核心网云化之后，基站与核心网、核心网与核心网之间的连接将会变得更加复杂，且云化之后的无线设备、核心网设备能够以分钟级的效率快速部署，这必然要求与其配套的承载网连接也要以敏捷的方式，通过 SDN 提供分钟级的自动化连接。

（2）切片全生命周期自动管理。在 5G 网络中，业界提出了网络切片（Network Slicing）的概念。基于 SLA 的网络切片的自动生成，需要承载网根据 SLA 需求自动计算承载路径，分配网络资源；网络切片的生成、调整、删除全生命周期的管理，也对 SDN 的自动化提出了迫切需求。

（3）未来 5G 承载网将是 4G/5G/企业到企业（Business to Business，B2B）业务的综合承载网。对于业务跨域部署，存在业务快速布放的需求。当前专线业务部署的痛点之一是业务部署的效率问题，目前专线业务的部署依赖人工规划和人工配置，尤其是在跨自治域和跨厂商场景下，跨自治域涉及运营商不同部门的管理协调，跨厂商涉及业务对接，导致专线业务部署的效率非常低。因此，如何通过 SDN 自动化提升业务的跨域布放也成为 5G 技术焦点之一。

5G 时代的 eMBB/uRLLC/mMTC 等业务对网络要求差异化巨大，网络需要端到端的切片技术来保障业务的差异化承载。对于不同类型的业务，存在不同的网络切片需求。5G 时代，一个网络承载不同行业的业务，很多新的行业也需要通过网络切片来进行隔离，从而减少新的业务上线对整体网络的影响，降低试错成本。对承载网而言，网络切片在转发层需要实现不同切片流量的严格隔离，控制层需要实现不同路由协议、虚拟专用网协议等隔离，管理层面需要实现不同切片独立运维视图以及切片的灵活建立、调整、删除。

4G 时代，当网络部署一个全局业务策略时，需要端到端逐一配置每台设备。随着 5G 时代网络规模的扩大和新业务的引入，管理运维愈加复杂。传统网络控制平面和数据平面深度耦合，分布式网络控制机制使得任何一种新技术的引入都严重依赖现网设备，并需要多个设备同步更新，导致新技术的部署周期较长（通常需要 3～5 年），严重制约了网络的演进发展。承载网存在降低管理运维复杂度、实现敏捷运维的需求。需要通过云化技术实现网络优化、提高资源利用率、降低网络建设和运维成本，实现快速灵活适应互联网应用及催生新型网络业务的需求。

5G 业务对于承载网的关键需求，可以归纳为以下 4 个方面。

（1）各种场景下基站"最后一千米"的接入需求。

（2）大带宽、低时延、灵活连接的基础网络需求。

（3）网络切片需求。

（4）敏捷运维需求。

5G 承载网解决方案

5G 无线设备和核心网设备为了满足业务的超大带宽、超低时延、超高可靠、超大接入的需求，在硬件方面发生了变化，从而使得 5G 承载网也要在设备和解决方案方面进行演进，以满足业务需求和网络运维需求，如使用网络切片、实现敏捷运维等。下面将通过 5G 承载网的整体架构、技术方案两个维度，介绍 5G 承载网的解决方案。

3.2.1 5G 承载网整体架构

5G 承载网的物理架构仍以环形结构为基础分层部署，包括接入环、汇聚环和骨干核心环，接入环与汇聚环、汇聚环与骨干核心环的相交处都有两套设备连接（双归设备）。

环形结构的目的是防止链路出现单点故障，当一个环的一个方向链路中断时，业务可以切换到环的另一个方向的链路上，对业务起到保护的作用。环与环相交处部署双归设备的目的是防止设备出现单点故障，两个设备中，一个设备设置为主用设备，另一个设备设置为备用设备，在网络正常的情况下，业务都经过主用设备转发，当主用设备发生故障时，备用设备接替主用设备完成业务转发。

5G 承载网的设备主要以 PTN 或者 IPRAN 为主，在中国的电信运营商中，中国移动使用了 PTN 设备，中国联通和中国电信使用了 IPRAN 设备。当设备间的距离超出了普通设备光模块的发光距离时，需要配合使用波分设备（OTN/WDM）进行长距离组网。例如，市区到县区的两台 PTN 设备直连时，如果间距超过了 80km，则中间需要使用波分设备。

承载网的接入环、汇聚环和骨干核心环的带宽速率配置应根据业务需求进行部署，但总的原则是骨干核心环的速率一定大于汇聚环的速率，汇聚环的速率一定大于接入环的速率。

所有的 5G 承载网设备都将采用新的管理控制系统，即网络云引擎。网络云引擎是网络连接层与不确定的业务应用层之间构筑的智能适配层，其主要职责包括以下 4 点。

（1）统一云化平台：作为 SDN 云化网络管控维一体化的驱动引擎平台，面向运营商、企业和家庭等不同业务场景，基于统一的软件编排和工作流引擎，实现物理/虚拟网络的规划仿真、业务部署发放、网络监控、保障和优化的全生命周期自动化和网络自治。

（2）管理子系统：集成传统的网络管理系统 U2000 的全部功能，对整个承载网的设备进行管理，包括参数配置、业务配置、设备监控和告警上报等。

（3）控制子系统：NCE 融合了 SDN 技术之后，具备为业务自动计算业务隧道的能力。两套 PTN 设备之间的业务隧道不再需要维护人员手动创建，而由 NCE 设备自动计算并自动下发到设备上。

（4）分析子系统：NCE 具备网络内部任何两套 PTN 设备之间的流量分析、流量调整功能。当 NCE 监控到两套 PTN 设备之间的流量超过门限值后，可以根据网络情况和业务配置情况，将两套 PTN 设备之间的一部分业务自动调整到其他路径上。

承载网的最终任务仍然是将基站与核心网连接起来完成数据的转发，包括基站到基站、基站到核心网、核心网到核心网之间的数据转发。5G 承载网架构如图 2-8 所示。

由于 5G 网络中部分无线设备会拆分为 AAU、DU 和 CU 3 种硬件单元，并且进行分布式部署，彼此之间需要承载网连接，所以 5G 承载网的物理架构还可以依据无线设备的分布式部署，分为前传网、中传网、回传网 3 个层次，如图 3-13 所示。

前传网是用于连接 AAU 和 DU 设备的，可以有多种连接方式，常见的连接方式有以下 4 种。

（1）使用物理光纤直接连接：也称为光纤直驱，即使用物理光纤直接将 AAU 和 DU 设备连接起来。

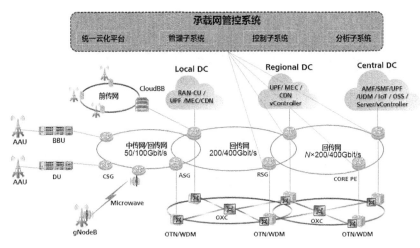

图 3-13　5G 承载网的物理架构

（2）使用无源波分设备直接连接：在 AAU 和 DU 设备侧分别安装无源波分设备，通过无源波分设备连接起来。

（3）使用有源波分设备直接连接：在 AAU 和 DU 设备侧分别安装有源波分设备，通过有源波分设备连接起来。

（4）使用半有源方案直接连接：即在 AAU 侧安装无源波分设备，在 DU 侧安装有源波分设备，通过无源波分设备和有源波分设备连接起来。

由于 4 种连接方式采用的介质不同，所以从光纤消耗、故障定位、保护能力、建网成本等方面比较各有优劣，如表 3-1 所示。

表 3-1　5G 前传网方案比较

比较项目 连接方式	光纤消耗	故障定位	保护能力	建网成本
光纤直驱	多	复杂、耗时长	无	光纤成本
无源波分	较少	复杂、耗时长	无	光纤、无源设备成本
有源波分	少	简单、迅速	有	有源设备成本
半有源方案	少	简单、迅速	有	半有源设备成本

前传网是 5G 承载网中靠近无线基站侧的一段传输网络，在整个承载网中设备数量占比较小，而中传网和回传网才是整个 5G 承载网的核心部分，需要在规划和建设中投入大量的资金和人力。因此，本书将重点介绍 5G 承载网的中传网和回传网，前传网仅在此进行简单介绍。在后面的内容中，为了描述简单，5G 承载网即指 5G 承载网中传网和回传网，不再详细区分前传网、中传网和回传网。

3.2.2　5G 承载网技术方案

5G 业务带宽的剧烈增长、无线与核心网设备的云化、设备之间广泛的连接、业务数量和类型的迅速增长，给 5G 承载网的解决方案带来了很大的挑战。其关键挑战如图 3-14 所示，可以分为下列几个方面。

（1）降低建网成本。一方面，需要实现低成本的光纤接入技术，接入层设备需要多样化、低成本，满足各种场景下的接入需要；另一方面，需要大容量的承载网设备，支持 5G 的大带宽需求，能够支持接入

50/100/200Gbit/s 端口。

（2）提升连接灵活性。一方面，需要实现三层网络到边缘，即路由网络，满足 5G 网络的灵活连接需求；另一方面，需要引入新的端到端灵活业务调度技术来增强路径调整和控制能力，满足灵活连接的需求。

（3）实现一网多用。使用网络切片技术以满足 5G 网络端到端的切片诉求，特别是在网络引入了 uRLLC 业务后。

（4）实现超低时延转发能力。一方面，通过核心网 UP 下沉降低端到端时延；另一方面，承载网需要降低转发和处理时延。

（5）提升运营效率，即实现自动化的网络运维能力。由于 5G 业务的复杂性，特别是引入了网络切片技术，带来了网络运维自动化的需求后，SDN 技术是解决运维自动化的一项关键技术。

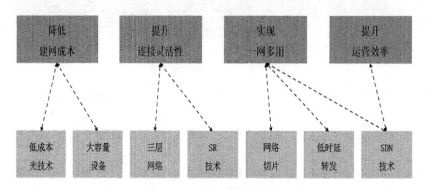

图 3-14　5G 承载网的关键挑战

如果能够解决 5G 承载网所面临的众多挑战，就能够实现通过较低成本建设一个具备高效运维能力的物理网络，这个物理网络既能实现"一网多用"，又能实现"灵活连接"。

（1）对于降低建网成本，解决方案是采用 25Gbit/s 的光管芯技术、新的承载网设备。

光模块由光管芯组成，如 1 个 40Gbit/s 的光模块可以由 4 个 10Gbit/s 光管芯组成。此前，网络速率以 10Gbit/s 和 40Gbit/s 为主，所以由 10Gbit/s 光管芯组成的 10Gbit/s 和 40Gbit/s 光模块需求量很大，10Gbit/s 光管芯的发货量远大于 25Gbit/s 光管芯。因此 10Gbit/s 光管芯的成本小于 25Gbit/s 光管芯。但是，随着近些年 50Gbit/s、100Gbit/s 和 200Gbit/s 网络速率的大量应用，现网中对 50/100/200Gbit/s 的光模块需求量大幅增加，由于 25Gbit/s 的光管芯的发货量超过 10Gbit/s 的光管芯，所以由 25Gbit/s 的光管芯组成的 50/100/200Gbit/s 的光模块成本远远低于 10Gbit/s 的光管芯组成的 50/100/200Gbit/s 的光模块。光管芯与光模块如图 3-15 所示。

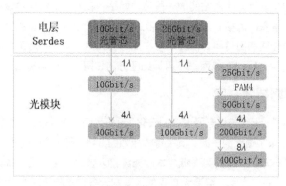

图 3-15　光管芯与光模块

在 4G 时代，电信运营商使用的承载网设备主要包括 IPRAN 和 PTN 两大类型设备。以 PTN 设备为例，设备类型主要包括 PTN910、PTN950、PTN960、PTN1900、PTN3900、PTN6900 和 PTN7900。在 5G 时代，为了满足业务的特性需求，部分设备将会被替换掉，部分设备需要进行升级，部分设备直接新建。例如，PTN910、PTN950 设备将会被 PTN990、PTN970 替换，PTN3900、PTN6900 将会被 PTN7900 替换。

5G 承载网为了满足各种场景和组网的需求，可以采用以下 PTN 系列设备：PTN960/970/990 支持 50/100Gbit/s 的接口，满足 5G 组网需求；PTN7900-12/24/32 满足 5G 中回传汇聚及核心组网需求，支持向 200/400Gbit/s 平台演进。5G 承载网 PTN 设备类型如图 3-16 所示。

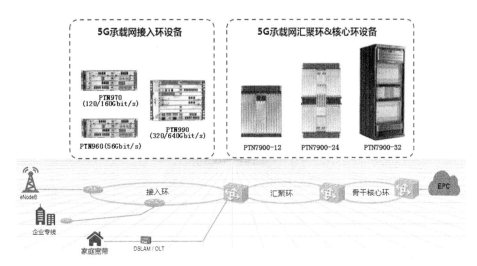

图 3-16　5G 承载网 PTN 设备类型

（2）对于提升网络的灵活连接能力，解决方案是采用端到端三层承载网，并使用 SR 技术。

4G 承载网的解决方案是二层专线加三层专网的组网方案，即 L2VPN+L3VPN，简写为 L2+L3，配合使用 MPLS 技术，该组网方案如图 3-17 所示。

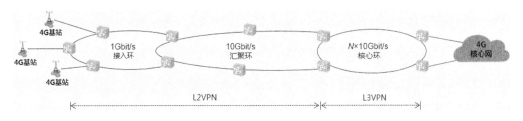

图 3-17　4G 承载网 L2+L3 组网方案

5G 承载网的解决方案包括两种，一种是与 4G 非常相似的过渡方案，即由二层专线加三层专网组成的组网方案，配合使用分段路由技术，该组网方案如图 3-18 所示。

5G 承载网的另一种解决方案是端到端的三层专网组成的组网方案，即 L3VPN+L3VPN，简写为 L3+L3，配合使用分段路由技术，该组网方案如图 3-19 所示。

（3）对于实现一网多用，解决方案是采用网络切片技术。将一个物理网络切分为多个逻辑上相互独立的网络，承载不同类型的业务，各类型业务能独立进行管理和控制，满足业务的差异化承载，即"在一个物理网络中，将相关的业务功能、网络资源组织在一起，形成一个完整、自治、独立运维的逻辑网络，满足特定的用户和业务需求"。该组网方案如图 3-20 所示。

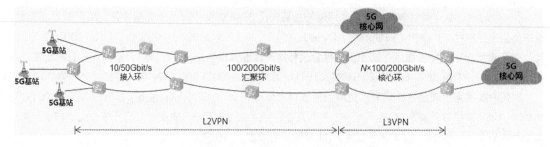

图 3-18　5G 承载网 L2+L3 组网方案

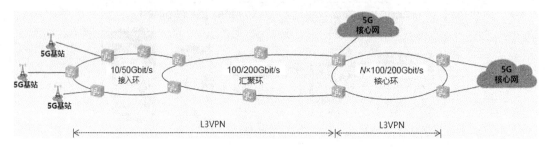

图 3-19　5G 承载网 L3+L3 组网方案

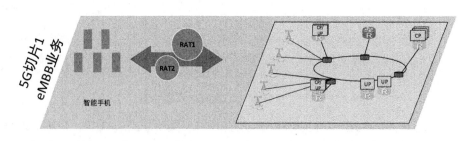

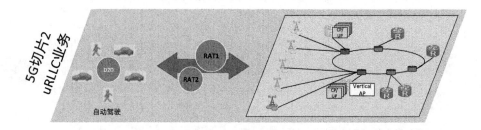

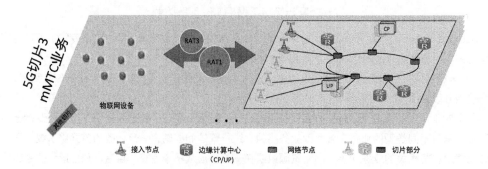

图 3-20　5G 承载网网络切片组网方案

（4）对于提升网络运营效率，实现敏捷运维，解决方案是通过融合了管理功能、控制功能、分析功能的新型管控平台——网络云引擎，利用 SDN 技术，实现根据业务需求提供分钟级自动化的业务连接；实现根据 SLA 需求自动计算承载路径、分配网络资源、网络切片的生成/调整/删除全生命周期的管理；实现跨自治域和跨厂商场景下的业务自动化快速部署。网络云引擎解决方案如图 3-21 所示。

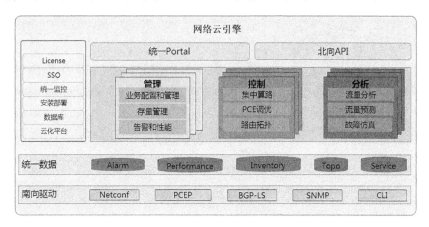

图 3-21　网络云引擎解决方案

最终，在众多关键挑战都逐一解决的前提下，相对应的 5G 承载网整体演进方案就应运而生了，即 5G 承载网目标组网方案。承载网物理架构继续沿用 4G 架构，网络分为接入环、汇聚环与核心环，设备通过升级和替换满足 5G 特性的需求，网络管理和控制引入 NCE，实现 SDN 架构。5G eMBB 业务采用 L2VPN + L3VPN 组网方案，骨干汇聚点作为 L2/L3 桥接节点，L2 部分保留 MPLS-TP 隧道，L3 部分采用 SR-TP 隧道；5G mMTC 业务采用 L2VPN + L3VPN 业务组网方案，骨干汇聚点作为 L2/L3 桥接节点，L2 部分保留 MPLS-TP 隧道，L3 部分采用 SR-TP 隧道；5G uRLLC 业务考虑到低时延业务就近转发需求，端到端部署 L3VPN，采用 SR-TP 隧道，接入层 L3 根据 uRLLC 业务开展情况进行按需点状部署。5G 承载网目标组网方案如图 3-22 所示。

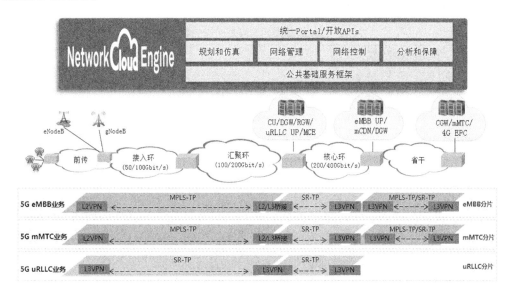

图 3-22　5G 承载网目标组网方案

当 5G 承载网建设完善后，4G 和 5G 网络共用一张承载网，传统的专线、2G/3G 业务可以沿用之前的承载方式，最终实现集客、4G、IP 化的 2G、5G（eMBB、mMTC、uRLLC）业务的统一承载，业务层采用 L2VPN+L3VPN 混合组网，通过 L3 调度实现多业务的协同组网。4G/5G/专线统一承载网方案如图 3-23 所示。

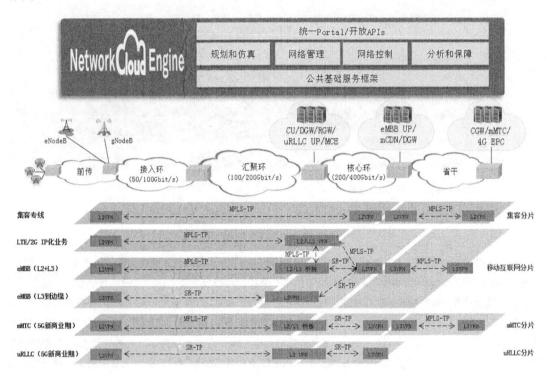

图 3-23 4G/5G/专线统一承载网方案

5G 承载网的需求和对应的关键技术如表 3-2 所示。

表 3-2 5G 承载网的需求与对应的关键技术

5G 承载网的需求	对应的关键技术
各种场景下基站"最后一千米"的接入	大容量设备、低成本光技术、网络切片
大带宽、低时延、灵活连接的基础网络	大容量设备、网络切片、三层网络、SR 技术
统一承载	网络切片
网络敏捷运维	SDN 技术

本章小结

本章从 5G 无线基站和核心网网络架构的变化、5G 具体业务的特点、高精度时钟同步、自动化网络运维共四个维度，详细地分析了 5G 承载网面临的需求。根据业务需求，详细解释了 5G 承载网的解决方案、网络架构和关键技术。

完成本章的学习后，读者应该对 5G 的各种应用场景和具体需求有进一步的了解，掌握 5G 承载网的具体解决方案、网络架构的变化和关键技术。

课后习题

1. 选择题

（1）由于无线基站的分解和部署形态的变化，为了实现 CU、DU 和 AAU 这 3 个模块的可分可合，承载网被划分为 3 部分，这 3 部分不包括（　　）。

  A. 前传网   B. 中传网   C. 后传网   D. 回传网

（2）【多选】5G 业务对于承载网的关键需求包括（　　）。

  A. 大带宽、低时延、灵活连接的基础网络需求

  B. 网络切片需求

  C. 敏捷运维

  D. 各种场景下基站"最后一千米"的接入需求

（3）【多选】5G 承载网的解决方案面临的挑战有（　　）。

  A. 降低建网成本   B. 实现一网多用

  C. 提升运营效率   D. 提升连接灵活性

2. 问答题

（1）列举说明承载网如何满足 5G 基站拆分的需求。

（2）列举说明承载网如何满足 5G 核心网拆分的需求。

（3）简述 5G 承载网的需求有哪些，并解释这些需求产生的原因。

（4）简述 5G 承载网的两种组网方案，并简单与 4G 承载网组网方案进行简单对比。

（5）自动化网络运维的需求包括哪 3 个方面？

Chapter

4

第 4 章
5G 承载网路由技术及部署

5G 承载网由控制器或者承载网设备根据链路状态等数据自动计算 SR 隧道，设备运行维护更加自动便捷，这些功能的实现需要依赖 OSPF 协议、IS-IS 协议和 BGP 等路由协议。那么，这些路由协议在 5G 承载网中是如何部署的呢？

本章将详细介绍 5G 承载网相关的路由协议，包括路由协议的基本概念、路由计算和路由部署方案，以使读者对 5G 承载网的路由协议有全面的了解。

课堂学习目标

- 了解 5G 承载网路由协议的原理
- 掌握 5G 承载网路由协议部署方案

4.1　5G 承载网需求分析

为了满足 5G 业务超低时延、超大带宽等多种多样的需求，5G 承载网需要更加灵活的报文转发方式。依赖于 OSPF 协议、IS-IS 协议、BGP 等路由协议，5G 承载网可以更加自动便捷的方式发布链路状态和路由信息、传递标签、建立隧道。本章将讨论 5G 承载网路由协议的原理和规划部署方案。

4.1.1　基本概念

路由协议是路由器之间交互信息的一种语言。只有使用相同语言的路由器之间才可以交互信息。路由器之间通过路由协议共享网络状态和网络中的可达路由信息。路由器也通过路由协议维护路由表，提供数据包的最佳转发路径。

（1）路由器：一种典型的网络连接设备，用来进行路由选择和报文转发。路由器根据收到报文的目的地址选择一条合适的路径（包含一个或多个路由器的网络），将报文传送到下一个路由器，路径目的终端的路由器负责将报文送交目的主机。路由器可以为数据传输选择最佳路径。

（2）路由协议：路由器之间交互信息的一种语言。路由器之间通过路由协议可以共享网络状态和网络中的一些可达路由的信息。只有使用同种协议的路由器才可以交互信息。不同协议的路由器也可以通过某些方式来获取其他路由器的信息。路由协议定义了一套路由器之间通信时使用的规则，通信的双方共同遵守该规则。

路由器完成数据包的转发需要具备以下 5 种功能。

① 检查数据包的目的地：路由器了解数据包目的地信息。

② 确定信息源：路由器获得到给定目的地的路径。

③ 发现可能的路由：路由器获得到目的地的可能路由。

④ 选择最佳路由：路由器获得到目的地的最佳路径。

⑤ 验证和维护路由信息：验证到目的地路径的有效性、定期验证和维护路由信息。

（3）路由表：路由器创建的路由信息表，路由器转发数据包完全依赖于路由表，同时，路由器通过路由协议维护路由表，提供最佳转发路径。路由表中保存了各种路由协议发现的路由，如表 4-1 所示。

表 4-1　路由表

Destination/Mask	Proto	Pref	Cost	NextHop	Interface
0.0.0.0/0	STATIC	60	0	10.0.1.1	Ethernet1/0
1.0.0.0/8	IS-IS	15	1	10.0.1.1	Ethernet1/0
1.1.1.1/32	OSPF	10	2	10.0.1.1	Ethernet1/0
10.0.1.0/30	DIRECT	0	0	10.0.1.2	Ethernet1/0
……	……	……	……	……	……

路由表中每一列都是一个关键字段，具体含义如下。

① Destination：目的地址，用来标识 IP 包的目的地址或目的网络。

② Mask：网络掩码，与目的地址一起来标识目的主机或路由器所在的网段的地址。

③ Proto：协议类型，表明路由表中路由信息的来源。

④ Pref：本条路由加入 IP 路由表的优先级。针对同一目的地，可能存在不同下一跳、出接口等的若干条路由，这些不同路由可能是由不同的路由协议发现的，也可能是手工配置的静态路由。优先级高（数值

小）者将成为当前的最优路由。

⑤ Cost：路由开销。当到达同一目的地的多条路由具有相同的优先级时，路由开销最小的将成为当前的最优路由。

⑥ NextHop：下一跳 IP 地址，说明 IP 包所经由的下一个路由器。

⑦ Interface：输出接口，说明 IP 包将从该路由器的哪个接口转发出去。

路由表中每一行都是一条路由信息，根据来源不同，路由表中的路由信息通常可分为以下 3 类。

（1）直连路由：数据链路层协议发现的路由（也被称为接口路由）。当数据链路层协议 UP 后，就会产生这种类型的路由。数据链路层协议发现的路由不需要维护，减少了维护的工作。其不足之处在于数据链路层只能发现接口所在的直连网段的路由，无法发现跨网段的路由。跨网段的路由需要通过其他的方法获得。这类路由的特点是设备开销小，不需要配置。

（2）静态路由：由网络管理员手工配置的路由。通过配置静态路由同样可以达到网络互通的目的，但这种配置存在问题，当网络发生故障后，静态路由不会自动修正，必须由管理员重新修改其配置。这类路由的特点是不消耗设备开销，配置简单但需人工维护，适用于简单拓扑结构的网络。

（3）动态路由：通过动态路由协议发现的路由。当网络拓扑结构十分复杂时，手工配置静态路由工作量大且容易出现错误，此时可以通过动态路由协议自动发现和修改路由，无须人工维护。这类路由的特点是设备开销大、配置复杂，无须人工维护，适用于复杂拓扑结构的网络。

4.1.2　路由计算

自治系统（Autonomous System，AS）指的是由同一机构管理并运行同一种路由协议的路由器集合。动态路由协议按照路由协议的作用范围（自治系统内部或者自治系统之间的范围）可以分为以下两类。

（1）内部网关协议（Interior Gateway Protocol，IGP）：运行在自治系统内部的路由协议。常见的 IGP有 RIP、OSPF 协议和 IS-IS 协议。

（2）外部网关协议（Exterior Gateway Protocol，EGP）：运行在自治系统之间或路由域之间的路由协议。常见的 EGP 有 BGP。

对于相同的目的地，不同的路由协议（包括静态路由）可能会发现不同的路由，但这些路由并不都是最优的。事实上，在某一时刻到某一目的地的当前路由仅能由唯一的路由协议来决定。为了判断最优路由，各路由协议（包括静态路由）都被赋予了一个优先级，当存在多个路由信息源时，具有较高优先级（取值较小）的路由协议发现的路由将成为最优路由。不同厂家的各种路由协议及其发现路由的默认优先级不同。常见路由协议的默认优先级如表 4-2 所示。

表 4-2　常见路由协议的默认优先级

路由协议类型	路由优先级
DIRECT	0
OSPF	10
IS-IS	15
STATIC	60
RIP	100
……	……

当到达同一目的地的多条路由具有相同的优先级时，路由开销最小的将成为当前的最优路由。路由开销会受到以下因素的影响：线路时延、带宽、线路占有率、线路可信度、跳数和、最大传输单元等。

如图 4-1 所示，路由器 A 到路由器 D 有两条路由，第一条路由为 A→B→C→D，第二条路由为 A→E→F→C→D。路由器 A 采用同一种路由协议分别从路由器 B 和路由器 E 学习到去往路由器 D 的路由。路由器 A 从路由器 B 学习的到达路由器 D 的路由开销值为 9，而从路由器 E 学习的到达路由器 D 的开销值为 12。经过比较，路由器 A 从路由器 B 学习的路由更优。因此，路由器 A 会将从路由器 B 学习的到达路由器 D 的路由信息添加到路由表中，用于指导数据报文的转发，路由的下一跳为路由器 B。

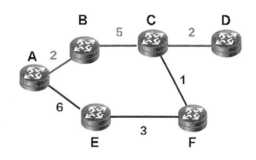

图 4-1　路由选择示意图

5G 承载网依靠相应的路由协议完成承载网设备之间标签的转发和传递，使得设备之间可以依据这些标签创建隧道道径，用于转发业务报文。5G 承载网同样依靠相应的路由协议完成基站设备和核心网设备路由在承载网内部的发布和扩散，使得基站和核心网之间可以顺利地转发用户的业务报文。

4.2　OSPF 协议及部署

开放最短路径优先（Open Shortest Path First，OSPF）协议是由 IETF 开发的一种内部网关协议，它基于链路状态算法来计算最短路由，广泛应用在各种类型的网络中，在 5G 承载网中也有使用。

4.2.1　基本概念

（1）OSPF 路由域：指使用 OSPF 路由协议交换路由信息的一组路由器的集合。

（2）Router ID：路由器的标识。由于链路状态数据库（Link State Database，LSDB）描述的是整个网络内所有路由器的拓扑结构，所以网络内每个路由器都需要有一个唯一的标识，用于在 LSDB 中标识自己的身份。Router ID 就是用于在 OSPF 路由域中唯一标识一台路由器的 32 位整数。每个运行 OSPF 协议的路由器都有一个唯一的 Router ID。这个 Router ID 一般需要手工配置，一般将其配置为该路由器某个接口的 IP 地址。由于 IP 地址是唯一的，所以这样很容易保证 Router ID 的唯一性。在没有手工配置 Router ID 的情况下，一些厂家的路由器支持自动从当前所有接口的 IP 地址自动选举一个 IP 地址作为 Router ID。一般先选取此路由器内最大的 LoopBack 接口 IP 地址作为 Router ID，如果路由器没有配置 LoopBack 接口 IP 地址，则选取此路由器内最大的物理接口 IP 地址作为 Router ID。

OSPF 路由协议依据网络内设备之间的链路状态和最短路径优先（Shortest Path First，SPF）算法，可以计算出没有环路的业务路由。这种路由协议的特点如下。

（1）无路由自环：由于路由的计算基于详细链路状态信息（网络拓扑信息），所以 OSPF 协议计算的路由无自环。

（2）支持无类域间路由：OSPF 协议是专门为 TCP/IP 环境开发的路由协议，显式支持无类域间路由（Classless Inter-Domain Routing，CIDR）和可变长子网掩码（Variable Length Subnet Mask，VLSM）。

（3）路由变化收敛速度快：触发式更新，一旦拓扑结构发生变化，新的链路状态信息立刻泛洪，对拓扑变化敏感。

（4）支持等值路由：当到达目的地的等开销路径有多条时，流量被均衡地分担在这些等开销路径上。

（5）支持验证：OSPF 路由器之间交换的所有报文都会被验证。

（6）支持以组播地址发送协议报文：OSPF 路由器使用组播和单播方式收发协议数据，因此占用的网络流量很小。

（7）支持区域划分：OSPF 协议支持将一组网段组合在一起，这样的一个组合称为一个区域，即区域是一组网段的集合。通过划分区域可以缩小 LSDB 的规模，减少网络流量。OSPF 区域划分如图 4-2 所示。

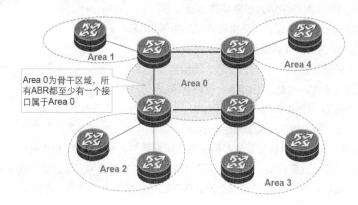

图 4-2 OSPF 区域划分

其中，Area 0 为骨干区域，骨干区域负责在非骨干区域之间发布由区域边界路由器（Area Border Router，ABR）汇总的路由信息（并非详细的链路状态信息），为了避免区域间路由环路，非骨干区域之间不允许直接相互发布区域间路由信息。因此，所有区域的 ABR 都至少有一个接口属于 Area 0，即每个非骨干区域都必须连接到骨干区域。

4.2.2 路由计算

运行 OSPF 协议的路由器，根据链路状态信息，使用最短路由优先算法计算到达每一台路由器的最佳路由。

OSPF 协议的路由计算过程包括以下 3 个步骤。

（1）运行 OSPF 协议的路由器在所有使能 OSPF 的接口上发送 Hello 报文，如果相邻路由器收到的 Hello 报文中的相关参数一致，则形成邻居关系。每个路由器通过泛洪链路状态通告（Link State Advertisement，LSA）向外发布本地链路状态信息（如可用的端口、可到达的邻居及相邻的网段等）。每一个路由器通过收集其他路由器发布的链路状态通告以及自身生成的本地链路状态通告，形成一个 LSDB。LSDB 描述了路由域内详细的网络拓扑结构，并且所有路由器上的 LSDB 都是相同的。LSDB 的生成如图 4-3 所示。

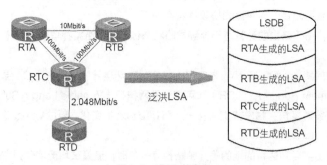

图 4-3 LSDB 的生成

（2）所有路由器上的 LSDB 都是相同的，通过 LSDB，并使用相同的 SPF 算法，每台路由器可计算一个以自己为根，以网络中其他节点为叶的最短路径树。最短路径树的计算过程如图 4-4 所示。

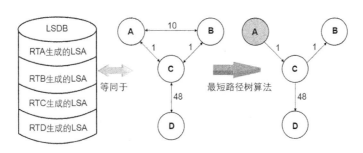

图 4-4　最短路径树的计算过程

（3）每台路由器计算的最短路径树给出了到网络中其他节点的路由表。路由表结构如表 4-3 所示。

表 4-3　路由表结构

Destination/Mask	Proto	Pref	Cost	NextHop	Interface
0.0.0.0/0	STATIC	60	0	10.0.1.1	Ethernet1/0
1.0.0.0/8	IS–IS	15	1	10.0.1.1	Ethernet1/0
1.1.1.1/32	OSPF	10	2	10.0.1.1	Ethernet1/0
10.0.1.0/30	DIRECT	0	0	10.0.1.2	Ethernet1/0
……	……	……	……	……	……

不是所有的邻居关系都可以形成邻接关系而交换链路状态信息及路由信息，这与网络类型有关系。OSPF 协议支持 4 种网络类型，分别是点到点网络、广播型网络、非广播多路访问（Non-Broadcast Multiple Access，NBMA）网络和点到多点网络。

（1）点到点网络：指只把两台路由器直接相连的网络。

（2）广播型网络：指支持两台以上路由器，并且具有广播能力的网络。

（3）非广播多路访问网络：要求网络中的路由器组成全连接。在这种网络中，OSPF 协议模拟在广播型网络中的操作，但是每个路由器的邻居需要手动配置。

（4）点到多点网络：指将整个非广播网络看作一组点到点网络。每个路由器的邻居可以通过底层协议来发现，如通过反向地址解析协议（Inverse ARP）来发现。对于不能组成全连接的网络应当使用点到多点方式，如只使用永久虚电路（Permanent Virtual Circuit，PVC）的不完全连接的帧中继网络。

其中，用到的一些定义如下。

（1）邻居关系（Neighbor）：OSPF 路由器启动后，便会通过 OSPF 接口向外发送 Hello 报文。收到 Hello 报文的 OSPF 路由器会检查报文中所定义的一些参数，如果双方一致，则会形成邻居关系。

（2）邻接关系（Adjacency）：形成邻居关系的双方不一定都能形成邻接关系，这要根据网络的类型而定。只有当双方成功交换数据库描述（Database Description，DD）报文，并交换 LSA 之后，才能形成真正意义上的邻接关系。

路由器之间使用 OSPF 协议相互发送的报文共有 5 种类型，如表 4-4 所示。

表 4-4　OSPF 协议的 5 种报文类型

报文名称	报文功能
Hello	发现和维护邻居关系
Database Description	发送链路状态数据库摘要
Link State Request	请求特定的链路状态信息

续表

报文名称	报文功能
Link State Update	发送详细的链路状态信息
Link State Acknowledgment	发送确认报文

（1）Hello 报文：用于发现和维护邻居关系，在广播型网络和 NBMA 网络中，Hello 报文也用来选举指定路由器（Designated Router，DR）和备份指定路由器（Backup Designated Router，BDR）。

（2）DD 报文：通过携带 LSA 头部信息描述链路状态摘要信息。

（3）Link State Request 报文：用于发送下载 LSA 的请求信息，这些被请求的 LSA 是通过接收 DD 报文发现的，但是本地路由器上没有的。

（4）Link State Update 报文：通过发送详细的 LSA 来同步链路状态数据库。

（5）Link State Acknowledgment 报文：通过泛洪确认信息确保路由信息的交换过程是可靠的。

除了 Hello 报文以外，其他报文只在建立了邻接关系的路由器之间发送。

DR：TCP/IP 网络中的功能实体。为减少同一个 OSPF 区域中链路状态消息在不同路由器间重复发送，通过 OSPF Hello 协议选举产生 DR。在同一个 OSPF 区域中，全部路由器都与 DR 相连，当路由器中的路由信息发生更新时，发送一个链路状态消息到 DR，再从 DR 发送到各个路由器，以防止浪费带宽资源。

BDR：为了保证向新指定路由器更稳定地传输消息，每一个多路接入网络中都有一个 BDR。这个 BDR 与其他路由器是相互连接的，当前一个指定路由器不能正常工作的时候，BDR 即会变成 DR。DR 和 BDR 连接结构如图 4-5 所示。

DR 的选举过程中主要包括以下 5 个步骤。

（1）记录本网段内的 OSPF 路由器。

（2）记录本网段内的 Priority>0 的 OSPF 路由器。

（3）选举 DR 之前，所有的 Priority>0 的 OSPF 路由器都认为自己是 DR。

（4）开始选举 DR，原则是选举 Priority 值最大的路由器作为 DR；若 Priority 值相等，则选举 Router ID 最大的路由器作为 DR。

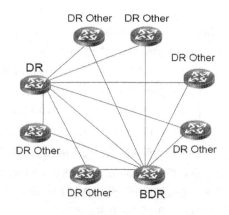

图 4-5　DR 和 BDR 连接结构

（5）DR 是所有路由器选举出来的，而非人工指定的。一旦 DR 当选，除非 DR 发生故障，否则不会更换 DR。选出 DR 的同时，也选举出了 BDR。当 DR 出现故障后，由 BDR 接替 DR 成为新的 DR。

4.2.3　部署方案

不同运营商的 5G 承载网方案不同，下面以一家运营商的一个 5G 承载网方案为例，说明 OSPF 协议在承载网中的应用。承载网分为骨干核心环、汇聚环和接入环 3 个层次，环与环之间由两套设备衔接，设备角色分为 CSG、ASG 和 RSG。为了使承载网具有更好的扩展性以及控制路由发布，整个承载网规划为多个进程。其中，骨干核心环和汇聚环规划为一个 IS-IS 进程，不同的 ASG 设备下挂的接入环规划为不同的 OSPF 进程，同一个 ASG 设备下挂的不同接入环规划为不同的 Area。OSPF 区域规划案例如图 4-6 所示。

5G 承载网设备角色的位置和作用如表 4-5 所示。

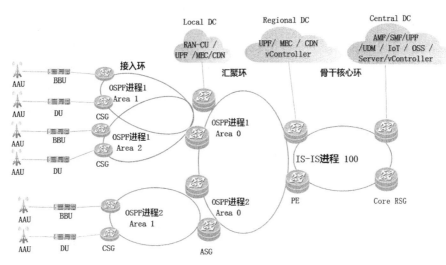

图 4-6　OSPF 区域规划案例

表 4-5　5G 承载网设备角色的位置和作用

网络层级	设备角色	设备作用
接入网（Access Network）	CSG	接入基站各类业务信号并处理后转发给汇聚层传输
汇聚网（Aggregation Network）	ASG	汇聚经各个基站侧网关处理后的业务信号并转发
	RSG	与基站控制器连接的网关

CSG：该角色位于接入层，负责基站的接入。

ASG：该角色位于汇聚层，负责对接入层海量 CSG 业务流进行汇聚。

RSG：该角色位于骨干核心层，是 RNC 的网关。

在图 4-6 所示的方案中，进程和区域规划如下。

（1）规划 IS-IS 进程范围。骨干核心环和汇聚环规划为一个 IS-IS 进程，即所有 ASG 和 RSG 都规划在同一个 IS-IS 进程中，如图 4-6 中的 IS-IS 进程 100。

（2）规划 OSPF 进程范围。一对 ASG 之间互连规划为 OSPF 骨干域，如图 4-6 中的 OSPF Area 0。一对 ASG 下挂的各个接入环均为非骨干域，每个接入环规划不同的 Area，如图 4-6 中的 Area 1 和 Area 2。各接入环之间设置为普通区域，路由通过 Area 0 相互渗透，路由默认呈现闭环状态。

（3）接入环的接口在相应的 OSPF Area 中进行通告，包括 LoopBack 0 地址。

（4）ASG 上的 LoopBack 0 下配置 OSPF Enable Area 0，向接入侧普通区域发布路由，将 ASG 的环回地址发布到接入环中，保证接入环可以触发标记交换路由器—标识（Label Switch Router-Identity，LSR-ID）的标记交换路径（Label Switching Path，LSP），并且配置分段路由全局块（Segment Routing Global Block，SRGB）和 OSPF 前缀地址。

（5）汇聚环之间用于接入环 OSPF 闭环的接口，配置 OSPF Multi-Area，在 OSPF 的 Area 0 以及 Area n 中进行通告。

（6）ASG 用作 LSR-ID 的 LoopBack 0 接口地址加入汇聚环 IS-IS 进程，配置 IS-IS 协议进程优先级高于 OSPF 协议进程，保证路由不绕路；并且配置 SRGB 和前缀地址与 OSPF 值一致，形成汇聚环的 SR-BE 隧道；为 ASG 间互连接口配置子接口，每个子接口加入 ASG 上部署的一个 IGP 进程中，保证各 IGP 进程内优先转发。

（7）各接入环之间通过相同的 OSPF 的不同 Area 隔离，汇聚侧通过不同 IS-IS 进程进行路由隔离，汇聚侧在二级汇聚（MER）侧配置跨 IS-IS 进程互相引用。如果需要相互渗透（如公网 DCN 方案），则可以通过路由策略（部署在 ASG）控制接入环学习汇聚环路由，使其仅学习汇聚区域所需路由。

OSPF 协议在 4G 和 5G 承载网中都有应用，以上在 5G 承载网中的应用方案只是众多方案中的一种。每种方案都有其优缺点，应用时可以根据业务需求、现场条件、组网结构等因素综合考虑，规划设计合适的解决方案。

4.3 IS-IS 协议及部署

IS-IS 最初是国际标准化组织（International Organization for Standardization，ISO）为它的无连接网络协议（Connection Less Network Protocol，CLNP）设计的一种动态路由协议。

IS-IS 最早由 ISO 设计，用于实现基于 CLNP 寻址的路由协议，CLNP 是开放系统互连（Open System Interconnection，OSI）协议栈中的第三层协议。

随着 TCP/IP 的流行，IS-IS 协议在 RFC1195 中加入了支持 IP，实现了 IP 路由能力，因此，IS-IS 协议也被称为集成化 IS-IS（Integrated IS-IS）或者端到端的 IS-IS（Dual IS-IS）。

4.3.1 基本概念

IS-IS 协议是一种链路状态协议，用于自治系统内部，使用最短路径优先算法进行路由计算。作为基于链路状态算法的 IGP，IS-IS 协议与 OSPF 协议有许多相似的地方。

IS-IS 协议直接运行于数据链路层之上，在数据链路层的帧头之后直接封装 IS-IS 数据报文。IS-IS 协议报文采用了类型—长度—值（Type-Length-Value，TLV）的格式，很容易扩展支持新的特性。采用 TLV，报文的整体结构是固定的，不同的只是 TLV 部分，且在一个报文中可以使用多个 TLV 结构，TLV 本身也可以嵌套。为了支持一项新的特性，只需要增加 TLV 结构类型即可，不需要改变整个报文的结构。TLV 的这种设计，使得 IS-IS 可以很容易地支持 TE、IPv6 等新技术。IS-IS 报文的 TLV 结构如图 4-7 所示。

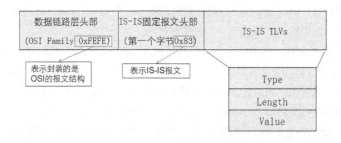

图 4-7　IS-IS 报文的 TLV 结构

网络服务接入点（Network Service Access Point，NSAP）是 ISO 定义的网络地址，网络用户通过网络服务提供商接入 OSI 网络业务。

CLNP 是 OSI 协议栈的第三层网络层协议，它的 NSAP 地址具备变长的独特的编址格式。整个 NSAP 地址由两大部分组成：初始域部分（Initial Domain Part，IDP）和域特定部分（Domain Specific Part，DSP）。IDP 类似于 TCP/IP 地址中的主网络号，由 ISO 规定；DSP 类似于 TCP/IP 地址中的子网络号、主机号和端口号。

初始域部分又分为权限和格式标识符（Authority and Format Identifier，AFI）以及初始域标识（Initial Domain Identifier，IDI）两部分。AFI 用来标识地址格式和地址分配机构，IDI 用来标识域。

域特定部分又分为高阶 DSP（High Order DSP，HODSP）、System ID 和 NSEL 三部分。HODSP 用于分割区域，类似于 TCP/IP 地址中的子网号；System ID 用于区分主机，类似于 TCP/IP 地址中的主机号；NSEL 用于指示选定的服务，相当于 TCP/IP 地址中的端口号。

通常，将 IDP 和 DSP 中的 HODSP 统称为区域地址，区域地址部分为可变长度，可为 1～13 字节。System ID 的长度为 1～8 字节，在整个路由域中，所有 IS-IS 的 System ID 长度必须是相同的。IS-IS NSAP 地址的格式如图 4-8 所示。

IDP			DSP	
AFI	IDI	High Order DSP	System ID	N-SEL
Area ID (1~13字节)			6字节	1字节

图 4-8　IS-IS NSAP 地址的格式

网络实体名称（Network Entity Titles，NET）是一个特殊的 NSAP 地址，其中，N-SEL 部分为 0 字节。NET 是专门为 IS-IS 协议所设计的，NET 为网络设备在 OSI 协议栈中的唯一标识，其中，同一 Area 的中间系统必须有相同的 Area ID，System ID 相当于 OSPF 中的区域号，每个中间系统在一个 Area 中必须有一个唯一的 System ID。一个路由域中的两个 Level-2 中间系统不能拥有相同的 System ID。一个路由域中的 System ID 必须有相同的长度。一个中间系统的所有 NET 必须拥有相同的 System ID。目前版本支持一台路由器最多配置 3 个 NET，以便在网络变化时快速切换。IS-IS NET 的格式如图 4-9 所示。

49.0021 . 1921.6800.1001 . 00
Area ID　　　System ID　　　N-SEL

图 4-9　IS-IS NET 的格式

4.3.2　路由计算

作为基于链路状态算法的路由协议，IS-IS 协议的路由计算过程与 OSPF 协议基本类似，都基于同步的链路状态数据库运行 SPF 算法计算得到去往目的地的路由信息。IS-IS 路由计算过程如图 4-10 所示。

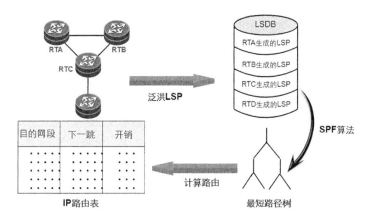

图 4-10　IS-IS 路由计算过程

IS-IS 的协议数据单元（Protocol Data Unit，PDU）有 4 种类型，如表 4-6 所示。

表 4-6　IS-IS 协议的 4 种报文类型

报文名称	报文功能
Hello	建立和维持邻居关系，也被称为中间系统到中间系统 Hello 报文（IS-to-IS Hello, IIH）
LSP	用于交换链路状态信息（类似于 OSPF 协议的 LSA）
CSNP	CSNP 实际上是 LSDB 中所有 LSP 的摘要信息（类似于 OSPF 协议的 DD 报文），分为两种：Level-1 CSNP 和 Level-2 CSNP
PSNP	用于数据库同步，是某些 LSP 的摘要信息，分为 Level-1 PSNP 和 Level-2 PSNP

IS-IS 路由器通过 Hello 报文发现邻居，建立邻居关系，默认情况下路由器能够直接建立邻居关系。但是在某些场景下，由于安全的需要必须增加认证，只有通过认证以后，才能正常建立邻居关系。

同 OSPF 协议一样，IS-IS 协议也采用了分层路由域的设计，支持区域划分。但是 IS-IS 区域的定义与 OSPF 有很大的差异。OSPF 区域的边界是路由器，而 IS-IS 区域的边界是链路。

如图 4-11 所示，通过配置 NET，将整个路由域划分成 3 个区域。

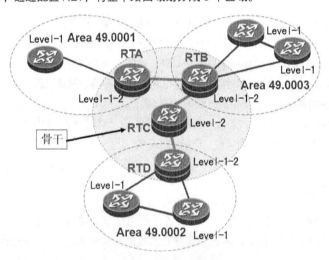

图 4-11　IS-IS 分层路由域拓扑

对于区域内部的路由器，它们不需要关心整个路由域的路由，因此，在它们的 LSDB 中，只有 Level-1 的链路状态信息（即只有本区域时的链路状态信息），这种路由器称为 Level-1 路由器。将分散的区域连接到一起构成一个完整的路由域时需要使用 Level-2 路由器。Level-2 路由器的 LSDB 中拥有整个路由域的链路状态信息，因此，它能将 Level-1 路由器发来的数据正确地转发到指定的目的地址。在 Level-1 路由器和 Level-2 路由器之间需要有一个转接角色，这个转接角色由 Level-1-2 路由器来担任。Level-1-2 路由器可以同时与非骨干区域内的 Level-1 路由器和骨干区域内的 Level-2 路由器建立邻接关系，因此，它同时拥有 Level-1 的链路状态数据库和 Level-2 的链路状态数据库。从某种意义上说，是 Level-1-2 路由器将非骨干区域内的路由信息通告给了 Level-2 路由器。Level-1 路由器中不存在其他区域的路由信息，因此，如果 Level-1 路由器需要访问其他区域，则必须通过与它相连的 Level-1-2 路由器转接。所有 Level-2 路由器和 Level-1-2 路由器连接在一起传输区域间的数据，这些连接在一起的 Level-2 路由器和 Level-1-2 路由器组成骨干区域，如图 4-11 中 RTA、RTB、RTC 和 RTD 组成的区域。

Level-1-2 路由器将链路状态信息发送给非骨干区域内的 Level-1 路由器的时候，会在报文中设置标记告诉 Level-1 路由器自己是 Level-1-2 路由器，Level-1 路由器会生成默认路由指向这个 Level-1-2 路由器，即当 Level-1 路由器需要将数据发送到其他区域时，会使用这条默认路由将数据包发送给 Level-1-2 路由器，根据 Level-1-2 路由器上的其他区域的路由信息，数据包会被正确转发到目的地址。

Level-1 路由器的特点如下。

（1）Level-1 路由器仅同自己所处区域中的 Level-1 路由器和主机相邻，并拥有关于本区域的相关信息。

（2）Level-1 路由器对应的 LSDB 是 Level-1 的 LSDB，保存本区域内各系统（路由器和主机）的拓扑结构。

（3）由于 Level-1 路由器中不保存其他区域的路由信息，无法直接访问其他区域，如果需要将数据包发送到其他区域，则 Level-1 路由器只能先将数据包发送给离它最近的 Level-1-2 路由器，再由 Level-1-2 路由器转发。所谓"最近"，是指到 Level-1-2 路由器的开销值最小。

（4）Level-1-2 路由器在向本区域的 Level-1 路由器发送链路状态信息时，会在报文中携带一个 ATT 比特位（Attached bit，ATT bit），告诉 Level-1 路由器可以通过自己来访问自治系统外部和区域外部的网络。Level-1 路由器可能会同时收到多个 Level-1-2 路由器的设置了 ATT bit 的报文，此时，它会选择一个距离自己"最近"的 Level-1-2 路由器作为区域出口，同时生成一条默认路由指向这个 Level-1-2 路由器。

Level-2 路由器的特点如下。

（1）Level-2 路由器和其他 Level-2 或者 Level-1-2 路由器组成 IS-IS 路由域中的骨干区域。

（2）Level-2 路由器维护一个 Level-2 的链路状态数据库，因此，Level-2 路由器拥有骨干区域的拓扑信息，并知道如何到达 Level-1 的网段。也就是说，尽管连接在骨干区域上的 Level-2 路由器没有 Level-1 的链路状态数据库，但是它拥有整个路由域的网络拓扑信息。

Level-1-2 路由器的特点如下。

（1）原则上，Level-1 路由器只能和 Level-1 路由器相邻，Level-2 路由器只能和 Level-2 路由器相邻，所以处于区域边缘上的路由器为了完成它所在的区域和骨干区域之间的路由信息交换，应该既承担 Level-1 路由器的职责，又承担 Level-2 路由器的职责，通常将这样的路由器称为 Level-1-2 路由器，它同时处在两个层次中。同理，在 Level-1-2 路由器中既有 Level-1 的 LSDB，又有 Level-2 的 LSDB。

（2）Level-1-2 路由器处于网络区域的边界，用于将 Level-1 的 LSDB 传递到 Level-2 的 LSDB 中，以便在骨干区域中传播。

（3）Level-1-2 路由器同时还承担着指导本区域中的 Level-1 路由器访问外部网络的责任。区域边界 Level-1-2 路由器通过下发 ATT bit，指导本区域的 Level-1 路由器选择离它最近的 Level-1-2 路由器作为访问外部网络的出口。但是，到某个 Level-1-2 路由器最近，并不意味着通过这个 Level-1-2 路由器访问目的地址就是最近的路径，因此，Level-1 路由器使用这种方法访问其他区域或者自治系统外部网络时，有可能会选择次优路由。

在默认情况下，IS-IS 路由器是 Level-1-2 类型的，这意味着 IS-IS 路由器具备建立 Level-1 邻接关系和 Level-2 邻接关系的能力。Level-1-2 IS-IS 路由器所有启用 IS-IS 协议的接口线路类型默认情况下是 Level-1-2，如果是 Level-1 IS-IS 路由器，则只能与其他 IS-IS 路由器建立 Level-1 的邻接关系。同样，如果是 Level-2 IS-IS 路由器，则只能与其他 IS-IS 路由器建立 Level-2 的邻接关系。对于 Level-1-2 IS-IS 路由器，可以修改它的接口线路类型，如将某些接口线路类型修改为 Level-1 类型，此时与这个接口相连的 IS-IS 路由器只能建立 Level-1 的邻接关系。注意，在 Level-1-2 IS-IS 路由器的广播类型接口上修改接口线路类型才有意义，在点到点类型接口上修改接口线路类型是没有意义的，因为在点到点链路上，IS-IS 协议建立 Level-1 和 Level-2 邻接关系使用相同的协议报文。

在相同区域（Area ID 相同）中，可以建立 Level-1 和 Level-2 邻接关系。Level-1 的路由器只可能建立 Level-1 的邻接关系；Level-2 的路由器只可能建立 Level-2 的邻接关系；Level-1-2 的路由器可以建立 Level-1 和 Level-2 的邻接关系。建立 Level-1 的邻接关系时，双方必须属于同一个区域（有相同的 Area ID），但是可以跨区域建立 Level-2 的邻接关系。

不同的区域只能建立 Level-2 的邻居关系。尽管 Level-1-2 路由器具备建立 Level-1 和 Level-2 邻接关系的能力，但是如果双方不属于同一个区域，则只可能建立 Level-2 的邻接关系。

IS-IS 多进程是指在同一个 VPN 下（或者同在公网下）创建多个 IS-IS 进程。多进程允许为一个指定的 IS-IS 进程关联一组接口，从而保证该进程进行的所有协议操作都仅限于这一组接口。这样可以使一台路由器有多个 IS-IS 协议进程，每个进程负责唯一的一组接口。

4.3.3 部署方案

不同运营商的 5G 承载网方案不同，下面以一家运营商的一个 5G 承载网方案为例，说明 IS-IS 协议在 5G 承载网中的应用。如图 4-12 所示，5G 承载网划分为骨干核心环、汇聚环、接入环 3 个层次，环与环之间由两套设备衔接。为了使承载网具有更好的扩展性以及控制路由发布，整个承载网规划为多个进程。其中，骨干核心环和汇聚环规划为一个 IS-IS 进程，不同的 ASG 设备下挂的接入环规划为不同的 IS-IS 进程，同一个 ASG 设备下挂的不同接入环规划为不同的 Area。

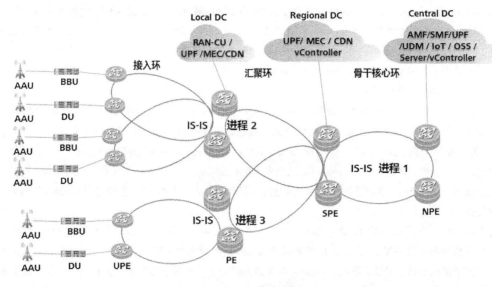

图 4-12　IS-IS 部署案例

在 5G 承载网中，承载网设备主要分为以下 3 类角色。

（1）运营商用户侧设备（User-end Provider Edge，UPE）：该角色位于接入层，是直接连接客户边缘（Customer Edge，CE）的 PE 设备，又被称为下层 PE（Underlayer PE）。UPE 支持路由和 MPLS 封装。如果一个 UPE 连接了多个 CE，且具备基本桥接功能，那么数据帧转发只需要在 UPE 上进行即可，这样就减轻了运营商上层设备（Superstratum Provider Edge，SPE）的负担。

IS-IS 部署案例简介

（2）SPE：该角色位于核心 IS-IS 进程与接入 IS-IS 进程之间，是连接 UPE 并位于基本 VPLS 全连接网络内部的核心设备，又被称为上层 PE。与 SPE 相连的 UPE 就像一个 CE，UPE 与 SPE 之间建立的伪线（Pseudo Wire，PW）将作为 SPE 的接入控制器（Access Controller，AC）。SPE 需要学习所有 UPE Site 的 MAC 地址，以及与 SPE 相连的 UPE 接口的 MAC 地址。

（3）运营商网络侧设备（Network Provider Edge，NPE）：位于网络供应商驻地的路由器设备。

上述示例中，5G 承载网方案的进程规划如下。

（1）配置网元的 IS-IS 进程：NPE 节点和 SPE 节点规划在核心 IS-IS 进程中。一对 SPE 节点下挂的单个汇聚环以及该汇聚环下挂的接入环规划在一个接入汇聚 IS-IS 进程中。

（2）配置网元接口的 IS-IS 属性：所有设备的 IS-IS 属性都为 Level-2 级别，因此，如果没有其他限制条件，则承载网中的所有设备都能够彼此传递路由信息。

（3）配置 LoopBack 接口的 IS-IS 属性：考虑到后续需要借用 LoopBack 接口地址建立 Tunnel 通信，此处也需要配置 LoopBack 接口的 IS-IS 属性为汇聚环进程。

（4）配置汇聚（Aggregation，AGG）节点路由引入：在接入区域的 IS-IS 进程 2 中，通过路由策略引入汇聚区域节点 LoopBack 的路由，并增加 Cost 值，保证汇聚区域优选本地路由；在汇聚区域的 IS-IS 进程 1 中，引入接入区域的路由，并增加 Cost 值，保证汇聚区域优选本地路由。

4.4 BGP 及部署

路由协议按照工作范围可以分为 IGP 和 EGP，IGP 工作在同一个 AS 内部，主要用来发现和计算路由，为 AS 提供路由信息的交换，以便 AS 内部能够实现互访；而 EGP 是工作在 AS 与 AS 之间的，在 AS 间提供无环路的路由信息交换，BGP 是 EGP 的一种。本节将对 BGP 路由协议的基本概念、工作原理和选路原则进行详细讲解。

4.4.1 基本概念

随着网络规模的不断增大，人们对网络层次进行了划分，从一个单一的网络划分为由多个互连的自治系统组成的网络。每个自治系统用 AS 号来标识，是一个由管理机构独立管理的互联网络。在每个自治系统内，管理机构可以自主选择 IGP，如 OSPF 协议、IS-IS 协议等。

自治系统之间通过 EGP 来共享路由信息。EGP 用于连接不同的自治系统，在不同的自治系统之间交换路由信息，主要使用路由策略和路由过滤等控制路由信息在自治域间传播。

IGP 与 EGP 的区别如下。

（1）IGP 是运行在 AS 内部的路由协议，主要有路由信息协议（Routing Information Protocol，RIP）、OSPF 协议及 IS-IS 协议。IGP 着重于发现和计算路由。

（2）EGP 是运行于 AS 之间的路由协议，通常是指 BGP。BGP 是实现路由控制和选择最优路由的协议。通过 BGP 可实现整个互联网络的互连互通。BGP 的使用场景如图 4-13 所示。

BGP 是一种自治系统间的动态路由协议，它的基本功能是在自治系统间自动交换无环路的路由信息，通过交换带有自治系统号序列属性的路径可达信息，构造自治系统的拓扑图，从而消除环路并实施用户配置的路由策略。BGP 经常应用于互联网服务提供商之间。BGP 从 1989 年开始使用，最早发布的 3 个版本分别是 RFC1105（BGP-1）、RFC1163（BGP-2）和 RFC1267（BGP-3），当前使用的是 RFC4271/RFC1771（BGP-4）。BGP-4 已经成为事实上的 Internet 边界路由协议标准。

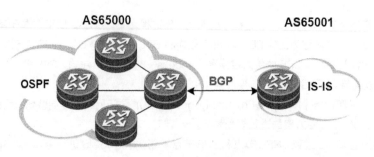

图 4-13　BGP 的使用场景

　　BGP 提供了在不同的自治系统之间无环路的路由信息交换，BGP 是一种基于策略的路由协议，其策略通过丰富的路径属性（Attributes）进行控制。因此，BGP 有丰富的路由过滤和路由策略。BGP工作在应用层，在传输层采用可靠的 TCP 作为传输协议（BGP 的邻居关系建立在可靠的 TCP 会话基础之上）。在路由传输方式上，BGP 是一种增强的距离矢量路由协议。而 BGP 路由的好坏不是基于距离（多数路由协议选路都是基于带宽的），它的选路基于丰富的路径属性，而这些属性在路由传输路径上携带，所以可以将 BGP 称为路径矢量路由协议。除此以外，BGP 也具备许多链路状态路由协议的特征，例如，触发式的增量更新机制、宣告路由时携带掩码、支持无类别域间选路、丰富的 Metric 度量方法等。

4.4.2　路由传播与选择

　　BGP 与 OSPF 协议、RIP 等 IGP 不同，其着眼点不在于发现和计算路由，而在于控制路由的传播和选择最佳路由。BGP 使用 TCP 作为其传输层协议（端口号为 179），提高了协议的可靠性。路由更新时，BGP只发送更新的路由，大大减少了 BGP 传播路由所占用的带宽，适用于在 Internet 上传播大量的路由信息。BGP 是一种距离矢量路由协议，从设计上避免了环路的发生。BGP 提供了丰富的路由策略，能够对路由进行灵活的过滤和选择。

　　BGP 路由信息的传递过程如表 4-7 所示。

表 4-7　BGP 路由信息的传递过程

步骤	描述
1	BGP 邻居关系建立
2	IGP 路由注入 BGP
3	BGP 邻居之间通过 BGP 路由通告原则互相传递路由

　　同 OSPF 协议、IS-IS 协议一样，在 BGP 中，路由学习的基础依然是邻居关系。所不同的是，OSPF协议、IS-IS 协议的邻居关系是自动建立的，而 BGP 邻居关系的建立必须手动完成。邻居关系的建立体现了 BGP 是基于策略进行路由的，物理上直接相连未必是邻居关系，物理上没有直接相连也可以建立邻居关系。

　　BGP 邻居关系是建立在 TCP 会话基础之上的，而两个运行 BGP 的路由器要建立 TCP 的会话就必须具备 IP 连通性。IP 连通性必须通过 BGP 之外的协议实现，具体而言，就是 IP 连通性通过 IGP 或者静态路由实现，通常将通过 IGP 或者静态路由实现的 IP 连通性统称为 IGP 连通性或者 IGP 可达性（IGP Reachability）。

　　协议报文是 BGP 信息传递的载体，通过协议报文的交互，BGP 完成邻居关系的建立以及路由信息的传递。BGP 的报文类型如表 4-8 所示。

表 4-8　BGP 的报文类型

报文名称	描述
Open 报文	通过 TCP 建立 BGP 连接时，发送 Open 消息
Keepalive 报文	邻居关系稳定后要定时发送 Keepalive 消息，以保持 BGP 连接的有效性
Update 报文	建立连接后，当有路由需要发送或者出现路由变化时，发送 Update 消息通知对端路由信息
Notification 报文	当本地 BGP 在运行中发现错误时，要发送 Notification 消息通告 BGP 对等体

　　如果两个交换 BGP 报文的对等体属于同一个自治系统，那么这两个对等体就是内部 BGP（Internal BGP，IBGP）对等体，如图 4-14 中的 RTB 和 RTD。如果两个交换 BGP 报文的对等体属于不同的自治系统，那么这两个对等体就是外部 BGP（External BGP，EBGP）对等体，如图 4-14 中的 RTD 和 RTE。

　　虽然 BGP 是运行于自治系统之间的路由协议，但是一个 AS 的不同边界路由器之间也要建立 BGP 连接，只有这样才能实现路由信息在全网的传递。如图 4-14 中的 RTB 和 RTD，为了建立 AS100 和 AS300 之间的通信，就需要在它们之间建立 IBGP 连接。

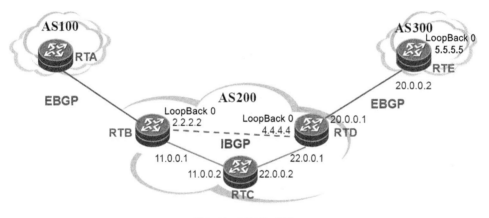

图 4-14　BGP 的对等体

BGP 路由通告原则包括以下 3 点。

（1）一旦建立连接，BGP Speaker 会将本地 BGP 路由表的最优路由通告给新对等体。

（2）BGP Speaker 从 EBGP 获得的路由会向其所有 BGP 对等体通告（包括 EBGP 和 IBGP）。

（3）BGP Speaker 从 IBGP 获得的路由不会通告给其 IBGP 邻居。

其中，第 3 点通告原则的目的是防止形成路由环路。BGP 路由通告防止形成环路示例如图 4-15 所示。

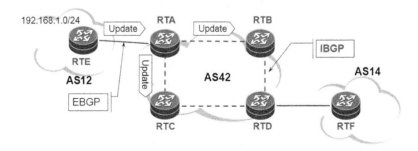

图 4-15　BGP 路由通告防止形成环路示例

如果没有第 3 点路由通告规则，RTC 从 IBGP 对等体 RTA 学到的路由就会通告给 RTD，RTD 继而会通告给 RTB，RTB 再将这条路由通告回 RTA，这样就在 AS 内形成了路由环路。所以，第 3 点原则是在 AS 内避免路由环路的重要手段。

但是，这条原则的引入带来了新的问题：RTD 无法收到来自 AS12 的 BGP 路由。一般而言，会通过采用 IBGP 的逻辑全连接的方式解决此问题，即在 RTA-RTD、RTB-RTC 之间再建立两条 IBGP 连接。这是解决由于 IBGP 水平分割带来的路由传递问题的方法之一。这种方法的缺陷是路由器要付出更多的开销去维护网络中的 IBGP 会话。

除此以外，BGP 还提供了另外两种解决 IBGP 水平分割的方案，一种是路由反射器（Route Reflector，RR）——RFC2796，另一种是联盟（Confederation）——RFC3065。

根据 BGP 路由通告的第 3 点原则，为了保证 IBGP 邻居相互学习到 BGP 路由，IBGP 邻居必须建立全连接的邻居关系。如果一个 AS 有 N 台路由器互为 IBGP 邻居关系，则需要建立 $N(N-1)/2$ 个 IBGP 连接。为了解决 IBGP 邻居过多的问题，引入了 RR 技术，其示例如图 4-16 所示。

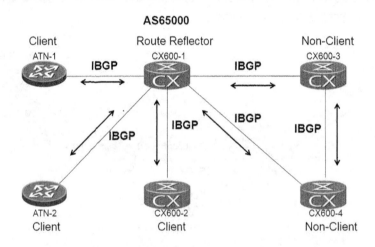

图 4-16　BGP RR 示例

图 4-16 所示为在 IPRAN 场景下，使用 CX 设备作为 RR，其他设备作为 RR 的客户机。客户机都和 RR 建立 IBGP 邻居关系。RR 和客户机形成一个簇。RR 负责在客户机之间反射 BGP 路由，因此客户机之间不需要再建立 BGP 邻居关系。如果一台 BGP 路由器既不是反射器又不是客户机，则成为非客户机（Non-Client）。非客户机必须同时和 RR 及所有客户机建立 BGP 邻居关系。

对于企业和服务供应商所关心的问题，例如，如何过滤某些 BGP 路由、如何影响 BGP 的选路，可以通过使用 BGP 丰富的路由属性来解决。BGP 路由属性是一套描述 BGP 前缀特性的参数，它可以对特定的路由进行更详细的描述。在配置路由策略时会广泛使用各种路由属性。

BGP 的路由属性可以分为以下四大类。

（1）公认必遵（Well-known Mandatory）：必须包含在每个 Update 消息中。

（2）公认任意（Well-known Discretionary）：可能包含在某些 Update 消息中。

（3）可选过渡（Optional Transitive）：可跨越 AS 的属性。

（4）可选非过渡（Optional Non-transitive）：不可跨越 AS 的属性。

公认属性是所有 BGP 路由器都必须认识的属性，所有公认必遵属性必须包含在 Update 消息中并通告给 BGP 邻居。

除了公认属性外，每个 Update 消息中还能包含一个或多个可选属性。不要求所有 BGP 路由器都支持可选属性，可选属性可能不会包含在 Update 消息中。

以下是几种常用的 BGP 路由属性。

（1）Origin：起点属性，定义路由信息的来源，标记一条路由是如何成为 BGP 路由的。

（2）As_PATH：AS 路径属性，指路由经过的 AS 的序列，即列出此路由在传递过程中经过了哪些 AS。它可以防止路由环路，并用于路由的过滤和选择。

（3）NextHop：下一跳属性，包含到达更新消息所列网络的下一跳边界路由器的 IP 地址。

（4）MED 属性：当某个 AS 有多个入口时，可以通过多出口区分（Multi-Exit Discriminators，MED）属性来在其外部的 AS 中选择一个较好的入口路径。一条路由的 MED 值越小，其优先级越高，这与 Cost 值类似。

（5）Local-Preference：本地优先级属性，用于在 AS 内优选到达某一目的地的路由，反映了 BGP 发言人对每条 BGP 路由的偏好程度，属性值越大，其优先级越高。

4.4.3　部署方案

某运营商的 5G 承载网中使用的 BGP 是一种定制的 BGP，即边界网关协议—链路状态（Border Gateway Protocol-Link State，BGP-LS）协议，它是一种集中控制协议，用于承载网控制器搜集网络实时拓扑信息。承载网控制器收集到整个承载网的链路状态信息后，可以为承载网设备计算任意两点的隧道路径，以减轻人工规划和配置隧道的工作量。

每个 IS-IS 进程中至少选取两台承载网设备与承载网控制器建立 BGP-LS 连接，承载网设备将自己所在 IS-IS 进程中搜集的网络拓扑、链路状态等信息通过 BGP-LS 上报给承载网控制器。在承载网核心 IS-IS 进程中选取一对承载网设备启用 BGP-LS，在承载网接入汇聚 IS-IS 进程中选取一对 SPE 启用 BGP-LS。5G 承载网 BGP 使用示例如图 4-17 所示。

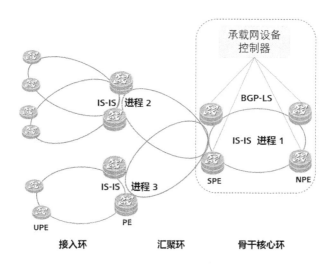

图 4-17　5G 承载网 BGP 使用示例

本章小结

本章主要介绍了 5G 承载网中所用的各种路由协议。不同路由协议有不同的特点和功能，可以为不同的网络提供路由发现、路由转发等功能。每种路由协议的路由计算方式不同，在 5G 承载网中的部署方案也不相同。

完成本章的学习后，读者应该了解各种路由协议的基本概念，了解不同路由协议在 5G 承载网中的作用，掌握各种路由协议在 5G 承载网中的部署方案。

 课后习题

1. 选择题

（1）路由器之间使用 OSPF 协议相互发送的报文不包括（　　　）。

    A. Hello 报文　　　　B. DD 报文　　　　C. CSNP 报文　　　　D. LS Update 报文

（2）在 5G 承载网中，承载网设备根据在网络中的位置和作用的不同分为三类角色，这三类角色不包括（　　　）。

    A. 基站侧网关　　　　　　　　　　B. 汇聚侧网关

    C. 无线业务侧网关　　　　　　　　D. 服务网关

（3）IS-IS 协议报文采用了 TLV 格式，TLV 不包含（　　　）。

    A. 类型　　　　　　B. 长度　　　　　　C. 值　　　　　　D. 速度

2. 问答题

（1）描述 OSPF 协议路由计算的过程。

（2）描述 NET 的组成。

（3）描述 IS-IS 的主要工作过程。

（4）描述路由反射器的功能。

（5）描述 BGP 的通告原则。

Chapter

5

第 5 章
5G 承载网隧道技术及部署

通过第 4 章对路由技术的学习，了解了如何在 5G 承载网部署中引入不同的路由协议以实现网络内部设备之间的互通。而在移动承载网中，无线基站或核心网的业务流量需要与承载网内部流量隔离传送，这就需要用到隧道技术。那么，有哪些隧道技术在现网中得到了广泛应用呢？5G 网络采用的是哪种协议呢？5G 承载网中所用的隧道技术与原有 4G 网络有何不同？这些问题的答案都在本章中。

本章将详细介绍 5G 移动通信系统中使用的各种隧道技术，包括隧道协议的概念、隧道工作原理和隧道基本配置，以使读者对 5G 承载网的隧道协议有全面的了解。

课堂学习目标

- 掌握移动承载网建立隧道的目的

- 掌握移动承载网中常用的隧道技术

- 了解 5G 承载网所使用的隧道技术

- 掌握 5G 承载网隧道技术工作原理

5.1 **MPLS LDP** 隧道技术及部署

MPLS LDP 是由 MPLS 与标签分发协议（Label Distribution Protocol，LDP）两种协议协同工作的一种隧道技术，其在 4G 承载网中应用较广泛，本节将简单介绍这两种协议。

5.1.1 MPLS 协议

MPLS 协议最初被设计用于作为一种转发技术来取代传统的 IP 路由转发，以提高路由器的转发速度。MPLS 协议是一种基于标签的转发技术，但是在硬件技术飞速发展的今天，处理器速度已经不再是转发的瓶颈，MPLS 的转发速度相对于 IP 路由也不再具有明显的优势。但是，由于其具有良好的扩展性和支持性，使得 MPLS 协议在与其他协议配合协同工作的场景下如鱼得水、事半功倍。MPLS 协议是一种在开放的通信网络中利用标签引导数据高速、高效传输的技术。其在无连接的网络中构建了面向连接的业务通道，在流量工程、业务保密、质量服务等方面有很广泛的应用。

1. MPLS 的基本概念

相较于 IP 转发技术，MPLS 采用标签交换的方式实现数据的转发。不同于传统 IP 的面向无连接转发，MPLS 的标签交换机制建立了一种面向连接的数据转发路径，通过控制标签路径的建立控制数据的转发路径。在 MPLS 域内，路由器不再需要查看每个报文的目的 IP 地址，只需要根据封装在 IP 头外面的标签进行转发即可。MPLS 的工作机制如图 5-1 所示。

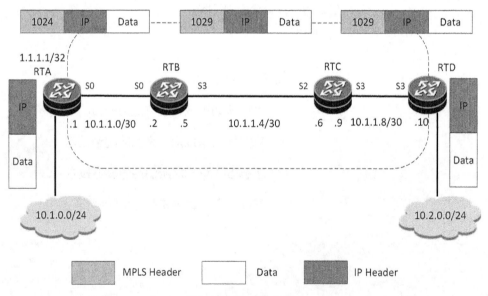

图 5-1 MPLS 的工作机制

RTA 收到 IP 报文后，封装上 MPLS 标签 1024，然后将携带了标签的数据从 S0 口发送出去。RTB 从 S0 口收到 RTA 发送的带有标签的报文，查找 MPLS 的标签映射表，将入标签 1024 替换为出标签 1029，并将数据从 S3 口送出。RTC 在收到报文后，同样进行标签交换操作，最终从 RTC 的 S3 口发送数据到目的路由器 RTD。数据在 MPLS 域内转发的时候，并不需要检查 IP 头部的目的 IP 地址，只需要根据外面的 MPLS 标签进行转发即可，从而免去了查找路由表的步骤。与传统 IP 路由方式相比，MPLS 在数据转发时，只在网络边缘分析 IP 报文头，无须在每一跳都分析 IP 报文头，节约了处理时间。因此，MPLS 协议是一个能够支持多种网络层协议使用标签交换来进行数据传输的转发技术。

2. MPLS 标签管理

为了达到标签转发的目的，MPLS 协议在运行时会对原来的协议报文做什么样的处理呢？其在 MPLS 域入口（即入节点路由器上）需要对原有的 IP 报文进行封装。MPLS 协议在进行封装时有两种封装方式：帧模式和信元模式。其中，信元模式用于早期 ATM 分组转发，现网中已不常见，在此着重介绍帧模式的封装，这也是现网 MPLS 协议中使用较多的封装方式。如图 5-2 所示，帧模式封装会直接在二层帧头部和三层 IP 头部之间增加一个 MPLS 头部。

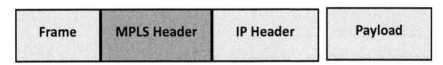

| Frame | MPLS Header | IP Header | Payload |

图 5-2　MPLS 帧模式封装

（1）Frame：帧，以帧头为起点，给定长度（即帧长）的字节串。帧头由一个或多个具有预定值的字节构成，即帧头是收、发信双方预先约定码元分布（图案）的一段编码。

（2）IP Header：IP 报文头，即 IP 报文的头部。

（3）Payload：有效载荷。

MPLS 头部包含 4 个字段，如图 5-3 所示。

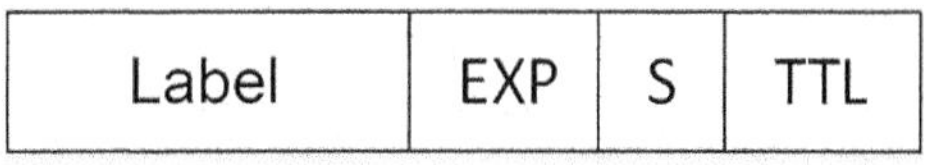

（1）标签字段（Lable）：长度为 20 位，用于标记报文，实现标签转发。

| Label | EXP | S | TTL |

图 5-3　MPLS 头部结构

（2）优先级（EXP）：长度为 3 位，用来标记报文中的优先级。

（3）栈底标识位（S）：长度为 1 位，MPLS 标签允许多层标签嵌套，S 为 1 时表明该标签是最后一个标签，即栈底标签。

（4）存活时间（TTL）：长度为 8 位，作用与 IP 头部中的 TTL 类似，用来防止报文环路。

MPLS 的相关术语如下。

（1）节点角色。

① 入节点（Ingress）：MPLS 网络的边缘设备，数据从 IP 网络经入节点进入 MPLS 网络，入节点执行的标签操作为压入，对数据报文进行标签封装。

② 中间节点（Transit）：数据标签转发的中间节点，位于 MPLS 域内部，执行的标签操作为交换，即携带标签的报文从 Transit 的一个端口入，然后被交换成另一个标签并从 Transit 的出端口发出。

③ 出节点（Egress）：MPLS 网络的边缘设备，数据从 MPLS 网络经出节点发送到 IP 网络，执行的标签操作是弹出，MPLS 报文的标签被剥离，成为 IP 报文。

（2）转发等价类。

转发等价类（Forwarding Equivalence Class，FEC）是在转发过程中以等价的方式处理的一组数据分组，对数据分组可以有多种分类方法。例如，目的地址前缀相同的数据分组划分为同一个 FEC。通常而言，控制平面在分配标签的时候，会对一个 FEC 分配唯一的标签。

（3）下一跳标签转发条目。

下一跳标签转发条目（Next Hop Label Forwarding Entry，NHLFE）是进行标签转发时需要用到的一些基本信息，类似于 IP 路由表中的下一跳、出接口等。NHLFE 中包含的信息有报文的下一跳、标签操作、出接口等。

在 MPLS 协议中，FEC 代表了同一类报文，NHLFE 包含了下一跳和标签操作等信息。MPLS 协议可以分为控制平面和转发平面，两个平面共同作用，实现 MPLS 报文的转发。

MPLS 协议的基本工作原理如下。

在控制平面，根据 FEC 由下游路由器向上游路由器分配标签，并建立相应的 FEC 与标签的映射信息的表项，该表项被称为标签转发表，路由器在分配标签的同时根据 FEC 建立 MPLS 域内的转发路径。在转发平面，入节点根据标签转发表进行 MPLS 头部封装，即在报文中压入 MPLS 报头；中间节点根据对应的 NHLFE 信息进行标签交换操作，找到对应的下一跳、出接口等指导报文转发；报文到达出节点，进行标签弹出操作，还原出原始的 IP 报文，再根据路由表进行 IP 路由转发。

5.1.2 LDP

MPLS 的控制平面需要分发标签、生成标签转发表、实现数据转发，能够实现标签分发、生成标签转发表的方式有多种，包括静态方式和动态信令协议方式。动态信令协议方式有 LDP 方式、流量工程扩展的资源预留协议（Resource Reservation Protocol-Traffic Engineering，RSVP-TE）方式等，其中，LDP 作为最常用的动态信令协议在众多现网场景下都有应用。

1. LDP 的基本概念

LDP 的作用主要是标签的分配控制和保持，通常与 MPLS 协议配合使用，在运行了 LDP 的 MPLS 路由器之间进行标签与 FEC 映射信息的交换。想要进行这些信息的交互，必须先建立 LDP 的邻居对等体关系，也称之为 LDP Peer；两个 LDP 邻居之间会建立及维护同一个 LDP 会话，也称之为 LDP Session。

如图 5-4 所示，RTA、RTB、RTC、RTD 四台路由器上运行了 LDP，为了进行标签与 FEC 映射信息的交换，需要在路由器之间建立 LDP 会话，建立 LDP 会话的两台路由器就是 LDP Peer。

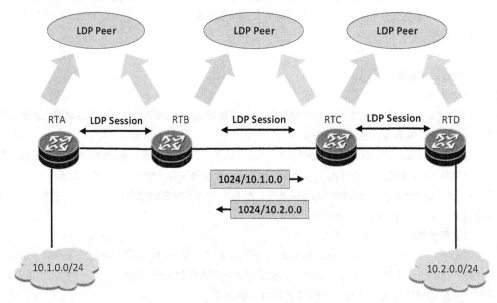

图 5-4 LDP Peer 与 LDP Session

如图 5-4 所示，路由器之间建立 LDP Session 后，双方就可以将自身的 FEC 和标签映射信息互相发送给对方。通过 LDP 报文，可以将 FEC 和标签的映射关系告知 LDP 会话的对端，即此台路由器的 LDP Peer。

路由器之间需要有一些报文的交互来建立 LDP 邻居关系，LDP 的报文类型如表 5-1 所示。

表 5-1　LDP 的报文类型

报文类型	作用
Hello	在 LDP 发现机制中宣告本 LSR 发现邻居
Initialization	在 LDP Session 建立过程中协商参数
Keepalive	监控 LDP Session 的 TCP 连接的完整性
Address	宣告接口地址
Address Withdraw	撤销接口地址
Label Mapping	宣告 FEC/Label 映射信息
Label Request	请求 FEC 的标签映射
Label Abort Request	终止未完成的 Label Request Message
Label Withdraw	撤销 FEC/Label 映射
Label Release	释放标签
Notification	通知 LDP Peer 错误信息

按照功能的不同，LDP 的消息报文可以分为以下 4 类。

（1）Discovery Message（发现消息）：宣告和维护网络中一个 LSR 的存在。Hello 报文属于此类。

（2）Session Message（会话消息）：用于建立、维护和终止 LDP Peer 之间的 LDP Session。Initialization 和 Keepalive 报文属于此类。

（3）Advertisement Message（公告消息）：用于生成、改变和删除 FEC 的标签映射。Address、Address Withdraw、Label Mapping、Label Request、Label Abort Request、Label Withdraw、Label Release 报文都属于此类。

（4）Notification Message（通知消息）：用于宣告告警和错误信息。Notification 报文属于此类。

所有类别的 LDP 消息报文都承载在 UDP 或 TCP 之上，使用的端口号为 646。Discovery Message 用来发现邻居，承载在 UDP 报文上。而会话的建立、映射消息的传递、错误消息的通告要求可靠而有序，因此 Session Message、Advertisement Message、Notification Message 等报文都基于 TCP 传递。LDP 可以通过使用上述报文进行动态邻居发现、会话建立、标签信息的通告，只要通过命令配置了 LDP 的功能即可，不需要网络管理员过多参与。

2. LDP 标签管理

在 LDP 会话建立成功后，双方可以就 Lable/FEC 的映射关系信息进行交互。这里在介绍标签管理之前，先介绍标签空间的概念。标签空间通常分为两种，即基于平台的标签空间和基于接口的标签空间。这两者的区别在于：基于平台的标签空间会基于路由器为一个目的网段分配一个标签，并将该标签发送给所有的 LDP Peer；而基于接口的标签空间会基于不同的接口给不同的目的网段分配标签，这些标签只在特定的接口上唯一。信元模式的 MPLS 默认使用基于接口的标签空间。

在了解了标签空间的概念后，可以从以下 3 个方面对标签的管理进行介绍，分别是标签分发、标签控制和标签保持。

（1）标签分发。

标签分发有两种模式：下游自主（Downstream Unsolicited，DU）模式和下游按需（Downstream on Demand，DoD）模式。

在 DU 模式下，无须上游路由器请求，下游 LSR 将根据某一触发策略向上游 LSR 发送相应网段的标签映射消息。默认情况下，触发策略为主机路由触发，即掩码长度为 32 位的路由。

在 DoD 模式下，下游路由器必须接到上游路由器请求分配标签的信息后，才能向上游发送相应网段的标签映射。MPLS 域内某一目的网段在域内的转发路径称为标签交换路径（Label Switch Path, LSP），在路径上任意两台路由器上进行互相比较，越靠近目的网段的就是下游，反之则是上游，原则是下游路由器向上游路由器分发标签。

DU 模式的好处是根据策略自主下发标签，较为灵活；而 DoD 模式的好处是接到上游路由器请求时才下发标签，较为节省标签空间。

（2）标签控制。

标签控制模式有两种：有序（Ordered）模式和独立（Independent）模式。

每个 LSP 上的路由器称为标签交换路由器（Lable Switch Router, LSR）。采用 Independent 模式时，每个 LSR 随时都可以向邻居发送标签映射，无论其本身是否是最靠近目的网段的路由器。

采用 Ordered 模式时，只有当 LSR 收到特定 FEC 所在 LSP 路径上下一跳的路由器向自己发送的标签映射，或者该 LSR 本身是特定 FEC 所在 LSP 路径上的出口节点路由器时，LSR 才可以向上游发送标签映射消息。

标签控制方式为 Ordered 模式时，标签分发方式采用 DoD，标签的分配情况如图 5-5 所示。

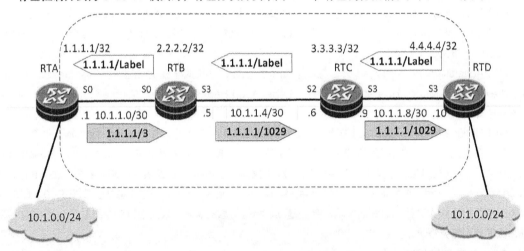

图 5-5　DoD+Ordered 模式下标签的分配情况

上游路由器 RTD 沿着 LSP 路径逐跳向下游进行标签映射请求，最终 LSP 出口节点设备 RTA 收到请求后，再沿着 LSP 路径逐跳向上游分发标签映射，直到 RTD 收到标签映射。从图 5-5 中可以发现，Ordered 模式分配标签是一个有序的过程，必须收到下游向此台路由器分发的标签，此台路由器才能再向上游分发标签。

（3）标签保持。

标签保持模式有两种：保守（Conservative）模式和自由（Liberal）模式。

当使用 DU 模式时，LSR 可能从多个 LDP Peer 收到去往同一网段的标签映射消息，如果采用 Conservative 模式，则只保留 LSP 路径上下一跳设备发来的标签，丢弃非下一跳发来的标签。

当使用 DoD 模式时，如果采用 Conservative 模式，则 LSR 根据路由信息只向 LSP 路径上的下一跳设备请求标签。

Conservative 模式的优点在于，只需保留和维护用于转发数据的标签，当标签空间有限时，这种模式非常实用；缺点在于，如果路由表中到达目的网段的下一跳发生了变化，则必须从新的下一跳获得标签，才能够根据此标签转发数据，从而导致路由收敛慢。

当使用 DU 模式时，如果采用 Liberal 模式，则 RTC 保留所有 LDP Peer 发来的标签，无论该 LDP Peer 是否为到达目的网段的下一跳。

当使用 DoD 模式时，如果采用 Liberal 模式，则 LSR 会向所有 LDP Peer 请求标签。但就多数情况而言，DoD 模式都会和 Conservative 模式搭配使用。

Liberal 模式的最大优点在于，路由发生变化时能够快速建立新的 LSP 进行数据转发，因为其保留了所有的标签；缺点是需要分发和维护不必要的标签映射。

5.1.3　MPLS LDP 的基本配置

MPLS LDP 的基本配置步骤如表 5-2 所示。

表 5-2　MPLS LDP 的基本配置步骤

配置步骤	配置视图	配置命令	作用
1. 配置 MPLS LSR ID	系统视图	mpls lsr-id x.x.x.x	所有 MPLS 路由器域内唯一标识
2. 使能 MPLS	系统视图	mpls	全局使能 MPLS 功能
3. 使能 LDP	系统视图	mpls ldp	全局使能 LDP 功能
4. 接口使能 MPLS 和 LDP	接口视图	mpls /mpls ldp	接口下使能 MPLS 和 LDP 功能

5.2　MPLS TE 隧道技术及部署

在 5.1 节中提到了可以使用一些动态信令协议分发标签，建立转发路径 LSP，即所谓的隧道，而在移动承载网中使用最多的是 MPLS LDP 和 MPLS TE 方式，MPLS LDP 方式在 5.1 节中已经介绍过，本节将重点介绍 MPLS TE 方式。

与 MPLS LDP 相比，MPLS TE 具有什么优缺点呢？MPLS LDP 的优点在于配置简单方便，对网络管理员的要求较低；而缺点在于 MPLS LDP 经常会存在路由层面与隧道层面收敛不同步的问题。另外，如果 MPLS LDP 建立的隧道有多条等值路径，则只能进行负载均衡，无法像 MPLS TE 一样根据流量进行合理的调度。MPLS TE 的优点在于能够基于带宽等因素结合网络流量拥塞情况进行选路，避免流量都集中在最短路径上；而 MPLS TE 的缺点在于配置较为复杂，对于网络管理人员的要求较高。

MPLS TE 结合了 MPLS 技术与 TE 技术，通过建立经过指定路径的 LSP 隧道进行资源预留，使网络流量能够绕开拥塞节点，达到平衡网络流量的目的。

5.2.1　MPLS TE 概述

什么是 TE 呢？IEEE 的官方解释如下：TE 是指操纵流量使之适应网络，其实质就是合理控制和调配流量，以达到最大化利用现有网络资源的目的。IETF 的 RFC2702 中的解释如下：TE 的核心目的在于通过动态监控网络的流量和网络单元的负载，实时调整流量管理参数、路由参数和资源约束参数等，优化网络资源的使用，避免出现因负载不均衡导致的拥塞。

另外，TE 并不属于 MPLS 协议范畴，它们属于两种不同的技术，可以通过将 MPLS 和 TE 这两种技术相结合达到互补不足的目的。由于 TE 技术本身扩展性较差，而在现网大型骨干网络中部署 TE 必须采用一种简单且扩展性好的方案，所以 MPLS 协议本身所具有的一些特性正是 TE 所需的，这两种技术的强强结合满足了现网部署时的需求。

MPLS TE 的作用可以通过图 5-6 所示的一张鱼形图来阐述。

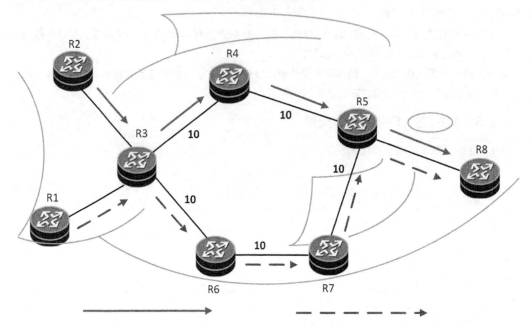

Path for R2→R3→R4→R5→R8 Traffic   Path for R1→R3→R6→R7→R5→R8 Traffic

图 5-6　MPLS TE 的作用

如图 5-6 所示，R3→R4→R5 和 R3→R6→R7→R5 两条路径都可以有效分担流量，减少网络拥塞的可能性，使现有带宽资源得到充分利用。在资源紧张情况下，MPLS TE 能够抢占低优先级 LSP 隧道的带宽资源，满足大带宽或其他重要业务的需求，这一点是 LDP 隧道无法做到的。使用 MPLS TE 时，网络管理员只需建立一些 LSP 和旁路拥塞节点即可消除网络拥塞。

MPLS TE 主要包括以下四大组件，这四大组件分别实现了不同部分的功能，其协同工作才能达到上述目标。

1. 信息发布组件

信息发布组件的功能是通过对现有的 IGP 进行扩展，如在 IS-IS 协议中引入新的 TLV，或者在 OSPF 协议中引入新的 LSA 来发布链路状态信息，包括最大链路带宽、最大预留带宽、当前预留带宽等。在每个路由器上维护网络的链路属性和拓扑属性，形成流量工程数据库（Traffic Engineering Database，TEDB）。

2. 路径计算组件

路径计算组件使得每个入口路由器上可以指定 LSP 隧道经过的路径。这种显式路由可以是严格的，也可以是松散的；可以指定必须经过某个路由器，或者不经过某个路由器，可以逐跳指定，也可以指定部分跳节点路由器。此外，还可以指定带宽等约束条件。路径计算组件通过约束最短路径优先（Constraint Shortest Path First，CSPF）算法，利用 TEDB 中的数据来计算满足指定约束条件的路径。CSPF 算法由最短路径优先算法演变而来，先在当前拓扑结构中删除不满足条件的节点和链路，再通过最短路径优先算法来计算路径。

3. 信令组件

在通过路径计算组件计算出从 LSP 入口到 LSP 出口的最短路径后，通过信令组件建立 TE 隧道用于转发从 LSP 入口进入的流量。信令组件通常由基于流量工程的资源预留协议实现。

4. 报文转发组件

MPLS TE 报文转发组件的主要功能是通过标签沿着预先建立好的 LSP 路径进行报文转发。

5.2.2　MPLS TE 工作原理

四大组件工作时，先由信息发布组件进行链路属性和拓扑属性的传递，形成 TEDB，再通过路径计算组件的 CSPF 算法计算出隧道路径，然后通过信令组件建立 TE 隧道，最后在已经建立好的隧道上根据 LSP 路径进行报文转发。四大组件的工作原理按顺序说明如下。

第一步是信息发布。信息发布主要依靠对 IGP 路由协议进行扩展，而扩展的目的在于传送带有流量参数的 LSA，满足 MPLS 流量工程的需求。在 OSPF 协议中，为了传递带有流量参数的 LSA，新增了第十类 LSA，称之为不透明 LSA（Opaque LSA）。而在 IS-IS 协议中扩展了两种新的 TLV 用于支持 TE 的部署，即类型字段取值为 135 的 Wide Metric 和取值为 22 的 IS 可达性 TLV。对这些扩展 LSA 泛洪完成后，会形成区域内统一的流量工程数据库。

第二步是路径计算。在路径计算组件中有两种关键技术：CSPF 算法和显式路径。CSPF 算法被称为带约束条件的算法，而这里所指的约束条件主要指的是 IGP Cost、带宽及链路属性等参数，基于这些条件选择 LSP 的最佳路径。第二个关键技术则是显式路径，其主要功能是控制最佳路径的选择。支持显式路径是 MPLS TE 的一大亮点，可以根据实际的需求定义隧道的路径，提高了网络可运营和可管理能力。显式路径由一系列的节点构成，一条显式路径上的两个相邻节点之间存在两种关系，即严格下一跳与松散下一跳。严格下一跳的两个节点路由器必须直接相连，而松散下一跳的两个节点之间可以存在其他路由器。严格显式路径如图 5-7 所示，其优点在于可以最精确地控制 LSP 所经过的路径。

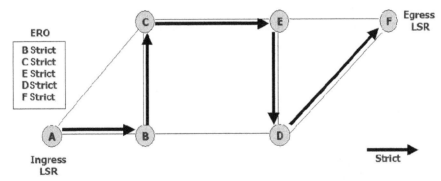

图 5-7　严格显式路径

从图 5-7 中可以看到，从入节点路由器 A 去往出节点路由器 F 中间所经过的每一台路由器都受严格显式路径约束，约束必经节点路由器显示在图 5-7 左侧的约束列表中。根据约束列表，流量所能走的路也只有一条，即 A→B→C→E→D→F。

而松散显式路径的好处则是路径较为灵活，如图 5-8 所示。从图 5-8 中可以看到，从入节点路由器 A 去往出节点路由器 F，中间只约束了一个节点路由器 D，即路径必须经过节点路由器 D，而其他节点路由器并未约束，这种方式使得流量所能走的路径更加灵活多变。

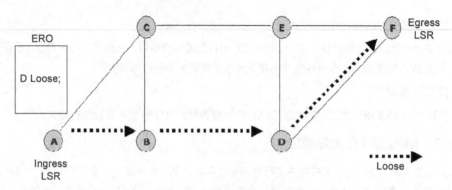

图 5-8　松散显式路径

第三步是通过信令组件建立 TE 隧道。所使用的信令协议主要是 RSVP-TE 协议。RSVP-TE 协议可以通过相应消息的发布来建立、维护及拆除 TE 隧道。RSVP-TE 是一种基于软状态的协议，需要定期在网络中重复通告预留信息。RSVP 的主要消息报文类型如表 5-3 所示。

表 5-3　RSVP 的主要消息报文类型

报文名称	报文作用
Path	用来建立和维护预留信息
Resv	响应 Path 消息，用来建立和维护预留信息
Path Tear	与 Path 结构类似，用于在网络中删除预留信息
Resv Tear	响应 Path Tear 消息，用于在网络中删除预留信息
Path Error	接收到错误的 Path 消息时发送
Resv Error	接收到错误的 Resv 消息时发送
Hello	RSVP-TE 的扩展消息，用于邻居间状态的快速检测

RSVP 资源预留过程如图 5-9 所示。可以看到由路由器 R1 沿着路径计算组件所计算出的隧道路径先向路由器 R9 发送 Path 消息通知预留资源，再通过路由器 R9 沿着隧道路径反向发送 Resv 消息给路由器 R1，确认预留带宽资源并分配标签。图 5-9 中的 ERO 为显式路由对象（Explicit Route Object）。

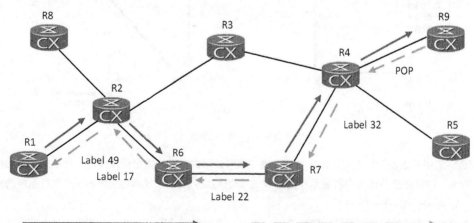

图 5-9　RSVP 资源预留过程

第四步是在建立好的 TE 隧道上沿着计算出的 LSP 路径进行报文转发。这一部分所用的转发技术依然是 5.1 节中所描述的 MPLS 标签转发技术。

网络是动态的，随时随地都可能发生变化，如果 LSP 路径突然出现故障，则 MPLS TE 隧道有没有冗余保护机制呢？现网有很多业务都使用 MPLS TE 隧道承载，因此必须有一些冗余保护机制对业务进行保护。下面来介绍两种关键性的保护机制。

（1）隧道保护组：在起点和终点之间建立多条 TE 隧道，每条隧道采用不同的路径，当主用隧道出现故障时能够切换到备用隧道。这些隧道需要提前建立，以便在主用隧道发生故障时快速将流量切换到已经建立好的备用隧道上。备用隧道在网络正常情况下不承载流量，但因为使用了 RSVP，仍然需要预留带宽资源。这种保护机制主要适用于隧道入口、出口节点出现故障的情况下，需要进行隧道的切换。

（2）TE Hot-Standby（TE 热备份）路径保护：和隧道保护组不同的是，这种保护机制主要适用于隧道 LSP 路径上的中间链路或节点出现故障的情况下。其原理是在建立每一条 TE 隧道时同时计算两条 LSP 路径，这代表每一条隧道都有两条 LSP 可行路径，一条为主用，另一条为备用。当主用 LSP 路径中间链路或节点路由器出现故障时，隧道的入口和出口节点并没有问题，因此无须采用第一种机制切换隧道，只需要通过 TE 热备份路径保护机制将此条隧道的流量从主用 LSP 路径切换到备用 LSP 路径即可。就目前现网情况而言，不管是链路故障还是节点故障，都能保障主备 LSP 路径的切换时间在 50ms 以内。

5.2.3　MPLS TE 的基本配置

MPLS TE 的基本配置如表 5-4 所示。

表 5-4　MPLS TE 的基本配置

配置项目	配置视图	配置命令	作用
1. 配置 MPLS LSR ID	系统视图	mpls lsr-id x.x.x.x	路由器在 MPLS 域内唯一标识
2. 使能 MPLS	系统视图/接口视图	mpls	在全局与接口下使能 MPLS 功能
3. 使能 MPLS TE	MPLS 视图/接口视图	mpls te	在全局与接口下使能 MPLS TE 功能
4. 使能 RSVP-TE	MPLS 视图/接口视图	mpls rsvp-te	在全局与接口下使能 RSVP-TE 协议
5. 使能 CSPF 算法	MPLS 视图	mpls te cspf	全局使能 CSPF 算法
6. 配置链路 MPLS TE 属性	接口视图	mpls te max-reservable-bandwidth	用来设置链路上可预留的最大带宽
7. 创建 MPLS TE 隧道	系统视图	interface tunnel x/x/x	用来建立 TE 隧道
8. 修改 IS-IS 开销值类型（使用 IS-IS 协议作为 IGP 时必配）	协议视图	cost-style wide	修改 IS-IS 开销值类型为 Wide
9. 使能 IS-IS 进程 TE 特性（使用 IS-IS 协议作为 IGP 时必配）	协议视图	traffic-eng level-2	使能 IS-IS 进程的 TE 特性以支持 TE 隧道

5.3　SR 隧道技术及部署

在 5G 承载网中，分段路由（Segment Routing，SR）技术作为 5G 指定的隧道技术被写入官方标准。SR 技术为什么能在 5G 阶段取代 LDP 和 RSVP-TE？本节将对 SR 技术进行详细介绍。

5.3.1 SR 概述

SR 本质上是一种源路由技术，也被称为段路由协议。顾名思义，SR 是一种由源节点来为报文指定转发路径以控制报文转发的协议。在源节点上会有一个有序的段列表封装到报文头部，在中间节点上只需根据报文头中指定的路径进行转发即可。SR 是基于 IP/MPLS 转发架构的技术，无须改变现有网络架构，可以很好地利旧网络资源。

LDP 本身不会计算路径，需要依赖 IGP，因此会存在隧道和 IGP 路由的同步问题。另外，一个非常关键的问题是其对于网络拥塞的控制能力差。首先，在某些情况下，IGP 计算出的最短路径有时候并不是最优的路径，当网络流量较多时，全部走最短路径反而会导致最短路径拥塞，最终导致转发很慢，其他非最短路径反而空闲，出现了网络线路利用率不均的问题。其次，也正是由于路径计算依赖 IGP，一旦 IGP Cost 发生变化，就可能会影响到隧道路径的变化，可以用牵一发而动全身来形容。LDP 的这些问题在 4G 阶段已经在现网中逐渐暴露出来，并带来了一些影响。

相较于 LDP，RSVP-TE 较好的一点是有自己的路径算法——CSPF 算法，因此不存在隧道与 IGP 同步的问题，但是 RSVP-TE 也存在一些关键性的问题。首先，RSVP-TE 难以实现负载均衡，当然，其并不是完全不支持，但是需要每个隧道建立多条路径，RSVP-TE 配置本身就比 LDP 复杂，导致配置量大大增加，实现起来非常困难。其次，RSVP-TE 采用分布式路径计算，分布信息通告有时序问题，只基于本地最新状态进行计算，需要依赖协议再次进行预留确认。另外，RSVP-TE 在大规模组网时会出现一些性能问题。例如，假设网络中有 N 个节点路由器互连，就需要有 $N×(N-1)$ 个隧道配置，中间节点需要维护的隧道过多，导致性能压力过大，无法大量部署。最后，RSVP-TE 配置较 LDP 复杂，对于网络管理人员的要求较高，据统计，一个隧道需要 8 条配置命令，RSVP-TE 配置量的问题一直被运营商所诟病。

LDP 和 RSVP-TE 均存在不同的问题，SR 技术相对而言有哪些优点呢？首先，其控制平面更加简单，即协议进行了简化。在 MPLS 网络中不再需要额外部署复杂的 LDP 或 RSVP-TE，只需要设备通过 IGP 针对 SR 进行扩展来实现标签分发和同步即可。另外，由集成 SDN 功能的控制器统一负责 SR 标签的分配，并下发同步给设备，这样就减轻了转发设备的压力，进一步实现了转控分离的愿景。其次，其数据平面易于扩展，基于 IP/MPLS 架构，网络设备无须太大的改动就能支持 SR 的转发。例如，在 MPLS 网络中，Segment 就是 MPLS 标签，通过源节点由控制器下发标签栈来指定转发路径。

SR 技术涉及的术语如下。

（1）SR Domain：SR 基于源路由节点的集合，可以是连接到相同物理架构的节点，也可以是远端互连的节点。

（2）Segment：节点对入口报文执行的指令（如依据最短路径转发报文到目的地址、通过指定接口转发报文、将报文转发到指定的应用/实例等）。其可以细分为两类，即全局 Segment 与本地 Segment。对于全局 Segment，其域内所有 SR 节点都能识别，在 MPLS 中表示一个全局唯一的索引（Index）。本地 Segment 则正好相反，只能被生成的 SR 节点所识别，在 MPLS 中，本地 Segment 是 SRGB 范围外的本地标签。

（3）SRGB：SR 节点的本地属性，在 MPLS 中指的是全局 Segment 预留的本地标签的集合。

（4）Segment ID（SID）：Segment 的标识，在 MPLS 中指的是 MPLS 标签。

（5）Segment List：报文需经过路径或接口编码的 SID 有序列表，在 MPLS 中指的是 MPLS 标签栈，用来指示报文转发路径。

（6）Active Segment：收到报文的 SR 节点必须处理的 Segment，在 MPLS 中指的是 MPLS 标签栈的最外层标签。

SRGB 基本概念及
作用简介

（7）Segment Actions：节点行为，总共有 PUSH、NEXT、CONTINUE 3 种。其中，PUSH 指在 Segment List 顶部插入一个 Segment，在 MPLS 中指的是标签栈的最外层标签；NEXT 指当前的 Active Segment 处理完时剥离，下一个 Segment 就会变成新的 Active Segment；CONTINUE 指当前的 Active Segment 尚未处理完，继续保持 Active 状态，在 MPLS 中相当于进行标签交换的操作。

5.3.2　SR 工作原理

SR 技术有两种转发模型，即分段路由流量工程（Segment Routing Traffic Engineering，SR-TE）与分段路由尽力而为（Segment Routing Best Effort，SR-BE）。这两种模型的主要区别在于 MPLS 标签是谁下发的。SR-TE 的标签是由集成 SDN 功能的控制器在源节点统一下发的，分担了原来路由器控制平面分发标签的工作，减轻了路由器的压力；而 SR-BE 的标签则是由路由器下发的，节点路由器之间通过算法建立的标签转发路径。控制平面压力较大，因此如果现网应用中有控制器，则优先使用 SR-TE 转发模型，SR-BE 转发模型作为备用；若没有控制器，则只能使用 SR-BE 转发模型。

下面将先介绍 IGP。前面提到 SR 技术为了协议层面的简化，并未采用任何信令协议，如 LDP、RSVP-TE 等。因此，SR 技术没有专门用于分发标签建立隧道的协议，必须对原有的 IGP 进行相应的扩展。IGP 在现网中常用的有 OSPF 协议、IS-IS 协议，为了能够使用这些协议通告 SR 的相应信息，就必须对原有协议进行扩展，如 IS-IS 协议就在 TLV 字段中新增了一些类型的 TLV。当然，这些工作都是自动完成的，对于网络管理员而言，只需在相应 IGP 下使能 SR 功能即可。

SR 如何分发标签、建立隧道、实现转发？SR 有 TE 和 BE 两个转发模型，按照现网选择的优先顺序，先介绍 SR-TE。

1. SR-TE

SR-TE 由控制器负责计算隧道的路径，并将与路径严格对应的标签栈下发给入节点路由器。在 SR-TE 隧道的入节点路由器上，根据标签栈就可以控制报文在网络中的转发路径。而由控制器负责计算路径下发标签，在很大程度上缓解了大型网络中路由转发设备压力过大的问题。

SID 在 MPLS 中就是标签，在 SR 技术中，SID 有 3 种类型，包括 Adjacency SID（邻接段 ID）、Prefix SID（前缀段 ID）、Node SID（节点段 ID）。邻接段 ID 用来唯一标识网络中的某条链路，由协议动态生成，通过扩展后的 IGP 扩散，全局可见，本地有效。前缀段 ID 用来标识网络中的一个 IP 前缀，即一个目的网段，通过手工配置使扩展后的 IGP 扩散，全局可见，全局有效。节点段 ID 用来标识网络中的一个目的节点，可以认为是一种特殊的前缀段 ID，因为该目的地址是一个掩码长度为 32 位的节点目的地址。同样，通过手工配置使扩展后的 IGP 扩散，全局可见，全局有效。

在 SR-TE 转发模型中，下发标签时使用邻接段 ID 或者邻接段 ID+节点段 ID 方式。当然，这些 SID 有时并非就是 MPLS 标签，还需要加上 SRGB 的数值进行偏移。下面就通过两个实例来介绍 SR-TE 中邻接段 ID 和邻接段 ID+节点段 ID 两种方式如何分发标签，建立路径。图 5-10 所示为 SR-TE 采用邻接段 ID 方式建立路径。

可以看到，在 SR-TE 转发模型中，基于邻接段 ID 的方式其实就是严格显式路径。邻接段 ID 用来唯一标识一条链路，由一系列邻接段 ID 构成的标签栈正好用来标识一条唯一的路径。根据在头节点 PE1 上下发的邻接段 ID 标签栈，整个转发路径有且只有一条，即 PE1→P1→P3→P4→P6→PE2。在头节点 PE1 上，根据 Active Segment 标签 102 将报文转发到 P1，并剥离 102 标签，204 成为新的 Active Segment；在 P1 上根据 Active Segment 标签 204 将报文转发到 P3，并剥离 204，405 成为新的 Active Segment；以此类推，直至将报文发送至出节点 PE2。另外，可以发现，邻接段 ID 无须进行 SRGB 偏移，控制器下发的就是 MPLS 标签。利用邻接段 ID 方式实现的严格显式路径，优点是可以集中进行路径调整和流量调优，因此可以更好地配合实现 SDN。

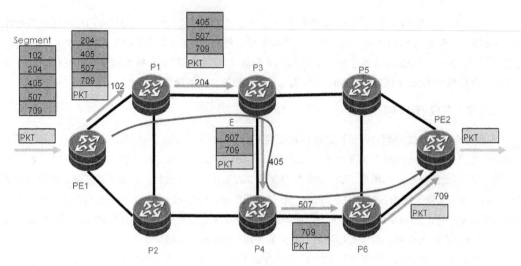

图 5-10　SR-TE 采用邻接段 ID 方式建立路径

SR-TE 采用邻接段 ID+节点段 ID 方式建立路径，如图 5-11 所示。

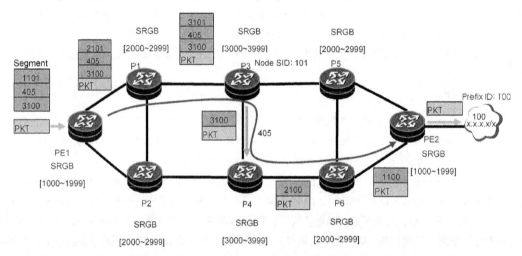

图 5-11　SR-TE 采用邻接段 ID+节点段 ID 方式建立路径

可以看到，邻接段 ID+节点段 ID 构成的标签栈是一个松散显式路径。在入节点 PE1 上下发了标签栈，Active Segment 标签是 1101，这是一个节点段标签，是由 P3 的节点段 ID101+本台设备的 SRGB 范围最低可用值 1000 偏移得到的，表示要去往的节点是 P3。至于本地 PE 如何去往 P3 并没有明确的指定，即中间有多条路径可选，图 5-11 中流量的路径是 PE1→P1→P3。在中间节点 P1 上，因为尚未到达该节点段 101，无须剥离，而是执行标签交换操作。因为 P1 的 SRGB 范围最低可用值是 2000，因此将 Active Segment 替换为 2101。到达 P3 节点时，剥离 Active Segment，根据新的 Active Segment 标签，即邻接段标签 405 将报文从 P3 转发到 P4，移除 Active Segment。新的 Active Segment 标签为节点段标签 3100，是由 PE2 的节点段 ID100+P4 的 SRGB 范围取最低可用值 3000 偏移得到的，表示去往的目的节点是 PE2，至于 P4 以哪条路径去往 PE2 则并未约束，图 5-11 中的路径是 P4→P6→PE2。在经过中间节点 P6 时，依旧需要进行标签交换，到达出节点 PE2 时剥离标签。这种邻接段 ID+节点段 ID 的方式构成的松散显式路径优点就是路径更加灵活，路径发生问题时有备份路径可以切换。另外，可以发现 SR-TE 在建立隧道路径时，不管使用邻接段 ID 方式还是邻接段 ID+节点段 ID 方式，标签栈都只需要下发到头节点，只有头节点需要维护标签信息。这和之前 LDP、RSVP-TE 转发路径上每台设备都需要维护标签映射信息相比，大大缓解了链路中的压力，节约了资源。

　　控制器在向头节点下发标签栈时，标签栈中存放的标签有没有数量限制？当一个标签栈深度超过了转发设备所能支持的最大标签栈深度时，一个标签栈就无法携带整条 LSP 的链路标签。不管何种类型，每一个报文是有最大长度限制的。例如，以太网帧 MTU 为 1500 字节，即一个以太网数据帧最大为 1500 字节，前文介绍的一个 MPLS 头部定长为 4 字节，那么标签栈中携带的 MPLS 标签越多，本身所能携带的数据也就越少。因此，在 5G 承载网中有这样一个规定，SR-TE 向头节点下发标签栈中存放的标签数量不能超过 20 个，即头节点的标签栈中只能记录小于等于 20 个 MPLS 标签。

　　如果确实需要超过 20 个 MPLS 标签，应该怎么办呢？解决方法是分为多个标签栈。头节点只能记录一个不超过 20 个标签的标签栈，可以在转发路径上找一个合适的中间节点再下发一次标签栈，将所有的 MPLS 标签分为多个标签栈并在不同的节点上下发，如同一个人记不住的内容，可以让两个人分别记录一半一样。如何完美地衔接不同的标签栈，如何让网络中的设备知道到达了某个中间节点就需要进行标签栈的替换呢？如果没有一个完美的衔接措施，两个标签栈就无法顺利完成替换。为此，引入了两个新的概念：粘连标签和粘连节点。SR-TE 在合适的节点下发标签栈的同时会分配一种特殊的标签，通过这种特殊标签将所有标签栈关联起来，实现逐段转发，这种特殊的标签就是粘连标签，而这个合适的节点就是粘连节点。粘连标签与粘连节点的应用如图 5-12 所示。

SR-TE 隧道建立
过程简介

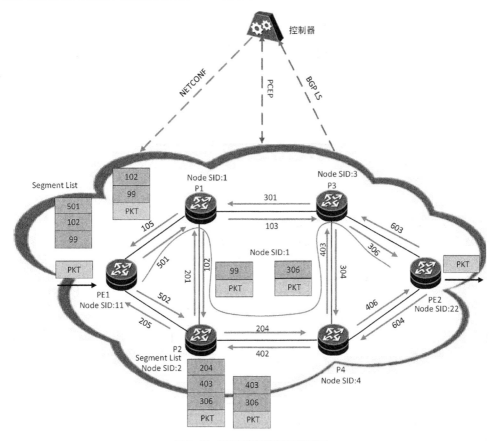

图 5-12　粘连标签与粘连节点的应用

从图中可以看到，在流量的入节点设备 PE1 上先下发了一次标签栈。注意，在第一个标签栈中，控制器为粘连节点分配了粘连标签 99，并将其压入标签栈底。先根据邻接段标签 501 将报文转发到 P1 并剥离 501，再根据邻接段标签 102 将报文转发到 P2 并剥离 102。此时，到达 P2 上时，99 成了 Active Segment，那么 P2 就是粘连节点，在这个节点上会用新的标签栈交换粘连标签，继续指导报文的下一段转发。

如果网络中有控制器存在，则优选 SR-TE 转发模型，SR-BE 转发模型作为备选，如果网络中没有控制器，则只能采用 SR-BE 转发模型。SR-BE 算法通过在路由器之间运行 IGP 使用最短路径优先算法计算得到最优的隧道路径 LSP，这种使用 SR 技术建立的 LSP 路径称为 SR LSP。

2. SR-BE

SR-BE 下发的标签不同于 SR-TE 下发的标签，SR-BE 的标签是没有邻接段的，全部由前缀段或者节点段构成。SR LSP 与 LDP LSP 类似，但是不存在 Tunnel 接口。下面通过一个例子来进行深入阐述，如图 5-13 所示。

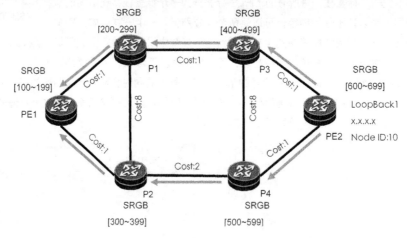

图 5-13   SR-BE 示例

图 5-13 中先为网络中的每一台节点路由器配置了 SRGB 范围，在相应的接口配置了前缀段 ID 或节点段 ID，在 PE2 的 LoopBack1 接口视图下配置了节点段 ID 为 10。前缀段 ID 和节点段 ID 需要手工配置。每个节点分配的 SID、SRGB 等信息随 IGP 报文全网泛洪。为每个节点段通过 SPF 算法计算出最短转发路径，形成标签转发表项。例如，从 PE1 去往 PE2，根据图 5-13 中所标注的开销值，最短路径是 PE1→P1→P3→PE2。转发时则在入口节点将目的节点的前缀段 ID 封装到业务报文中，按照去往该目的节点的最短路径进行转发。在图 5-13 中可以看到目的节点为 PE2 的 LoopBack1 环回接口地址，为该地址分配了节点段 ID 为 10，并通过 IGP 将信息扩散到整个网络中的所有节点。此时，在其他节点上就会生成标签转发表，这里以 PE1 去往 PE2 为例，其标签转发表如表 5-5 所示。

表 5-5   PE1→PE2 标签转发表

节点	入标签	出标签	出接口
PE1	110	210	PE1 连接 P1 接口
P1	210	410	P1 连接 P3 接口
P3	410	610	P3 连接 PE2 接口
PE2	610	NA	NA

从表 5-5 中可以看到，在每台节点路由器上分配的入标签是本地 SRGB 范围的起始值+目的节点段 ID，

而出标签则是下一跳设备的 SRGB 范围的起始值+目的节点段 ID。那么 SR-BE 的转发平面又是如何工作的呢？SR-BE 转发平面如图 5-14 所示。

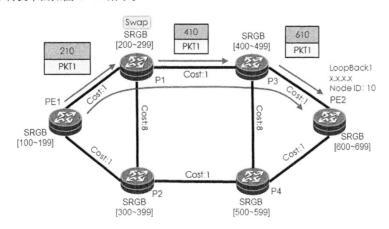

图 5-14 SR-BE 转发平面

在转发平面，根据控制平面建立的标签转发表，PE1 去往 PE2 时，在入口 PE1 时的标签为 110，从 PE1 发往 P1 时，在出接口进行标签交换，将标签替换为 210。到达 P1 后，将标签替换为 410 并从出接口发出，到达 P3 后，将标签替换为 610 并从出接口发出，最终到达出节点 PE2 并将标签剥离。

SR-BE 的特点：SR-BE 在进行标签转发时与 LDP 类似，需要在每个节点上进行标签交换（因为 SR-BE 没有邻接段标签，只有邻接段标签时，可以在经过该链路后将代表该链路的邻接段标签直接剥离），而不是一次性地将一系列的标签栈下发到头节点，导致从入节点到出节点的最短路径上的所有设备都需要维护标签映射，这一点与 SR-TE 不同。也正因此，SR-BE 对设备性能消耗较大，当现网中条件可以使用 SR-TE 时，往往优先使用 SR-TE，SR-BE 作为备份。

SR-BE 隧道建立过程简介

SR 隧道在现网场景下使用时必须具有良好的冗余保护特性。SR 隧道的关键保护技术称为拓扑无关的无环替换路径快速重路由（Topology Independent Loop-Free Alternate Fast Reroute，TI-LFA FRR）。简而言之，TI-LFA 是采用显式路径去建立备份路径的，对拓扑无约束，理论上能达到 100% 的保护，可以由 IGP 自动计算，无须维护 LSP 状态。TI-LFA 保护机制如图 5-15 所示。

如图 5-15 所示，原本从 PE1 去往 PE2 的路径是 PE1→P1→P2→PE2，但是现在 P1-P2 链路发生了故障，此时流量已经无法按照原来的路径通行了，在检测机制发现 P1-P2 链路中断后，通过 TI-LFA FRR 保护机制在 P1 节点上下发 Repair 列表，启用备份路径表，给数据包添加新的路径信息。图 5-15 中该备份路径表 Active Segment 标签为 P5 节点的节点段 ID，值为 5，表示去往 P5 节点，使得流量路径为 PE1→P1→P3→P5→P6→P4→P2→PE2。到达 P5 后，根据邻接段标签 5006 走到 P6，进行标签交换，交换的标签为当前路由器 SRGB 范围起始值+目的节点 PE2 节点段 ID 值 22，最终到达目的节点 PE2。

TI-LFA 机制保护过程简介

前面介绍了 SR 隧道技术的两种转发模型及保护技术，但是在现网中存在 IPv4 地址资源严重不足的问题，因此很多情况下在运营商网络中都会用到 IPv6 的地址。那么当使用 IPv6 地址进行隧道转发时，如何让 IPv6 支持 SR 隧道呢？这就要使用 SRv6 协议。基于 IPv6 转发面的 SRv6 协议通过在 IPv6 报文中插入一个分段路由扩展头（Segment Routing Header，SRH），在

SRH 中压入一个显式的 IPv6 地址栈，通过在中间节点不断更新目的地址和偏移地址栈来完成逐跳转发。SRv6 将一些 IPv6 地址定义成实例化的 SID，每个 SID 有着各自的显式作用和功能，通过不同的 SID 操作，可以实现 VPN 的简化，以及灵活的路径规划。

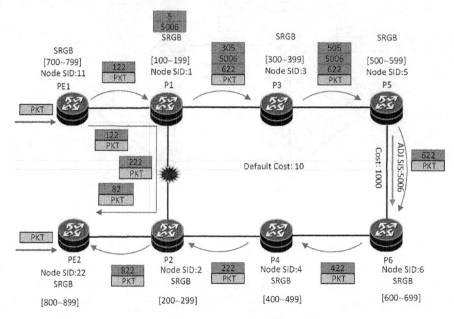

图 5-15 TI-LFA 保护机制

SRv6 的优点如下。

（1）简化网络配置，不适用于 MPLS 技术，节点可以不支持 MPLS 协议。

（2）易实现，中间节点可以不支持 SRv6，可以按照正常路由，根据 SRH 转发报文。

（3）灵活的流量调优，头节点可以灵活规划显式路径，便于业务流量调整。

SRv6 是根据 SRH 转发报文的，SRH 的格式如图 5-16 所示。

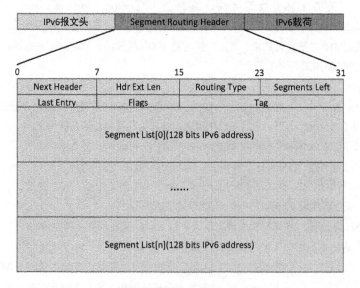

图 5-16 SRH 的格式

SRH 中各字段的含义如表 5-6 所示。在 SRv6 协议中，每经过一个 SRv6 节点，Segments Left（SL）字段减 1，IPv6 报文的目的地址信息变换一次。Segments Left 和 Segments List 字段共同决定了 IPv6 报文的目的地址信息。

表 5-6　SRH 中各字段的含义

字段名	长度	含义
Next Header	8 位	标识紧跟在 SRH 之后的报文头的类型
Hdr Ext Len	8 位	SRH 的长度，主要是指从 Segment List [0]到 Segment List [n]所占用的长度
Routing Type	8 位	标识路由头部类型，SRH Type 为 4
Segments Left	8 位	到达目的节点前仍然应当访问的中间节点数
Last Entry	8 位	在段列表中包含段列表的最后一个元素的索引
Flags	8 位	数据包的一些标识
Tag	16 位	标识同组数据包
Segment List[n]	$128 \times n$ 位	段列表，段列表从路径的最后一段开始编码。Segment List 是 IPv6 地址形式

综上所述，SRv6 协议在入节点上封装了 SRH，中间节点每经过一个节点，SL 字段减 1，最左边的 SL 字段需要第一个处理。每经过一个节点，随着 SL 字段的变化，可找到对应的 IPv6 报文的目的地址信息。而 SRv6 协议中的 SID 采用 IPv6 的目的地址形式，根据每个节点上的 SID 形成 SRv6 的转发表，在转发表中存储了对应目的网段的出接口和下一跳等指导转发的信息。

5.3.3　SR 的基本配置

SR 的基本配置如表 5-7 所示。

表 5-7　SR 的基本配置

配置项目	配置视图	配置命令	作用
1. 使能 SR	系统视图	segment-routing	全局使能 SR 功能
2. 配置隧道优先顺序	SR 视图	tunnel-prefer segment-routing	配置 SR 隧道优先
3. IGP 下打开 SR	路由协议视图	segment-routing mpls	在 IGP 中使能对应拓扑的 SR 功能
4. 配置 SRGB	路由协议视图	segment-routing global-block x y（x、y 为具体数值）	配置 SR 全局标签范围
5. 配置前缀段 ID	接口视图	isis prefix-sid index n（n 为具体数值）	配置接口的 SR 前缀 ID

本章小结

承载网中的业务流量主要由隧道承载，本章主要介绍了 5G 承载网中隧道技术的原理与部署方式。现网中隧道的部署主要依靠动态信令协议进行，如 LDP、RSVP-TE、SR 等。本章首先介绍了 MPLS 及 MPLS LDP 技术的基本概念、MPLS LDP 隧道的部署方式、MPLS 及 LDP 的基本配置；其次，介绍了 MPLS TE 技术的基本概念、MPLS TE 隧道的部署方式、MPLS TE 的基本配置；最后，介绍了 SR 技术的基本概念、SR 隧道的部署方式、SR 的基本配置。

完成本章的学习后，读者应该对隧道的基本概念、应用场景、各种部署方式及基本配置有基本的了解。

课后习题

1. 选择题

（1）一层 MPLS 标签有（　　）字节。

    A. 4   B. 8   C. 12   D. 16

（2）建立 LSP 隧道属于 MPLS TE（　　）的功能。

    A. 信息发布组件   B. 路径计算组件

    C. 信令组件   D. 报文转发组件

（3）下列（　　）不属于建立隧道的 LSP 路径的方式。

    A. 静态   B. LDP   C. RSVP-TE   D. OSPF

2. 问答题

（1）DU 和 DoD 的标签分发模式有什么区别？

（2）如果不修改 LSP-Trigger，默认情况下，MPLS LDP 建立隧道的触发条件是什么？

（3）为什么在 5G 承载网中使用 SR 替代 LDP 和 RSVP-TE？ LDP 和 RSVP-TE 有何弊端？

（4）严格显式路径和松散显式路径有什么区别？

（5）粘连标签和粘连节点的作用是什么？

Chapter

6

第 6 章
5G 承载网 VPN 技术及部署

通过第 5 章隧道技术的学习，了解了如何在 5G 承载网部署中引入新的 SR 隧道技术建立隧道。不同流量可在一个网络中承载，也可能在同一段隧道上承载，那么在同一段隧道中如何区分不同业务的流量呢？这就是 VPN 技术的重要作用。移动承载网中常用的 VPN 技术有哪些？5G 承载网的 VPN 技术与原有 4G 网络有何不同？这些问题的答案都在本章中。

本章将详细介绍 5G 移动通信系统中使用的各种 VPN 技术，包括 VPN 技术的分类、不同 VPN 技术的应用场景、常用 VPN 技术的工作原理和基本配置，以使读者对 5G 承载网的 VPN 技术有全面的了解。

课堂学习目标

- 了解 VPN 的概念及应用场景需求

- 掌握 L2VPN 与 L3VPN 的工作原理

- 掌握 5G 承载网中的 VPN 技术及部署

6.1 VPN 概述

VPN 技术即为了专用的流量而搭建虚拟通道的技术。试想一下，在一条宽敞的马路上，如果所有车辆没有规则随意通行，那么车辆就容易发生事故，交通也可能会陷入瘫痪。因此，在交通规则中定义了不同的车道，不同车辆在相应的车道中按规则行驶。而网络中各种流量的通信亦是如此，隧道相当于整个道路，VPN 相当于在道路上划分的车道，不同种类的流量相当于不同种类的车辆进入相应的车道行驶。

1. VPN 的分类

现网中 VPN 的类型众多，可以按以下标准进行分类。根据建设单位的不同，可以将 VPN 分为 Overlay VPN 与 Peer-to-Peer VPN。Overlay VPN 通道的头节点和末节点（下文中简称源节点和宿节点）建立在客户侧设备上，如 IPSec、GRE 等；而 Peer-to-Peer VPN 通道的源节点和宿节点建立在运营商设备上，如 MPLS L2VPN、MPLS BGP VPN 等。这两种类型的 VPN 各有优势，Overlay VPN 对于用户侧而言更加灵活，方便企业用户主动调整；而 Peer-to-Peer VPN 主要租用运营商线路，成本较低。在实际使用中，企业可以根据本身的需要选择合适的 VPN 类型。另外，根据网络层次，可以将 VPN 分为数据链路层 VPN、网络层 VPN 和应用层 VPN。其中，数据链路层 VPN 和网络层 VPN 将在后文进行详细介绍。

2. VPN 的应用场景

现网中 VPN 主要应用于哪些场景呢？首先，其应用于某些大型企业的总部与分部、分部与分部、出差人员与企业总部之间的通信。其次，其应用于企业与企业之间经过公网 VPN 通道的透明数据传输。在移动回传网络中，手机基站到核心网之间的通信也用到了 VPN 技术。VPN 技术被广泛地应用在现网通信中，与现实生活中的众多应用息息相关，6.2 节将具体介绍 VPN 技术中的 MPLS L2VPN。

6.2 MPLS L2VPN 技术及部署

随着社会与经济的发展，企业的分布范围进一步扩大，企业员工在出差过程中的移动性需求也极大地增加了。因此，需要运营商提供二层链路连接，便于企业总部与分支机构组成自己的企业网，同时保证员工出差途中方便地远程访问企业内部网络。对于运营商本身来说，MPLS L2VPN 技术也能够促进其全网业务的融合。

MPLS L2VPN 能够提供基于 MPLS 网络的二层 VPN 服务。从用户角度来说，MPLS L2VPN 是一个二层交换网络，可以在不同节点之间建立二层连接。根据二层连接的类型不同，可以将 MPLS L2VPN 按照拓扑类型分为点到点和多点到多点两种类型。

6.2.1 PWE3 技术及部署

在点到点的 MPLS L2VPN 中，承载网中应用最普及的就是端到端伪线仿真（Pseudo-Wire Emulation Edge to Edge，PWE3）技术。为什么 PWE3 技术能够在众多的 L2VPN 技术中脱颖而出，在 IP 承载网中得到广泛应用呢？原因就在于它的仿真功能。在早期的网络中，受限于传输方式和业务类型，网络的公用性较差。随着网络技术的发展，种类繁多的业务趋于融合，在同一个公共网络中进行承载。例如，运营商提出的三网合一，就是将早期的广播电视网、宽带互联网和公共电话网业务放在同一个网络中承载。但是随着网络业务的融合，问题也随之而来，如何使不同需求、不同特征的业务兼容在同一个网络中进行承载也成为急需解决的问题。目前的承载网大部分基于以太网接口的连接，而除了以太网业务本身，一些原本不基于以太网标准的业务（如 TDM、ATM 业务），如何能够在以太网标准的网络中承载呢? PW 的仿真功能能够在网络入口封装特定业务的 PDU，简单来说，就是针对特殊的 TDM、ATM 帧结构进行以太网头部的仿真封装，使得这些特殊的帧能够在以太网中传输。也正是由于 PWE3 能够仿真以太网头部封装的特点，使得它在众多的 L2VPN 技术中脱颖而出，成为 IP 承载网中不可或缺的技术。

1. PWE3 概述

　　PWE3 的架构如图 6-1 所示。PWE3 的传输构件包括接入链路(Attachment Circuit, AC)、伪线(Pseudo Wire, PW)、转发器（ Forwarder ）、隧道（ Tunnel ）、PW 信令（ PW Signal ）等组件。其中，PE 与 CE 之间的连接被称为 AC。运营商网络中通常用 Tunnel 来承载 VPN 的流量，而一条 Tunnel 中可以承载一条或多条 PW，不同的业务流量可以用不同的 PW 区分承载。PW 信令则是用来创建和维护 PW 的，通常由信令协议负责传递。而整个 PWE3 架构可以分为数据平面和控制平面两部分。控制平面主要负责 MPLS 标签的分发以及 Tunnel 和 PW 通道的建立，数据平面主要负责在建立好的转发通道上转发数据。PWE3 建立的是一个点到点通道，通道之间互相隔离，用户二层报文在 PW 间透明传输。对于 PE 而言，PW 连接建立起来之后，AC 和 PW 的映射关系就已经确定了。对于 P 设备而言，只需依据控制平面分发的 MPLS 标签进行 MPLS 转发，不必关心内部封装的二层用户报文。以 CE1 转发流量至 CE3 为例，CE1 发出二层用户报文，通过 AC 接入 PE1，由转发器 PE1 选定转发报文的 PW，封装两层标签，内层为 PW 标签，外层为隧道标签（内层标签用于标识 PW，外层标签用于指导在公网隧道中的转发路径），经公网隧道到达 PE2，解封装两层标签，同时根据内层 PW 标签找到对应的 AC，最终将报文送达 CE3。

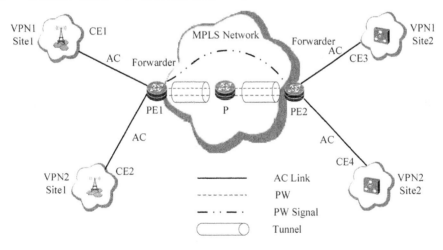

图 6-1　PWE3 的架构

2. PWE3 工作原理

　　PWE3 中的第一项关键技术就是 PW 建立所依赖的 PW 信令。在建立 PW 的过程中，通常有两种部署方式，即静态 PW 与动态 PW。在现网中部署时，考虑到配置量，会采用动态 PW 的方式，而动态 PW 所用到的信令协议为远端 LDP。PW 通道的状态会使用到信令协商参数，具体参数包括 PW 的类型及最大传输单元（ Maximum Transmission Unit, MTU ）值。对于静态 PW 来说，如果隧道存在，则静态 PW 状态为 UP；对于动态 PW 来说，如果隧道存在，则远端 PW 状态为 UP，若远端 PW 类型和 MTU 参数与本地配置一致，则动态 PW 状态也为 UP。PWE3 的第二项关键技术就是保护机制，当一个 PW 出现问题时，能够快速切换到另一个 PW，实现业务快速倒换。PWE3 的第三项关键技术则是控制字（ Control Word, CW ），PW

两端控制字通过控制平面协商，能够实现报文转发顺序检测、报文分片和重组等功能。

PWE3 在承载网中的具体应用如图 6-2 所示，在 LTE 阶段的承载网中，无线基站侧和核心网侧已经完全 IP 化，具体承载网业务包括基站到核心网之间的 S1 流量业务，以及基站到基站之间的 X2 流量业务。在 5G 阶段，基站到核心网的业务流量称为 N2 和 N3，基站到基站的流量称为 Xn。

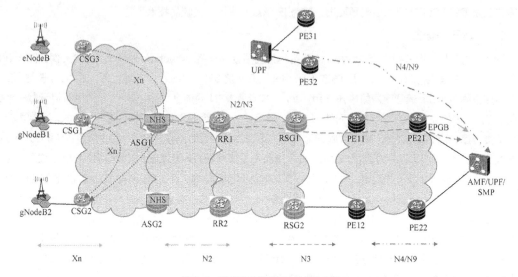

图 6-2　PWE3 在承载网中的具体应用

基站使用以太网接口或 E1 接口接入基站侧网关，基站控制器（Base Station Controller, BSC）使用大容量的 GE 接口或 POS 口进行汇聚，业务在基站到控制器之间使用二层 PWE3 技术进行封装转发。另外，由于基站与核心网 IP 化，组网方式较为灵活，可以采用单跳 PW、多跳 PW、L2VPN+L3VPN 等方式进行组网。根据业务场景的不同，可以选择不同的 PW 部署方式。

在承载网时分复用（Time Division Multiplexing, TDM）业务场景中，主要转发的是语音业务的数据帧，即 E1 帧。E1 帧内部帧结构可以分为 Framed（成帧模式）和 Unframed（非成帧模式）。一个 E1 帧的总带宽为 2.048Mbit/s，非成帧模式将 E1 帧作为一个整体来传递数据，而成帧模式则把一个 E1 口划分成 32 个时隙（Time Slot, TS），每个时隙可以提供 64KB 的数据，时隙 0 用来传递信令和帧分隔符，时隙 1～31 用来传递不同用户的业务数据。TDM PWE3 业务部署及保护机制如图 6-3 所示。

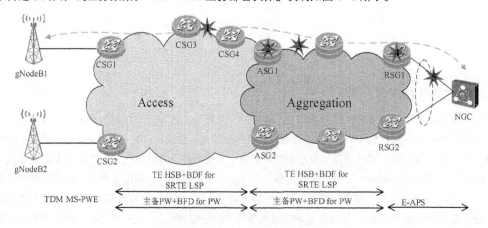

图 6-3　TDM PWE3 业务部署及保护机制

基站侧通过 E1 接口将 E1 帧传输到 CSG,CSG 侧通过 PWE3 的仿真功能对其做以太网头部仿真封装,采用多跳 PW 的方式来承载 PW 业务。多跳方式以汇聚设备 ASG 为界,分层配置 LSP Tunnel 和 PW,即数据进入承载网后映射到第一段 CSG 与 ASG 之间的 PW;到达汇聚设备 ASG 时,除了弹出外层隧道标签外,还需弹出原有内层 PW 标签,封装新的 PW 标签,即第二段 ASG 与 RSG 之间的 P2 标签,再重新封装外层隧道标签并上传至核心节点 RSG;核心节点根据内层 PW 标签找到对应端口,将数据从对应的 PW 业务隧道上解封装并还原成原始的 E1 帧传递给核心网。简而言之,多跳 PW 与单跳 PW 的区别在于转发时更加复杂,需要在中间节点进行内层 PW 标签的交换。因此,在实际应用中,单跳 PW 部署更加便捷,而多跳 PW 可以减少核心设备维护的隧道和 PW 的数量,从而减轻核心设备的压力。网络中的网元数量在 500台以下时可以使用单跳 PW,而网元数量在 500 台以上时建议使用多跳 PW。

PW 的保护机制用于在一条 PW 发生故障时将业务快速切换到另一条 PW 上,实现业务流量的快速倒换。在 TDM PWE3 的业务场景中,PW 的保护机制主要涉及两种技术,如图 6-4 所示。一种技术是 PW 通道的故障检测技术——BFD For PW。双向转发检测(Bidirectional Forwarding Detection,BFD)技术可以单独使用,以检测一条链路的连通性;也可以与其他协议联动部署,加快其他协议的收敛。BFD For PW 技术的原理是在 PW 通道两端建立 BFD 会话,通过 BFD 报文的交互,保证 PW 的通过可用性,如果 PW 发生故障,则可实现快速发现,时间为毫秒级。另一种技术是 PW 通道的故障倒换技术——PW 冗余。PW 冗余指提前建立备用的 PW 通道,当主 PW 发生故障时,不用重新进行 PW 建立,直接将流量快速切换到提前建立好的备用 PW 上。这两种技术配合使用可以实现 TDM PWE3 业务场景下业务发生故障时的快速切换。

除了 TDM 业务场景之外,在移动承载网中,PWE3 的另一个主要业务场景就是以太网(Ethernet,ETH)业务场景。以太网业务场景主要传递的是数据流量,在二层上传输的是以太网标准的以太网帧。而 PW 技术在移动承载网中传输以太网帧时通常所用到的技术就是 L2VPN+L3VPN,即分段的 VPN 技术。基站侧网关 CSG 到汇聚设备 ASG 是第一段,使用 L2VPN(即 PW)部署实现;汇聚设备 ASG 到核心设备 RSG 是第二段,使用 L3VPN 部署实现。L3VPN 将在 6.3 节中重点介绍,此处主要介绍 PWE3 在以太网业务中的部署。图 6-4 所示为 5G 以太网业务架构,基站侧网关在接入二层以太网帧时对其进行 PW仿真封装,由此也可知不管是 TDM 业务还是 ETH 业务,PWE3 均会为其仿真一个以太网头部。在以太网头部之后,与 TDM 帧相同,其也封装了两层标签,外层为 Tunnel 标签,内层为 PW 标签。在接入环中,经过中间节点时进行外层 Tunnel 标签交换,到达汇聚设备 ASG 上时移除两层标签,L2VPN 在汇聚设备 ASG 上就此终结。

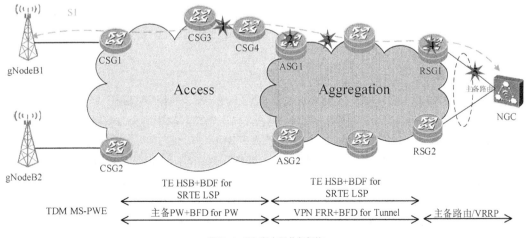

图 6-4　5G 以太网业务架构

3. PWE3 的基本配置

ETH 业务部署的 PW 保护机制与 TDM 业务大致相同，此处不再赘述。上文介绍了许多 PWE3 的工作原理，这里以 TDM PWE3 为例说明 PWE3 业务的的配置项目，如表 6-1 所示。

表 6-1　PWE3 业务的配置项目

配置项目	配置命令	功能
全局使能 MPLS L2VPN	mpls l2vpn	在当前设备上使能 MPLS L2VPN 功能
配置远端 LDP Peer	mpls ldp mpls ldp remote-peer x.x.x.x remote-ip x.x.x.x	全局使能 LDP 功能 配置远端 LDP 会话
配置 PW 模板	pw-template x control-word tnl-policy x tdm-encapsulation-number x	创建 PW 模板 使能控制字 配置 PW 采用隧道策略 配置每个 PW 报文封装 TDM 帧的个数
配置业务接口	interface serial0/2/0:0 link-protocol tdm	配置业务接口链路协议为 TDM
配置 PW	interface serial0/2/0:0 mpls l2vc x.x.x.x pw-template tdm x mpls l2vc y.y.y.y pw-template tdm y secondary	配置主 PW 配置备 PW

PW 配置完成之后，如何确定一条 PW 的连通性呢？网络中存在一种手工检测虚电路连接状态的工具，称为 VCCV-Ping，它是通过扩展 LSP-Ping 实现的。与普通 Ping 命令工具不同的是，VCCV-Ping 能够检测 PW 通道的连通性。这需要控制字功能的支持，因此必须提前使能控制字。例如，使用控制字方式的 VCCV-Ping 命令来检查 Ethernet 类型的 PW 连通性，VC 的 ID 为 100，可以使用 ping vc ethernet 100 control-word remote 100 命令来检查。

6.2.2　VPLS 技术及部署

前面介绍了点到点类型的 L2VPN 技术 PWE3，那么在多点的场景下如何实现二层通道转发呢？为了能够提供以太网的多点转发服务，虚拟专用局域网服务（Virtual Private LAN Service，VPLS）技术应运而生。VPLS 是一种基于 MPLS 及以太网技术的二层 VPN 技术。可以通过运行 MPLS 协议的骨干网向用户提供基于以太网的多点到多点的转发服务。

1. VPLS 概述

VPLS 的基本架构如图 6-5 所示，用户站点之间通过运营商提供的骨干网相连，各个站点之间连接后如同在一个局域网中一样。简而言之，其将运营商网络当作一个二层局域网来转发数据。

从图 6-5 中可以看出，运营商通过 MPLS 网络连接了多个用户，使它们可以像一个二层局域网一样工作。A 公司和 B 公司两个不同的客户可以通过同一个运营商提供的 MPLS 网络实现总部与分部之间的通信，并且实现互相之间业务层面的隔离，使得运营商能够提供给客户的业务更加多样化。

VPLS 中常用的术语如下。

（1）虚拟交换实例（Virtual Switch Instance，VSI）：通过 VSI 可以将实际接入链路映射到 PW 的虚连接上。

（2）虚链路：两个 VSI 之间的一条双向的虚连接。

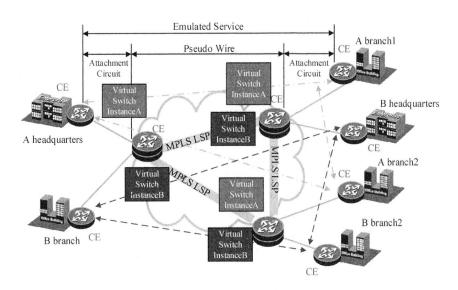

图 6-5　VPLS 的基本架构

（3）虚电路（Virtual Circuit，VC）：两个运营商节点之间的单向逻辑连接，一个虚链路由一对 VC 组成。

（4）AC：指 CE 与 PE 间的连接，AC 上的用户报文要求原封不动地转发到远端用户站点，因此可以将运营商中间网络看作一个二层转发网络。

（5）headquarters：总公司，缩写为 HQ。

（6）branch：分公司。

2. VPLS 的工作原理

VPLS 转发报文时与 PWE3 相同，也需要封装两层 MPLS 标签，外层为 Tunnel 标签，内层为 PW 标签，如图 6-6 所示。

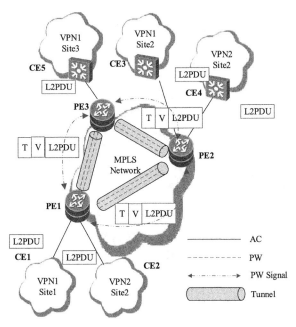

图 6-6　VPLS 报文转发结构

在本地站点通过 AC 连接将用户报文传递到本地 PE 设备时进行两层 MPLS 标签封装，根据 PE 上的转发表项选定转发报文的 PW。经公网隧道到达对端 PE 时弹出两层标签，对端 PE 选定转发报文的 AC，将报文转发给远端 CE。由此可见，报文在 PE 上的转发依赖于 PE 上的转发表项，PE 上的转发表项中的信息分为两类，一类是从本地 CE 收到的数据，将数据帧的源 MAC 地址与 PE 侧接收数据的端口形成映射，类似于二层交换机中的 MAC 地址转发表项；另一类是从远端 PE 收到的数据，将数据帧的源 MAC 地址与接收该数据帧的 PW 形成映射。

而 MAC 地址学习模式又可以分为两种，即 Unqualified 和 Qualified。在 Unqualified 学习模式中，所有用户 VLAN 都被一个 VSI 处理，共享一个广播域和 MAC 地址空间。这意味着用户 VLAN 的 MAC 地址必须唯一，不能发生地址重叠。否则，在 VSI 中就无法对它们进行区分，这会导致用户数据帧的丢失。Unqualified 学习模式的一个应用是为给定用户提供基于端口的 VPLS 业务（例如，将从 CE-PE 之间的接口上收到的全部流量映射到一个 VSI）。在 Qualified 学习模式中，每个用户 VLAN 分配一个自己的 VSI，这意味着每个用户 VLAN 都有自己的广播域和 MAC 地址空间。因此，在 Qualified 学习模式中，不同用户 VLAN 的 MAC 地址可能会彼此重叠，但将会被正确处理，因为每个用户 VLAN 都有自己的转发信息库（Forwarding Information dataBase，FIB）。因为 VSI 广播数据帧，Qualified 学习模式为给定用户 VLAN 提供了限制广播范围的优势。其中，ARP Broadcast 即 ARP 广播，ARP Reply 即 ARP 响应。

部分厂商的设备只支持 Unqualified 模式的 MAC 地址学习。正因为有这些 MAC 地址学习机制与生成的 MAC 地址转发表项，才能保证 PE 上的数据转发。VPLS 网络中的 MAC 地址映射学习过程如图 6-7 所示，其具体步骤如下。

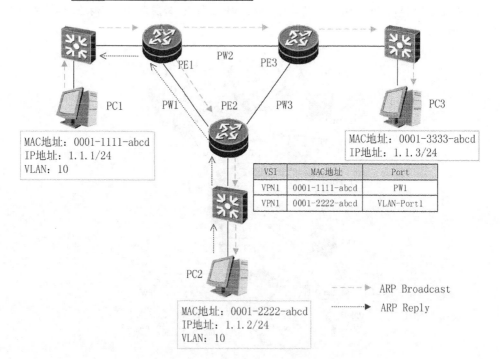

图 6-7　VPLS 网络中的 MAC 地址映射学习过程

（1）PC1 上传二层报文，通过 AC 接入 PE1。

（2）PE1 收到报文后，根据本地 PE 上的 MAC 地址表选定转发报文的 PW。

（3）PE1 根据 PW 的转发表项生成两层 MPLS 标签（私网标签用于标识 PW，公网标签用于穿越隧道到达 PE2 或 PE3）。

（4）二层报文经公网隧道到达 PE2 或 PE3，标签被弹出。

（5）PE2 或 PE3 根据本地维护的 MAC 地址表转发报文到对应的 AC，将 PC1 上送的二层报文转发给 PC2 或 PC3。

在具体实施时，在转发报文时必须先在控制平面建立 VPLS 的虚通道分发标签。控制平面中有两种方式可以实现 VPLS，分别是 Martini 方式的 VPLS 和 Kompella 方式的 VPLS。Martini 方式的 VPLS 采用 LDP 作为信令协议，各 PE 之间需建立远端 LDP 对等体的全连接。其优点是便于建立、维护与拆除 PW，缺点是扩展性较差。Martini 标准最先是由阿尔卡特发起的，得到了业界大部分厂商的支持。而 Kompella 方式的 VPLS 采用 BGP 作为信令协议，扩展性较好但是对 PE 要求较高。Kompella 标准由 Juniper 发起，业界只有 Juniper 和华为公司支持。这两种方式的不同之处如下。

（1）LDP 实现比较简单，对 PE 要求相对较低。采用 BGP 时，要求 PE 运行 BGP，对 PE 要求较高。但有新成员加入时，可以借助 BGP 实现新成员信息的自动发现。

（2）LDP 方式需要在每两个 PE 之间建立 LDP Session，其 Session 数量与 PE 数量的平方成正比。而使用 BGP 方式可以利用 RR 降低 BGP 的连接数。

（3）LDP 方式分配标签是对每个 PE 分配一个标签，需要的时候才分配。BGP 方式则是分配一个标签块，对标签有一定的浪费。

（4）LDP 方式必须保证所有域中配置的 VPLS Instance 都使用同一个 VSI ID 值空间。BGP 方式采用 VPN Target 识别 VPN 关系。

（5）根据两种信令协议的特征，在实际部署时有以下方案可以选择。

① LDP 方式适合在 VPLS 的站点比较少、应用比较简单的情况下使用，特别是 PE 不运行 BGP 的时候。

② 在大型网络的核心层，若 PE 本身运行了 BGP，以及有一些扩展应用（如跨域等需求），则适合使用 BGP 方式。

③ 当 VPLS 网络比较大（节点多或者地理范围大）时，可以采用两种方式结合的分层 VPLS（Hierarchical VPLS，HVPLS），核心层使用 BGP 方式，接入层使用 LDP 方式。

3. VPLS 的基本配置

由于 Kompella 方式技术原理复杂，现网应用较少，所以在此不做介绍，此处主要介绍 Martini 方式 VPLS 的转发平面部分。图 6-8 所示为 Martini VPLS 配置示例，PEA 和 PEB 上分别进行了信息的配置，包括创建 VSI、配置 LDP 作为信令协议、指定 VSI ID、手工指定对端 PE 的 IP 地址、关联 AC 接口到 VSI。

在 VPLS 转发中，一个非常重要的机制是环路避免机制，如图 6-9 所示。如果没有环路避免机制，则很可能会发生报文环路，例如，PEA 将本地 CE 发送来的报文传递给 PEB，PEB 再传递给 PEC，PEC 再传回 PEA，这就构成了一个典型的环路。在 VPLS 技术中，通常用来防止环路的技术是全连接配合水平分割，全连接是在 PE 设备之间建立全连接的 PW，水平分割是定义了一条防环规则。当 PE 从公网侧 PW 收到数据包时不再转发到其他 PW，只能转发到私网侧。简而言之，就是 PE 收到远端 PE 通过 PW 传递过来的数据时，不能再通过 PW 传递给其他 PE，只能通过 AC 连接传递给本地 CE。PE 间的全连接和水平分割一起保证了 VPLS 转发的可达性和无环路。但是在某些场景下，即在 CE 多归属到

PE 的情况下，用户私网侧也可能会发生环路。在这种场景下，VPLS 不能保证无环，需要使用其他环路避免机制，如生成树协议等。

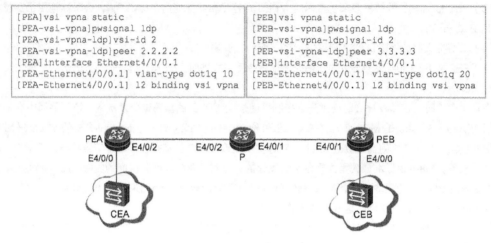

```
[PEA]vsi vpna static                          [PEB]vsi vpna static
[PEA-vsi-vpna]pwsignal ldp                    [PEB-vsi-vpna]pwsignal ldp
[PEA-vsi-vpna-ldp]vsi-id 2                     [PEB-vsi-vpna-ldp]vsi-id 2
[PEA-vsi-vpna-ldp]peer 2.2.2.2                 [PEB-vsi-vpna-ldp]peer 3.3.3.3
[PEA]interface Ethernet4/0/0.1                [PEB]interface Ethernet4/0/0.1
[PEA-Ethernet4/0/0.1] vlan-type dot1q 10       [PEB-Ethernet4/0/0.1] vlan-type dot1q 20
[PEA-Ethernet4/0/0.1] l2 binding vsi vpna      [PEB-Ethernet4/0/0.1] l2 binding vsi vpna
```

图 6-8　Martini VPLS 配置示例

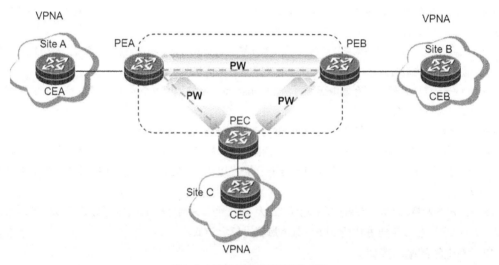

图 6-9　VPLS 转发中的环路避免机制

6.3　MPLS L3VPN 技术及部署

运营商网络中的流量类型复杂多样、网络结构变化日新月异，例如，承载网在 LTE 阶段就实现了包括无线基站侧与核心网侧在内的全网 IP 化工作，那么在运营商网络中如何基于 IP 提供通道化的 L3VPN 技术呢？目前运营商主流提供的 L3VPN 解决方案称为 BGP MPLS VPN。它使用 BGP 在运营商网络中发布 VPN 路由，使用 MPLS 协议在运营商网络中转发 VPN 报文。

6.3.1　MPLS L3VPN 概述

MPLS BGP VPN 网络结构如图 6-10 所示。同属于 VPNA 或者同属于 VPNB 的不同站点之间能够互相通信，如 CE1 和 CE5 之间、CE2 和 CE6 之间应该能够互通；但 VPNA 和 VPNB 的业务互相隔离，不能进行通信，也无法和 Internet 进行通信，如 CE1 和 CE2 之间、CE1 和 P 之间无法互通。组成 VPN 网络的网元角色主要有以下几种。

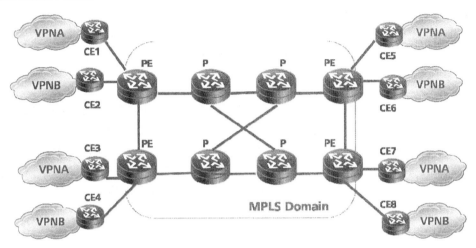

图 6-10 MPLS BGP VPN 网络结构

（1）CE 是用户的边缘设备。CE 有 1 个或多个接口直接与服务提供商（Service Provider，SP）网络直接相连。CE 可以是路由器或交换机，也可以是一台主机。通常情况下，CE"感知"不到 VPN 的存在，也不需要支持 MPLS。

（2）PE 是服务提供商网络中的边缘设备，与 CE 直接相连。在 MPLS 网络中，对 VPN 的所有处理都发生在 PE 上，对 PE 性能要求较高。

（3）提供商（Provider，P）是服务提供商网络中的骨干设备。该设备不与 CE 直接相连。P 设备只需要具备基本的 MPLS 转发能力，无须维护 VPN 信息。

如果需要 VPNA 或者 VPNB 之间互通，或者与其他 VPN、Internet 通信，则需要进行额外的业务部署，本章只介绍 VPN 内部的业务互通，不考虑 VPN 间和 VPN 与 Internet 的互通。要实现 VPN 内部站点之间的业务互通，必须要解决以下两个问题。

（1）VPNA 的 CE1 节点要能够访问 CE5 下连的业务网段，那么 CE1 上必须要有 CE5 的路由。但用户 VPN 内部的私网路由不能够被通告到中间的骨干网络，因为一旦被通告到中间的运营商网络，就意味着 VPN 用户能够和中间的运营商公网进行业务互通。

那么，CE1 和 CE5 之间的业务路由如何跨越中间的骨干网络进行传递呢？

（2）假设 CE1 学到了 CE5 的路由，用户的 VPN 私网数据被发送到 PE 节点，但中间的运营商网络并不维护用户的私网路由信息，无法借助路由查找的方式实现数据转发。

那么，用户的私网数据如何透明传输到中间的运营商网络呢？

在 BGP/MPLS VPN 的实现中，借助 BGP 和 MPLS 两个协议解决了上述两个问题。

（1）BGP 使用 TCP 作为传输层协议，而且 BGP 的主要功能在于路由的控制和选择。在 VPN 的实现中，需要跨越公共网络进行 VPN 私网路由的传递，因此，可以借助 BGP 实现 PE 间的 VPN 私网路由的交互，且不会将 VPN 的路由信息传递到中间的公共网络；同时，可以借助 BGP 的路由控制功能，实现 VPN 间路由信息的发布控制。

（2）MPLS 协议通过标签交换的方式实现了数据的转发，因此，在 VPN 的数据转发实现中，可以将私网数据封装在 MPLS 标签中，直接透明传输到中间的公共网络，而不需要中间的公共网络中具备 VPN 的私网路由信息。同时，相对于通用路由封装（Generic Routing Encapsulation，GRE）等隧道技术，MPLS 集成了 IP 路由技术的灵活性和 ATM 标签交换技术的简捷性，通过面向连接的 LSP 的建立，能够在一定程度上保证 IP 网络的 QoS，实现网络流量的控制，减少链路拥塞。

在 BGP/MPLS VPN 的实现中，BGP 负责控制平面的路由传递与选择，而 MPLS 负责转发平面的数据转发。BGP 和 MPLS 的配合工作，实现了 VPN 内部的业务互访。

6.3.2　MPLS L3VPN 工作原理

从工作原理上，MPLS BGP VPN 技术分为控制平面和转发平面。控制平面主要利用 VPN 来传递 VPN 路由信息，而转发平面在站点与站点之间学习到路由的基础之上进行 VPN 报文的转发。控制平面在传递 VPN 路由时有 3 个问题需要解决，如图 6-11 所示。当路由从本地 CE 侧传递到 PE 侧时，用户侧以 IPv4 路由的形式传递，但是传递到本端 PE 上时，会发现 VPNA、VPNB，以及运营商公网的 IGP 路由都会存在于 PEA 设备上。因此，运营商 PE 面临的一个严重问题就是如何区分公网路由与私网路由，以及不同客户可能会重叠的私网路由。

1．VPN 路由转发表

解决上述问题的方式叫作 VPN 路由转发（VPN Routing&Forwarding，VRF）表，也被称为 VPN 路由转发实例。VRF 技术在 PE 上用实例区分不同的客户、公网与私网，将 PE 连接到 CE 侧物理接口绑定 VPN 实例，由 CE 流入 PE 节点的私网路由根据不同 VPN 进入不同 VPN 的私网 VPN 路由表，实现了不同私网客户、私网与公网之间的有效区分，如图 6-11 所示。可以发现，PEA 上存在 VPNA 私网路由表、VPNB 私网路由表及公网 IGP 路由表。

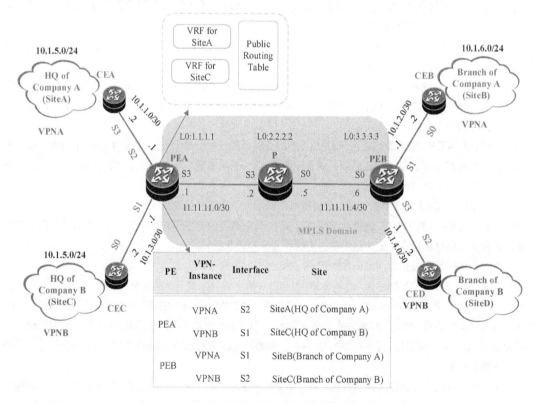

图 6-11　VRF 实现 PE 对不同路由的区分

2. RD 值

路由传到本地 PE 上之后就面临第二个问题：在本端 PE 传递到远端 PE 时如何区分和隔离（简称区隔）不同客户不同 VPN 的可能会重叠的私网地址空间。如果以 IPv4 地址的形式传递，PE 在收到 PEA 传递过来的 VPNA 的 10.1.5.0/24 的私网路由之后，还会收到 VPNB 的 10.1.5.0/24 路由吗？当然不会，因为它们传递到 PEB 上的下一跳都是 PEA，IP 地址也相同，根本无法区隔，所以 PEB 根本无法区分这是来自 VPNA 还是 VPNB 的 10.1.5.0/24 路由。如果先收到 VPNA 发送过来的 10.1.5.0/24 路由，那么再收到 VPNB 的相同路由时，远端 PE 就会认为是同一路由，不会再接收此路由。针对此问题，MPLS BGP VPN 技术采用路由区分符（Route Distinguisher，RD）来解决。顾名思义，就是给可能会重叠的私网地址空间标上一个唯一的标记加以区分，如图 6-12 所示。RD 值是一个 64 位的前缀，通常写成 aa:nn 的形式，aa 通常用本地 AS 号表示，nn 则由网络管理员自行定义。RD 值是一个具有唯一性的标识，由于 RD 值具有唯一性，所以由 RD 值前缀加上 IPv4 地址构成的新格式的地址也是唯一的，不会发生 PE 间传递私网路由时私网地址空间重叠的问题。这种由 RD 值前缀加上 IPv4 地址构成的新的地址格式称为 VPNv4 地址。

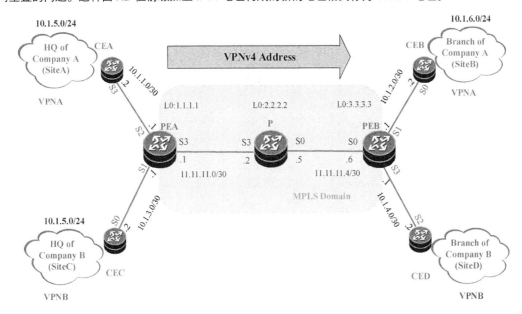

图 6-12　RD 值协助区分私网路由

3. RT 值

当 VPNv4 路由传递到远端 PE 上时又会产生第三个问题。例如，VPNA 的 10.1.5.0/24 路由传递到远端 PEB 上时，PEB 上也有两个 VPN，那么这条路由究竟该放入哪个 VPN 对应的私网路由表呢？为了解决此问题，引入了路由目标（Route Target，RT）的概念。RT 值的作用是确定路由发往的目标，如图 6-13 所示。

RD 值作用简介

RT 值作用简介

假设现在公司 A 总部由于业务需求需要和公司 C 实现互通，但是公司 A 分部、公司 B 总部和公司 B 分部都不允许和公司 C 互通。显然，不可以将公司 C 直接划入 VPNA。如果将 PEA 连接公司 C 的接口也绑定在 VPN-Instance VPNA 中，则会导致公司 A 分部可以和公司 C 互通，所以必须规划 VPNC。而每个 VPN 实例必须有唯一的 RD 值，由此可见，在某些场景下，同时使用 RD 值来确定路由的目标是不合适的，因此 RT 值的设置就十分必要了。RT 值分为入方向（Import）和出方向（Export），当一个 VPN 实例发布路由时会加上 Export RT，接收端的路由器根据每个 VRF 配置的 RT 的 Import Route Target 进行检查，如果其中配置的任意一个 Import Route Target 与路由中携带的任意一个 Export Route Target 匹配，则将该路由加入相应的 VRF。RT 值的格式与 RD 值相同。回到刚刚的问题：公司 A 和公司 C 分属不同 VPN，但需要通信，如何通过 RT 值实现呢？只需 PEA 上的 VPNA 和 VPNC 的出方向与入方向的 RT 值互相匹配即可，如表 6-2 所示。

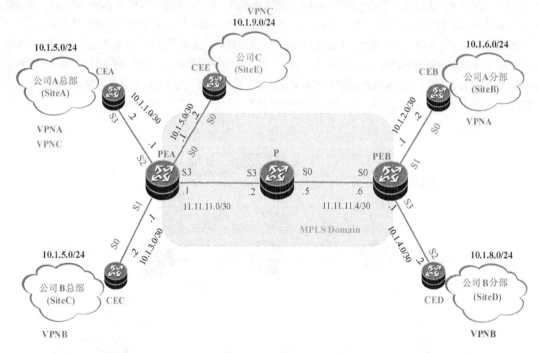

图 6-13　RT 值的作用

表 6-2　RT 值的使用

PE	VPN-Instance	Export Route Target	Import Route Target
PEA	VPNA	100：1 300：1	100：1 300：1
	VPNB	200：1	200：1
	VPNC	300：1	300：1
PEB	VPNA	100：1	100：1
	VPNB	200：1	200：1

　　VPN-Instance VPNA 发布公司 A 总部的路由信息时会封装 Export Route Target 100：1 和 300：1，PEA 判断 VPN-Instance VPNC 的 Import Route Target 300：1 和 VPN-Instance VPNA 发布的公司 A 总部的路由信息中携带的 Route Target（300：1）匹配，所以会将该路由信息注入 VPN-Instance VPNC 中；而 VPN-Instance VPNB 的 Import Route Target 200：1 和 VPN-Instance VPNA 发布的公

司 A 总部的路由信息中携带的 Route Target（300：1）不匹配，所以不会将该路由信息注入 VPN-Instance VPNB 中。反之，VPN-Instance VPNC 发布公司 C 的路由信息时会封装 Export Route Target 300：1，PEA 判断 VPN-Instance VPNA 的 Import Route Target 100：1 和 300：1 中的 300：1 与 VPN-Instance VPNC 发布的公司 C 的路由信息中携带的 Route Target（300：1）匹配，所以会将该路由信息注入 VPN-Instance VPNA 中；而 VPN-Instance VPNB 的 Import Route Target 200：1 和 VPN-Instance VPNC 发布的公司 C 的路由信息中携带的 Route Target（300：1）不匹配，所以不会将该路由信息注入 VPN-Instance VPNB 中。

由于每个 VPN-Instance 可以有多个 Export Route Target 与 Import Route Target 属性，所以可以实现非常灵活的 VPN 访问控制。

另外，在控制平面需要注意的一个关键点就是路由协议。在本地 PE 到远端 PE 之间传递 VPNv4 格式的私网路由需不需要使用路由协议呢？答案当然是需要。那么能否使用运营商公网的 IGP（如 OSPF 协议、IS-IS 协议等）来传递路由协议呢？答案是不能，PE 与 PE 之间往往隔了很多中间 P 设备，因此只能使用一种协议来传递路由。BGP 能够跨设备建立邻居路由，普通的 BGP 能不能传递 VPNv4 的路由呢？答案是不能，因为普通的 BGP 只能传递 IPv4 路由。因此，必须使用一种支持扩展地址格式（如 VPNv4 地址）的 BGP，这种 BGP 就是 RFC2858 中规定的多协议扩展 BGP（Multiprotocol Extensions for BGP，MP-BGP）。

MP-BGP 实现了对多种网络层协议的支持，采用 Address Family（地址族）来区分不同的网络层协议，既可以支持传统的 IPv4 地址族，又可以支持其他类型的地址族（如 VPNv4 地址族、IPv6 地址族等）。

MP-BGP 在建立邻居时，会使用 Open 消息中包含的能力协商参数 Capabilities 进行能力的协商。如果双方路由器都具备该功能，那么 BGP 路由器会使用该功能与对等体进行信息交互。在 VPN 的实现中，MP-BGP 引入了两个新的属性，分别为 MP_REACH_NLRI 和 MP_UNREACH_NLRI。

MP_REACH_NLRI 用于发布可达路由及下一跳信息。该属性由一个或多个三元组（地址族信息、下一跳信息、网络可达信息）组成，其中，网络可达信息中包含了 VPNv4 前缀和 MP-BGP 给 VPNv4 路由分配的标签信息。MP-BGP 之间交换 VPN 路由信息时，一个 Update 消息可以携带多条具有相同路由属性的可达路由信息。

MP_UNREACH_NLRI 用于通知对等体删除不可达的路由。一个 Update 消息可以携带多条不可达路由信息。

MP-BGP 的 Update 消息传递 VPNv4 路由如图 6-14 所示。可以看到，消息中包含了 VPNv4 地址、下一跳、Export RT、私网标签等关键信息。私网标签的分发：MPLS BGP VPN 的私网标签是由 MP-BGP 分发的，通过 Update 消息从本地 PE 传递到远端 PE，远端 PE 会将该私网标签保留，留做转发平面使用。路由在远端 PE 上去掉 RD 值还原成 IPv4 路由并传递到远端 CE，传递方式有静态路由、EBGP、OSPF 协议等，过程与本端 CE 传递至 PE 时相同。

4. MPLS BGP VPN 的转发平面

介绍完控制平面之后，接下来介绍 MPLS BGP VPN 的转发平面。用户的私网数据交换需要跨越中间的运营商公网骨干网络，在这个过程中需要进行标准的 MPLS 转发。MP-BGP 在路由传递过程中分配的标签是 VPNv4 路由的私网标签，数据要跨越中间的公网骨干网络，还必须建立 PE 之间的 MPLS 隧道。MPLS 标签（即外层标签）分配过程如图 6-15 所示，PE 和 P 路由器通过骨干网 IGP 学习到 BGP 下一跳的路由后，通过运行的 LDP 给 1.1.1.1/32 分配公网标签，建立 LSP 通道。

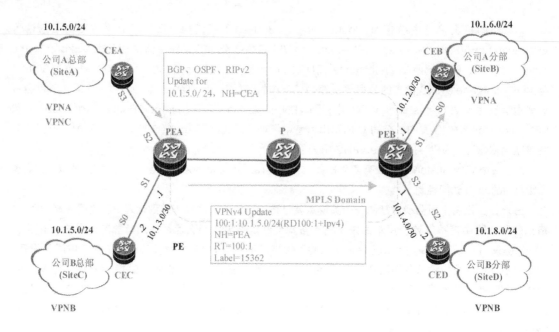

图 6-14 MP-BGP 的 Update 消息传递 VPNv4 路由

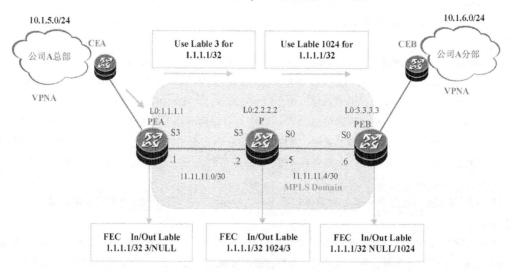

图 6-15 MPLS 标签分配过程

因此，在 BGP MPLS VPN 的实现过程中，数据转发需要 MPLS 两层标签嵌套。外层公网标签用来指示如何到达 BGP 下一跳，在经过运营商中间设备 P 时需要进行标签交换。内层私网标签表示报文出接口或属于哪个 VRF，一般在运营商中间设备传递时无须进行标签交换。

VPN 数据转发过程如图 6-16 所示，公司 A 分部的 CEB 路由器发出一个 IP 报文，目的地址为公司 A 总部；PEB 收到报文后，先封装内层标签 15362，再封装外层标签 1024，转发给 P；P 收到后，根据外层标签转发，因为 P 是倒数第二跳，所以弹出外层标签，保留内层标签，发送给 PEA；PEA 收到后根据内层标签判断该报文属于哪个 VRF，PEA 去掉私网标签后，将 IP 报文转发给公司 A 总部。

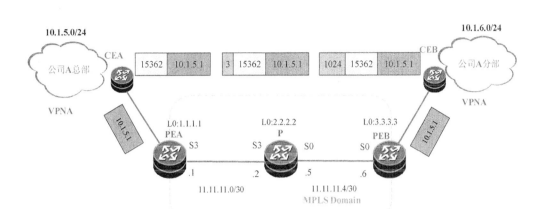

图 6-16　VPN 数据转发过程

6.3.3　MPLS L3VPN 的基本配置

BGP MPLS VPN 的基本配置如表 6-3 所示。

表 6-3　BGP MPLS VPN 的基本配置

配置项目	视图	命令
1. 使能骨干网 PE、P 设备 MPLS LDP 功能	[Quidway] [Quidway-interface]	mpls mpls ldp
2. 创建并配置一个 VPN 实例	[Quidway]	ip vpn-instance vpn-instance-name
3. 配置 VPN 实例的 RD	[Quidway VPN-vpname]	route-distinguisher route-distinguisher
4. 为 VPN 实例配置 VPN-target 扩展团体属性	[Quidway VPN-vpname]	vpn-target vpn-target [both |export-extcommunity | import-extcommunity]
5. 配置接口与 VPN 实例关联	[Quidway-ethernet]	ip binding vpn-instance vpn-instance-name
6. PE 之间建立 IBGP 邻居关系，PE 与 CE 建立 EBGP 邻居关系	[Quidway]	参考 BGP 中建立邻居关系的配置过程，此处略
7. 进入 VPNv4 视图，配置 PE-PE 的 MP-BGP 连接	[Quidway-bgp] [Quidway-bgp-bgp-af-vpnv4]	ipv4-family vpnv4 peer peer-address enable
8. PE-CE 配置，引入 VPN 路由	[Quidway-bgp] [Quidway-bgp-vpn-instance-name]	ipv4-family vpn-instance vpn-instance-name import-route protocol [process-id] [cost { cost | transparent }][route-policy route-policy-name]

6.4　EVPN 技术及部署

以太网 VPN（Ethernet VPN，EVPN）在业界被称为下一代 VPN 解决方案，由于其转发与控制分离的特点，在 SDN 的场景下得到了广泛的应用。那么，在 5G 承载网中基于何种需求会用到 EVPN 技术呢？它的工作原理是怎样的呢？

6.4.1 EVPN 概述

EVPN 中最重要的概念就是以太网段标识（Ethernet Segment Identifier，ESI），ESI 用来标识某一 PE 与某一 CE 之间的连接。但是要注意，连接同一 CE 的多个 PE 的 ESI 是相同的，而连接同一个 PE 的多个 CE 的 ESI 是不同的，如图 6-17 所示。

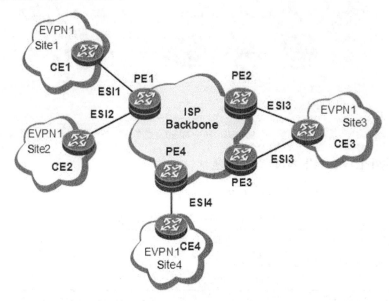

图 6-17　连接 CE 和 PE 的 ESI

ESI 的长度为 10 字节，目前生成方式有多种，主要使用的是 Type 0 与 Type 1 两种方式。Type 0 方式的 ESI 为手工配置，而 Type 1 方式在 PE 与 CE 间启用 E-Trunk 接口运行 LACP 之后，会自动生成 ESI。另外，ESI 有两个保留值，即全 0 与全 F，全 0 表示单归属 CE，无须配置，全 F 则保留，暂不使用。

由于 EVPN 技术既支持 L2VPN，又支持 L3VPN，所以在传递路由时既可以传递二层的 MAC 路由，又可以传递三层的 IP 路由。那么 EVPN 中的路由到底有哪些呢？这些路由依然是基于 MP-BGP 通告的，为了支持 EVPN 路由，MP-BGP 定义了一种新的网络层可达信息——EVPN NLRI，在其中共定义了 4 种路由，如表 6-4 所示。

表 6-4　EVPN 路由类型

路由类型	路由作用
Ethernet Auto-Discovery Route	以太网自动发现路由
MAC Advertisement Route	MAC 地址通告路由
Inclusive Multicast Route	集成多播路由
Ethernet Segment Route	以太网段路由

（1）以太网自动发现路由通常又被称为 AD（Auto-Discovery）路由。当 PE 之间的 MP-BGP 邻居关系建立之后，PE 之间会传递以太网自动发现路由。以太网自动发现路由可以向其他远端 PE 通告本端 PE 对接入站点本端 CE 的 MAC 地址可达性，即本端 PE 对本端 CE 是否可达。EVPN 的路由快速收敛的功能也是在网络出现故障的情况下通过发送一条撤销类型的以太网自动发现路由实现的。以太网自动发现路由的格式如表 6-5 所示。注意，这里的 MPLS 标签值并不是传统意义上 4 字节定长的 MPLS 标签，而是 3 字

节的 ESI 标签；AD 路由 ESI Label 的扩展团体属性中会有 Flags 位，该位若为 0 则表示为多活冗余模式（All-Active Redundancy Mode），若为 1 则为单活冗余模式（Single-Active Redundancy Mode）。若为单活冗余模式，则流量只能通过主 PE，若为多活冗余模式，则流量可以通过每个 PE 转发。

表 6-5 以太网自动发现路由的格式

路由字段	字段长度
Route Distinguisher	8 字节
Ethernet Segment Identifier	10 字节
Ethernet Tag ID	4 字节
MPLS Label	3 字节

（2）MAC 地址通告路由。MAC 地址通告路由可以携带本端 PE 上 EVPN 实例的 RD 值、ESI 值及 EVPN 实例对应的私网标签，其格式如表 6-6 所示。该类型的路由可以用于从本端 PE 向其他 PE 发布单播 MAC 地址的可达信息。

表 6-6 MAC 地址通告路由的格式

路由字段	字段长度
Route Distinguisher	8 字节
Ethernet Segment Identifier	10 字节
Ethernet Tag ID	4 字节
MAC Address Length	1 字节
MAC Address	6 字节
IP Address Length	1 字节
IP Address	0 或 4 或 16 字节
MPLS Label 1	3 字节
MPLS Label 2	0 或 3 字节

MAC 地址通告路由主要用于指导单播流量的转发，从其格式中可以看出该路由可以根据不同需要携带 MAC 地址或携带 IP 地址或者两者都携带。另外，该路由中的两个 MPLS Label 并非外层公网标签和内层私网标签，它们本质上都是私网标签，只是 Lable 1 是二层业务流量转发使用的标签，而 Label 2 则是三层业务流量转发使用的标签。其主要的应用场景包括主机 MAC 地址通告、主机 IP 路由通告以及主机 ARP 通告。如果需要实现接入不同 PE 的主机间的二层业务互通，则两台 PE 间需要相互学习主机 MAC 地址。作为 BGP EVPN 对等体的 PE 之间通过交换 MAC/IP 地址通告路由，可以相互通告已经获取到的主机的 MAC 地址。其中，MAC Address Length 和 MAC Address 字段为主机 MAC 地址。主机 ARP 通告路由可以同时携带主机 MAC 地址+主机 IP 地址，因此该路由可以用来在 PE 之间传递主机 ARP 表项，实现主机 ARP 通告。其中，MAC Address 和 MAC Address Length 字段为主机 MAC 地址，IP Address 和 IP Address Length 字段为主机 IP 地址。最后，关于主机 IP 路由通告，如果需要实现接入不同 PE 的 IPv4 主机间三层业务互通，则两台 PE 间需要互相学习主机 IPv4 路由。作为 BGP EVPN 对等体的 PE 之间通过交换 MAC/IP 地址通告路由，可以相互通告已经获取到的主机 IPv4 地址。其中，IP Address Length 和 IP Address 字段为主机 IP 路由的目的地址，同时 MPLS Label 2 字段必须携带三层业务流量转发使用的标签。此时的 MAC/IP 地址通告路由也称为集成的路由与桥接（Integrated Routing and Bridge，IRB）类型路由。

（3）集成多播路由。当 PE 之间的 MP-BGP 邻居关系建立成功后，PE 之间会传递集成多播路由，集成多播路由可以携带本端 PE 上 EVPN 实例的 RD、Route Target（RT）值和 Source IP（一般为本端 PE 的 LoopBack 地址）。集成多播路由的格式如表 6-7 所示。多播流量包括广播流量、组播流量和未知目的地址的单播流量。当一台 PE 设备收到多播流量后，会将多播流量以点到多点的形式转发给其他 PE。PE 之间通过集成多播路由可以建立传送流量的隧道。这里的源地址部分指的是 PE 上配置的源地址。

表 6-7　集成多播路由的格式

路由字段	字段长度
Route Distinguisher	8 字节
Ethernet Tag ID	4 字节
IP Address Length	1 字节
Originating Router's IP Address	4 或 16 字节

（4）以太网段路由（读作以太网/段/路由）。以太网段路由可以携带本端 PE 上的 EVPN 实例的 RD 值、ESI 值和 Source IP 地址，用来实现连接到相同 CE 的 PE 之间的互相自动发现。以太网段路由主要用于指定转发者（Designated Forwarder，DF）选举，其格式如表 6-8 所示。

表 6-8　以太网段路由的格式

路由字段	字段长度
Route Distinguisher	8 字节
Ethernet Segment Identifier	10 字节
IP Address Length	1 字节
Originating Router's IP Address	4 或 16 字节

EVPN 4 种路由的应用场景如表 6-9 所示。

表 6-9　EVPN 4 种路由的应用场景

编号	路由描述	作用	场景
1	以太网自动发现路由	水平分割	避免在毗邻路由器之间产生路由环路
		别名	多活多归 PE 场景，只有其中一个 PE 学到 MAC 地址，远端 PE 对到达对应 MAC 地址实现流量负载均衡
		快速收敛	控制平面快速收敛；MAC 地址相关路径快速切换
2	MAC 地址通告路由	MAC 地址迁移	MAC 地址路由迁移，携带迁移扩展团体属性，刷新路由表
3	集成多播路由	BUM 洪泛	组播路由，其中包含了 PE 的可路由 IP 地址及其分配的下游 BUM（Broadcast，Multicast，Unknown Unicast，即广播、组播、未知、单播）标签
4	以太网段路由	ES 发现	通过 LACP 自动发现 ES
		DF 选举	多归属场景，防止流量被复制多份，浪费带宽

6.4.2　EVPN 工作原理

下面将 EVPN 分成控制平面与转发平面来介绍其工作原理。控制平面主要是传播 MAC 地址或 IP 地址。

图 6-18 所示为单播 MAC 地址的传播过程。

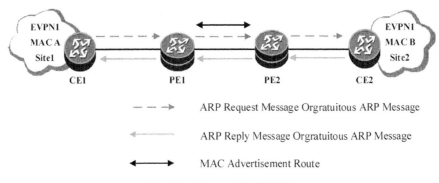

ARP Request Message Orgratuitous ARP Message

ARP Reply Message Orgratuitous ARP Message

MAC Advertisement Route

图 6-18 单播 MAC 地址的传播过程

如图 6-18 所示，其传播过程如下。

（1）Site1 通过 ARP 请求报文或 ARP 免费报文将自己站点内的 MAC A 地址及其对应的 IP 地址通告给 Site2，ARP 请求报文或 ARP 免费报文经过 PE1 时，PE1 会生成 MAC A 的 MAC 地址通告路由。

（2）Site2 在向 Site1 返回 ARP 响应报文或者发送 ARP 免费报文时，PE2 上同样会生成 Site2 内 MAC 地址的 MAC 地址通告路由。

（3）PE1 和 PE2 之间会交换 MAC 地址通告路由，其中携带有 MAC 地址、路由下一跳及 EVPN 实例 RT 值等扩展团体属性信息。

（4）PE1 和 PE2 在收到对方的 MAC 地址通告路由后，会根据 RT 值在本地构建对应 EVPN 实例的流量转发表项，用于流量传输。

通过单播 MAC 地址传播建立起来 EVPN 的传输通道之后，就可以依据建立的流量转发表项去完成单播流量的转发。如图 6-19 所示，当 PE 学习到其他站点的 MAC 地址且公网隧道建立成功后，可以向其他站点传输单播报文，其具体传输过程如下。

（1）CE2 将单播报文以二层转发的方式发送至 PE2。

（2）PE2 先为单播报文封装上 EVPN Label，再封装上公网 LDP LSP Label，并先后封装 PE2 的 MAC 地址和 PE1 的 MAC 地址，将封装后的单播报文发送至 PE1。

（3）PE1 收到封装后的单播报文后进行解封装，并根据 EVPN Label 将单播报文发送至对应 EVPN 的站点。

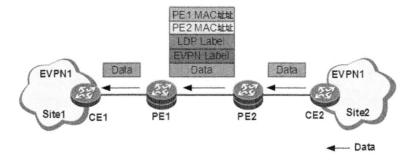

图 6-19 单播报文传输过程

以上介绍了单播报文的转发，但是在网络中仍然存在不少广播、组播、未知单播流量，通常将这些流量统称为 BUM 流量。那么这些流量该如何转发呢？答案就是使用集成多播路由。当 PE 间的邻居关系建立成功后，PE 间会相互发送集成多播路由。根据集成多播路由中的 RT 值，PE 上的 EVPN 实例可以感知到与自己属于同一 EVPN 的 EVPN 实例所在的 PE，即到达这些 PE 的可达性信息。在 PE 获取可达性信息并且成功建立 LDP 隧道之后，即可进行多播报文传输。如图 6-20 所示，多播报文传输过程如下。

（1）CE1 将多播报文发送至 PE1。

（2）由 PE1 向属于同一 EVPN 的远端 PE2、PE3 逐个发送多播报文，即 PE1 将多播报文复制成两份，每份报文将先后封装上 EVPN BUM Label、公网 LDP LSP Label，再先后封装 PE1 的 MAC 地址和 P 的 MAC 地址，并发送给远端 PE。

（3）PE2 和 PE3 收到多播报文后，将对报文解封装并根据 EVPN BUM Label 将多播报文发送至对应 EVPN 的站点。

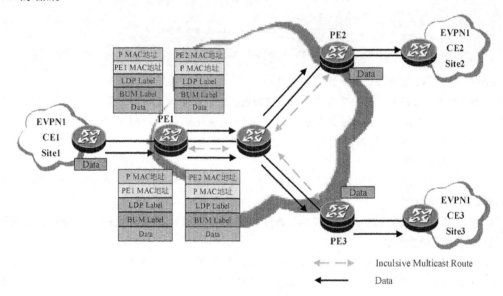

图 6-20　多播报文传输过程

转发过程介绍完之后，下面将介绍一些特殊场景中使用到的关键技术或优化特性。第一种关键技术就是指定转发者（Designated Forwarder，DF）的选举。图 6-21 所示为 DF 选举场景举例。

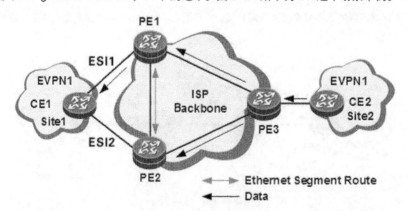

图 6-21　DF 选举场景举例

当 CE 多归到多个 PE 时，只需要有 1 个 PE 向 CE 转发 BUM 流量，选出这个 PE 的过程就是 DF 选举。如图 6-21 所示，CE1 双归到 PE1 和 PE2，由 CE2 发出的多播报文会发送到 PE1 和 PE2，在 PE1 和 PE2

之间进行 DF 选举。如果 PE1 为主，PE2 为备，则 PE2 不会向 CE1 转发多播流量。DF 选举发生在两个双归的 PE 之间，通过发送以太网段路由报文进行选举，其选举规则如下：如果 PE 与 CE 连接的接口状态为DOWN，则该 PE 成为备份 DF；如果 PE 与 CE 连接的接口状态为 UP，则该 PE 与其他接口同样为 UP 的 PE 共同选举出一个主 DF，在图 6-21 中，要在 PE1 与 PE2 中选举一个主 DF。各个 PE 之间建立邻居关系后相互发送以太网段路由，其具体选举过程如下。

（1）根据以太网段路由中携带的 ESI 值，各个 PE 上会生成多归 PE 列表，多归 PE 列表中包含连接到同一个 CE 的所有 PE 的信息。

（2）通过从其他 PE 收到的以太网段路由获取 Source IP 地址，根据 Source IP 地址大小对多归 PE 列表中的 PE 进行排序，并且顺序分配由 0 开始的序号。

（3）如果是基于接口的 DF 选举，则 Source IP 地址小的 PE 被选为主 DF；如果是基于 VLAN 进行 DF 选举，则需要按照公式（$V \bmod N$）= i 计算出作为 DF 的 PE 设备的序号，其中，i 表示 PE 的序号，N 为多归到同一 CE 的 PE 数量，V 表示 Ethernet Segment 对应 VLAN 的 VLAN ID。

就图 6-21 来说，如果根据 Source IP 地址大小排列编号，则 0 为 PE1，1 为 PE2。假设 CE 侧有两个 VLAN：VLAN10 和 VLAN11。当 CE 侧发出 VLAN10 的流量时，V=10，N=2，用 $V \bmod N$ 公式进行求余运算，10 mod 2 为 0，则 VLAN10 的流量使用编号 0，即 PE1 为主 DF；当为 VLAN11 的流量时，V=11，N=2，用 $V \bmod N$ 进行求余运算，11 mod 2 为 1，则 VLAN11 的流量使用编号 1，即 PE2 为主 DF。

第二种关键技术就是快速收敛，前面曾经提到过可以通过发布一条撤销类型的 AD 路由来实现快速收敛，如图 6-22 所示。

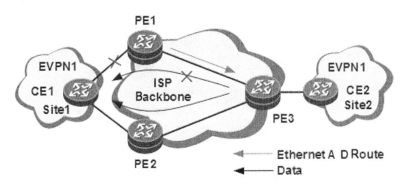

图 6-22　发布撤销类型的 AD 路由来实现快速收敛

如图 6-22 所示，当 CE1 和 PE1 之间的链路出现故障时，PE1 会向 PE3 发布撤销类型的以太网发现路由，即向 PE3 通告其对 Site1 可达性变成了不可达。当 PE3 收到以太自动发现路由后，PE3 将仅使用 PE2 向 Site1 发送流量，这样可避免逐条发送 MAC 路由撤销信息，大大减少了收敛时间。

第三种关键技术就是水平分割。之前在讲述 VPLS 时提到了运营多点互通下的防环问题。在 EVPN 当中用于防环的水平分割机制与 VPLS 有何不同呢？VPLS 水平分割时，从远端 PE 收到的数据不会再通过 PW 发往其他远端 PE，只能发往本地 CE。而 EVPN 的水平分割用到了 ESI Label。如图 6-23 所示，CE1 双归属至 PE1 和 PE2 且使能负载均衡时，如果 PE1 和 PE2 之间建立了邻居关系，则当 PE1 从 CE1 收到了多播流量后，PE1 会将多播流量转发至 PE2。为了避免 PE2 继续将流量转发至 CE1 形成环路，EVPN 中定义了水平分割功能，即在 PE1 收到来自 CE1 的多播流量时会转发给 PE2，PE2 收到报文后将检查流量中携带的 EVPN ESI Label，若发现该标签中的 ESI 值等于 PE2 与 CE1 连接的网段的 ESI，则 PE2 不会将该多播流量发送至 CE1，从而避免了形成环路。

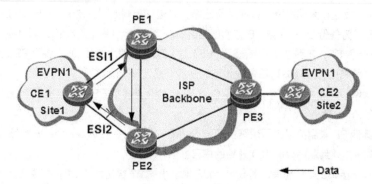

图 6-23　EVPN 水平分割机制

第四种关键技术就是别名。在 CE 多归多活场景下，可能存在多归的 PE 中有 PE 没有学习到 CE 的 MAC 地址的情况发生，导致远端 PE 不能形成负载均衡或备份。别名就是为了解决此问题，别名通过 PER EVI AD 路由实现。远端 PE 可以通过多归 PE 发送来的以太网自动发现路由携带的 ESI 值来感知到 CE 侧的 MAC 地址可达性。如图 6-24 所示，PE1 和 PE2 中仅有 PE1 向 PE3 发送了携带 CE1 侧 MAC 地址的 MAC 地址通告路由，但是 PE3 可以通过以太网自动发现路由感知到 PE2 也可以到达 CE1，即可以形成负载均衡。

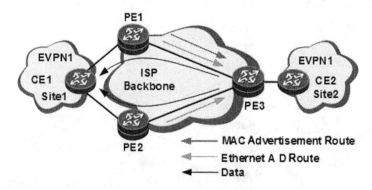

图 6-24　别名技术实现负载均衡

6.4.3　EVPN 的基本配置

EVPN 的基本配置如表 6-10 所示。

表 6-10　EVPN 的基本配置

操作步骤	视图	命令
1. 源地址配置	[Quidway]	evpn source-address x.x.x.x
2. 冗余模式配置	[Quidway]	evpn redundancy-mode single-active （默认不配置，即为多活冗余模式）
3. 创建 EVPN 实例	[Quidway] [Quidway-evpn-instance-vpnname]	evpn vpn-instance vpnname route-distinguisher x:x vpn-target x:x export/import/both mac limit x

续表

操作步骤	视图	命令
4. 接口接入 EVPN 实例	[Quidway-ethernet]	evpn binding vpn-instance vpnname eSI XXXX.XXXX.XXXX.XXXX.XXXX（手动配置 ESI 模式可选） mode lacp（Trunk 端口下自动 ESI 模式可选）
5. BGP 配置	[Quidway-bgp] [Quidway-bgp-af-evpn]	基本配置参考 BGP 建立邻居关系的配置过程，略 l2vpn-family evpn policy vpn-target peer x.x.x.x enable

本章小结

本章主要介绍了 5G 承载网中所用的 VPN 技术。承载网中一条隧道上多种不同类型的流量可以通过 VPN 来区分。本章先介绍了 VPN 的基本概念，再介绍了 MPLS L2VPN 的原理、部署方式、基本配置，以及 MPLS L3VPN 的原理、部署方式、基本配置，最后介绍了 VPN 新技术——EVPN 的原理、部署方式和基本配置。

学完本章内容之后，读者应该对 VPN 技术在 5G 承载网络中所起到的作用有了基本的了解，掌握了 VPN 的分类及承载网络中用到的各类 VPN 的基本配置。

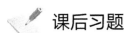 课后习题

1. 选择题

（1）下列（　　）类型的 VPN，公网设备无须学习私网路由。

    A. MPLS L2VPN　　B. BGP MPLS VPN　C. Overlay VPN　　　　　D. Peer to Peer VPN

（2）在 BGP MPLS VPN 中，（　　）类型的设备上没有私网路由。

    A. CE　　　　　　　B. PE　　　　　　　C. P　　　　　　　　　D. A、B、C 都不对

（3）以下（　　）EVPN 路由可以转发组播流量。

    A. 以太网自动发现路由　　　　　　　　B. MAC 地址通告路由

    C. 集成多播路由　　　　　　　　　　　D. 以太网段路由

2. 问答题

（1）简述 MPLS L2VPN 技术中 PW 与 VC 的区别。

（2）简述 VPLS 中私网标签分发的两种方式的区别。

（3）MPLS BGP VPN 中如何在传递不同客户的 VPN 路由时区分可能会发生地址空间重叠的私网路由？

（4）MPLS BGP VPN 中路由发布时已经携带了 RT，可否使用 RT 作为标识？说明理由。

（5）MPLS BGP VPN 中公网标签是何协议分配的？私网标签是何协议分配的？

（6）简述 EVPN 中 ESI 的作用。

（7）当 CE 多归属到多个 PE 时，如何保证只有 1 个 PE 向 CE 转发 BUM 流量，避免 CE 侧收到重复流量？描述如何选择转发流量的 PE。

Communication

Chapter

7

第 7 章
5G 承载网同步技术及部署

通信网络对时钟频率最苛刻的需求体现在无线应用上，随着网络由电路交换的 SDH 网络转变成分组交换的 IP 网络，本身不具备时钟能力的 IP 承载网需要向基站提供时钟和时间同步能力。

本章将详细介绍 5G 移动通信系统中使用的同步技术，包括同步需求、同步关键技术，以及 5G 承载网同步技术部署实例，以使读者对 5G 承载网的同步技术有全面的了解。

课堂学习目标

● 掌握同步技术的基本概念

● 了解 5G 基站同步需求

● 掌握 5G 承载网同步关键技术

● 了解 5G 承载网同步技术部署
  实例

7.1　5G 基站同步需求

在 5G 网络中，有许多业务有时钟同步的需求，而承载网时钟同步主要是保证各基站之间的时钟同步。如何实现各 5G 基站之间的时钟同步呢？通过对本节的学习，读者就可以找到答案。

7.1.1　基站同步技术分类

时钟源是提供时钟信息的源点，时钟设备产生时钟信号也称为时钟源。

（1）按设备类型，时钟源分为以下 3 类。

① 晶体时钟：低精度的晶体时钟稳定度可达 10^{-4} 量级；中精度的晶体时钟稳定度可达 10^{-6} 量级，加单层温度控制后可达 $10^{-8} \sim 10^{-7}$ 量级；高精密的晶体时钟稳定度可达 $10^{-9} \sim 10^{-8}$ 量级。晶体振荡器的缺点是有严重的老化现象，需要与高一级的标准校准。

② 原子钟：如氢原子钟、铯原子钟、铷原子钟等，其中，氢原子钟只能工作于实验环境。

③ 卫星时钟：卫星钟与铷钟配合使用，能够使得振荡源既有很高的短期的频率稳定度，又有长期的频率稳定度。

（2）按时钟质量等级，时钟源分为以下 3 类。

① 一级时钟（基准主时钟）：满足 ITU-T 的 G.811 标准，频率准确度在 $\pm 1 \times 10^{-11}$ 以上。其主要用于省际与省内传送网层交汇节点处以及各省、自治区、直辖市的一级交换中心所在局。

② 二级时钟（转接局时钟）：满足 ITU-T 的 G.812 标准 Stratum 2（中间局转接时钟），频率准确度在 $\pm 1.6 \times 10^{-8}$ 以上。其主要用于省内与本地传送网层交汇节点处，各二级、三级交换中心所在局以及一些重要的关口。在移动承载网中，二级时钟即可满足 0.05ppm（指百万分之一，part per million）的时钟要求。

③ 三级时钟（端局时钟）：满足 ITU-T 的 G.812 标准 Stratum 3（本地局时钟），频率准确度在 $\pm 4.6 \times 10^{-6}$ 以上。其主要用于本地接入、传送网层的节点或端局。

同步指两个或两个以上时钟信号之间，在频率或相位上保持某种特定关系，即两个或两个以上信号在相对应的有效瞬间，其相位差或频率差保持在约定的允许范围之内。

（3）按同步方式，时钟源分为以下 3 类。

① 频率同步：指不同的信号在相同的时间间隔内有相同的脉冲个数，和脉冲出现的顺序以及每个脉冲开始和结束的时间没有关系。如图 7-1 所示，在 1s 内，信号 1 有 1、2、3、4 共 4 个脉冲；同样的 1s 内，信号 2 有 3、4、5、6 共 4 个脉冲，因此信号 1 和信号 2 频率同步。

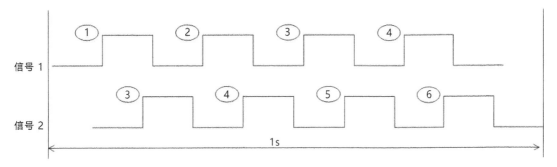

图 7-1　频率同步

② 相位同步：指两个信号具有相同的频率，并且每个脉冲的开始和结束时间相同，但是和脉冲出现的

顺序没有关系。如图 7-2 所示，在 1s 内，信号 1 有 1、2、3、4 共 4 个脉冲；同样的 1s 内，信号 2 有 3、4、5、6 共 4 个脉冲，且信号 1 和信号 2 每个脉冲的开始及结束时间都相同，因此信号 1 和信号 2 频率同步且相位同步。

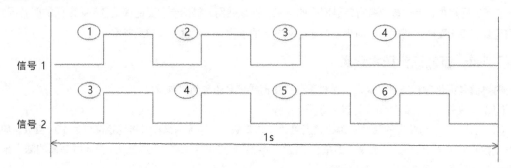

图 7-2　相位同步

③ 时间同步：指两个信号具有相同的频率、相同的相位，并且脉冲出现的顺序相同。如图 7-3 所示，在 1 秒内，信号 1 有 1、2、3、4 共 4 个脉冲；同样的 1s 内，信号 2 有 1、2、3、4 共 4 个脉冲，且信号 1 和信号 2 每个脉冲的开始及结束时间都相同，脉冲出现的顺序也相同，因此信号 1 和信号 2 频率同步、相位同步且时间同步。

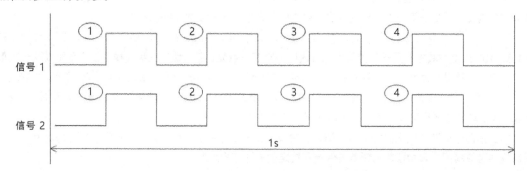

图 7-3　时间同步

为了保证移动通信网络的正常通信，无线基站之间的同步精度必须保持在一定范围内，否则终端用户在相邻基站切换时会出现掉话等现象。不同制式的无线网络对同步的需求也不同。表 7-1 给出了 2G 到 4G 常见制式无线网络同步精度的要求。

表 7-1　2G 到 4G 常见制式无线网络同步精度的要求

无线制式	频率同步精度要求	时间同步精度要求
GSM	0.05ppm	无
WCDMA	0.05ppm	无
TD-SCDMA	0.05ppm	±1.5μs
CDMA2000	0.05ppm	±3μs
LTE-FDD	0.05ppm	4μs（MBMS/SFN）
LTE-TDD	0.05ppm	0.4μs 0.1μs（本地服务）

通常情况下，无线基站之间不可能 100% 同步，允许精度维持在一定范围内即可，无线网络同步精度可以通过相对频率偏差公式计算出一个允许范围值 Δf，公式如下。

$$相对频率偏差 \Delta f = (f - f_0) / f_0 \qquad\qquad (7-1)$$

其中，f 为实际频率，f_0 为标称频率。

由式（7-1）得知，假设频率偏差 Δf 为 1Hz，f_0 为 10MHz，则相对频率偏差（即时钟精度）为 0.1ppm。

7.1.2　基站同步技术现状

总的来看，以 GSM/WCDMA/LTE FDD 为代表的异步基站技术，只需要进行频率同步，精度要求为 0.05ppm。频率精度偏差会影响基站切换，导致用户感觉通话质量差或出现掉线现象。用户终端因移动而产生多普勒效应时，频率同步精度偏差将影响终端切换体验，如表 7-2 所示。

表 7-2　频率同步精度偏差对用户终端移动切换的影响

频率同步精度偏差	对用户终端移动切换的影响
±0.05ppm	可以确保在用户移动速度 250km/h 情景下的成功切换
±0.1ppm	可以确保在用户移动速度 80km/h 情景下的成功切换
±0.25ppm	可以确保在用户移动速度 35km/h 情景下的成功切换

以 TD-SCDMA/CDMA2000/LTE TDD 为代表的同步基站技术，需要时钟的时间同步。

时间同步精度不良会影响 TD-SCDMA/CDMA2000/LTE TDD 制式正常工作，如表 7-3 所示。

表 7-3　时间同步精度不良的影响

制式	时间同步精度不良的影响
CDMA2000	CDMA 2000 系统使用扰码进行用户数据加扰，扰码的状态需要时间同步，若不能对齐 GPS 时间，则该扰码无法被识别，数据无法恢复
TD-SCDMA	两种制式都基于时分双工模式，上行数据和下行数据使用同一个帧的不同时刻，一旦时间不同步，上下行数据之间就可能产生交叠，产生干扰
LTE TDD	

使用时间同步时，除无线网络制式要求外，还有其他增益。例如，GSM 制式保证频率同步即可满足基本功能，时间同步后可以提高频谱资源利用率。

高精度时钟源和无线网络之间通过部署时钟同步技术传递时钟信号。2G 到 4G 网络常用时钟同步技术如表 7-4 所示。

表 7-4　2G 到 4G 网络常用时钟同步技术

时钟技术	时间同步	频率同步	逐跳	穿越中间网络
绝对时钟同步	支持	支持	不涉及	不涉及
IEEE 1588v2 同步	支持	支持	支持	不支持
同步以太网	不支持	支持	支持	不支持

绝对时钟同步包括 GPS 和 BITS 时钟。由于这两种时钟源信号无法远距离传递，所以它们对基站都是进行单点授时的，基站接收到同步信号后与本端系统时钟进行对比，如鉴频、鉴相，直接找到频差相差，这种方式的处理简单可靠。

GPS 泛指卫星同步系统，严格来讲应该是全球卫星导航系统（Global Navigation Satellite System，GNSS）。GNSS 为基站提供基于卫星网络的时钟方案，包含美国的 GPS、俄罗斯的 GLONASS、中国的

Compass（北斗），以及欧盟的 Galileo 系统。GNSS 作为一个高精度时钟源，精度可以达到微秒级，可以支持基站实现频率同步和时间同步。

传统 GPS 同步方案存在以下几个问题。

（1）施工难度大，GPS 天线对安装环境有特殊要求，不能有 90°垂直遮挡，周围 2m 内不能有大的金属体，与基站天线距离必须大于 3m，GPS 馈线安装时需要打孔，如图 7-4 所示。

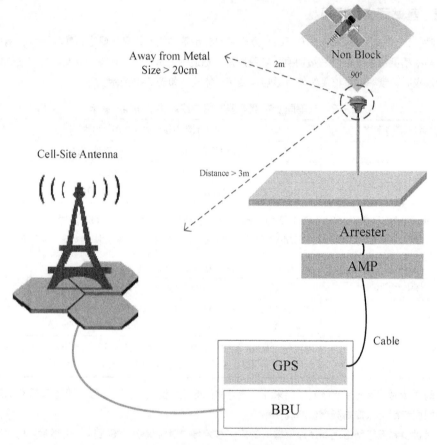

图 7-4　传统 GPS 同步方案施工难度大

（2）失效率高，GPS 每年失效率大约为 10%；基站每站只配置 1 块星卡，无失效备份保护。

（3）可维护性差，GPS 失效后需要现场更换硬件，无法远程维护。

（4）有安全隐患，在某些情况下，GPS 有可能被关掉，从而造成整网的瘫痪。

通信楼内或通信区域内的专用定时信号发生器（Building Integrated Timing Supply，BITS）接收来自基准时钟信号的同步，并向所有被同步的数字设备提供各种定时信号。一般而言，通过 GPS 模块锁定相位和频率，可获得基准时钟的长期稳定性；通过铷钟或高稳晶体获得时钟的短期稳定性，使时钟的稳定性得以保证。也就是说，GPS 用于获取时间，铷钟或高稳晶体用于获取频率。BITS 采用了同轴电缆或者差分电缆，传输距离较短，一般只给同一大楼的设备提供时钟源信号。

IEEE 1588v2 是 2G 到 4G 期间承载网所有时钟同步协议中唯一能提供相位同步的技术，为了实现相位同步，IEEE 1588v2 在规划和部署时存在一些限制，需要注意以下事项。

（1）端到端逐跳支持，要求报文经过的所有设备都支持 IEEE 1588v2 特性。

（2）双向光纤等长，协议要求报文传送光路双向时延一致，即收发光纤长度相等，每 400m 的不对称长度将引入 1μs 的误差。

（3）维护不便，光纤不对称时延测量完成后，若再发生光路变化，则需要重新测试计算补偿。

同步以太网传递时钟的机制是成熟的，实现简单，恢复出来的时钟性能可靠，而且不会受网络负载变化的影响。同步以太网在部署上有一定局限，时钟的传递是基于链路的，原则上要求时钟路径上的所有节点都具备同步以太网特性，才能实现整网的时钟同步，并且只能实现频率同步。

7.1.3　基站同步技术需求

5G 基站需要时间同步，主要需求源于以下几点。

（1）源于 5G NR 基本业务需求。5G NR 将普遍采用 TDD 制式的原因如下。

① 5G 使用了高频，载波带宽比较宽，单小区带宽为 100MHz、200MHz，很难找到一个对等的上下行带宽，而 TDD 制式在这方面具有优势。

② 5G 效率提升的技术，例如，MIMO 和 SFN 协同，在 TDD 制式下效率更高，也更容易实现。

TDD 制式的基本业务需要时间同步。TDD 基站收发是一个频点，采用分时的方法来区别不同时隙到底是发还是收，如果两个基站时间不同步，则当用户端设备切换基站时，容易发生时隙错乱，导致切换掉话。

（2）源于协同特性（如 CoMP、SFN 等）的需求。5G 的多种特性与时钟相关，时钟强相关的典型应用如表 7-5 所示。

① SFN 可以减少物理小区之间交叠区域的同频干扰，将多个工作在相同频段上的射频模块合并成一个小区，提升边缘区域用户的体验，站间 SFN 需要时间同步来确保进行联合调度。

② CoMP 可以改善小区边缘网络性能，小区边缘用户同时与多个小区进行信号的接收和发送，站间 CoMP 协作发生在多个站点间，需要时间同步来确保对信号进行协调。

表 7-5　时钟强相关的典型应用

时钟强相关的典型空口特性	小区间的空口帧定时偏差	时钟同步对空口业务的影响
FDD/TDD 基本业务	±0.05ppm（空口时钟频偏）	超出 0.05ppm 影响站间切换，频偏过大会影响 UE 接入
TDD 基本业务	小于±1.5μs/5μs（3km）	超过 10μs 关闭 TDD 小区
CoMP	小于±1.5μs	超出指标无增益
SFN	小于±1.5μs	超出指标后，SFN 小区会退成普通小区
Intra-Band Contiguous Carrier Aggregation	小于±65ns	（1）非连续的上行 CA：超过 260ns，SCC 上行性能下降 30%，达到 520ns（1 个 TA）时，SCC 上行吞吐率为 0。（2）连续的上行 CA：超过 190ns，SCC 上行性能也会下降 30%
Intra-Band Non-contiguous Carrier Aggregation	小于±130ns	
Inter-Band Carrier Aggregation	小于±130ns	
5G Frame Structure Change 超短帧	小于±390ns	帧长越短，保护时隙间隔越小，同步精度不满足会导致基本业务不通
DMIMO	小于±70ns	时钟同步精度越高，业务收益越大；超出指标后关闭 DMIMO 业务

注意：这里的同步主要指基站空口的时钟同步，影响业务本身的质量。对于整网的管理、运维所用到的时间同步（如告警、日志、计费等），精度相对较低，采用传统的网络时间协议（Network Time Protocol，NTP）方案可以解决，5G 和 2G/3G/4G 网络在这方面并无差别，这里不再赘述。

7.2 5G 承载网同步关键技术

5G 承载网的主体使用的是 IP 技术，IP 网络是一个异步传输网络，承载网本身不需要时钟同步。本书将介绍承载网为 5G 基站提供的频率和时间同步技术。

7.2.1 同步以太网技术

同步以太网技术用来实现以太网上的频率同步。它可以从线路上恢复时钟信号，或者从外时钟接口输入时钟信号，然后通过以太网将频率向下游网络传递。使用该功能，时钟频率可以通过以太网传送。

同步以太网技术实现起来比较简单，其原理如图 7-5 所示。

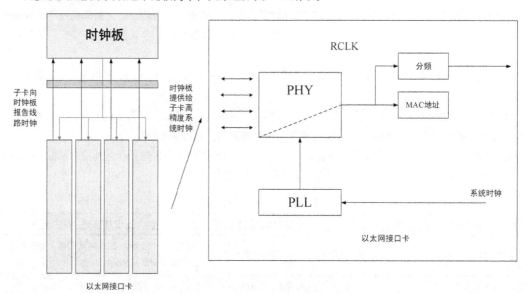

图 7-5　同步以太网技术原理

系统需要支持一个时钟模块（时钟板），统一输出一个高精度系统时钟给所有的以太网接口卡；以太网接口上的 PHY 器件利用高精度时钟将数据发送出去。在接收侧，以太网接口的 PHY 器件将时钟恢复出来，分频后上送给时钟板。时钟板要判断各个接口上报时钟的质量，选择一个精度最高的时钟，使系统时钟与其同步。

为了正确选源，在传递时钟信息的同时，必须传递同步状态信息（Synchronization Status Message，SSM）。以太网通过构造专用的 SSM 报文的方式通告下游设备时钟质量。

同步以太网技术的优势是时钟恢复质量水平较好，可达到 0.01ppm，并且技术成熟，可靠性较高。但同步以太网同样存在劣势，如不能支持时间同步。

7.2.2 IEEE 1588v2/ITU-T G.8275.1 标准

IEEE 1588v2 标准是一个广泛的高精度同步协议标准，适用于通信、工业、电力等多领域。以太网于

1985 年成为 IEEE 802.3 标准，在 1995 年将数据传输速率从 10Mbit/s 提高到 100Mbit/s 的过程中，计算机和网络业界都在致力于解决以太网的定时同步能力不足的问题，为此开发出了一种软件方式的网络时间协议，以提高各网络设备之间的定时同步能力，但是其仍然不能满足测量仪器和工业控制所需的准确度。

为解决上述问题，IEEE 组织在 2006 年 6 月输出了 IEEE 1588v2 标准，2007 年完成了 IEEE 1588v2 标准的修订。IEEE 1588v2 标准是网络测量和控制系统的精密时钟同步协议标准，采用精密时间协议（Precision Time Protocol，PTP）机制，精度可以达到亚微秒级，实现频率同步和时间同步。

IEEE 1588v2 标准采用握手的方式，利用精确的时间戳完成频率和时间同步。

1. 主从层次确定机制——BMC 算法

网络中的各个设备可能参考不同的时间源，在执行时钟同步之前，需要确定整个域的主从层次关系。

从网络层面看，需要完成如下两个方面的确认。

（1）确认和最佳参考时钟源相连的 GrandMaster 时钟设备。

（2）确认各个时钟设备到达 GrandMaster 时钟设备的路径（避免环路）。

从设备层面看，需要确认 Master/Slave/Passive 3 个端口的状态。

2. 主从同步机制

主从层次确定后，开始同步。主从同步机制包括了时间同步和频率同步两个部分，其状态图如图 7-6 所示。

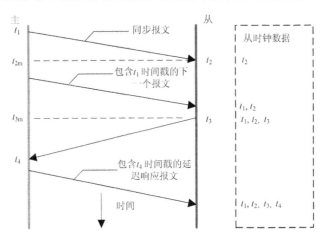

图 7-6　主从同步机制状态图

3. 主从时间同步过程

如图 7-6 所示，具体同步步骤如下。

（1）t_1 时刻，主时钟发送 Sync 报文（报文携带时间戳 t_1）。

（2）t_2 时刻，从时钟收到 Sync 报文。

（3）t_3 时刻，从时钟发送 Req 报文（报文携带时间戳 t_3）。

（4）t_4 时刻，主时钟收到 Req 报文。

Req 报文随后将 t_4 带给从时钟（报文携带时间戳 t_4），则得到式（7-2）和式（7-3）。

$$t_2 - t_1 = Delay + Offset \tag{7-2}$$

$$t_4 - t_3 = Delay - Offset \tag{7-3}$$

结合式（7-2）和式（7-3）得到主从系统的 Offset/Delay，如式（7-4）和式（7-5）所示。

$$Offset = [(t_2 - t_1) - (t_4 - t_3)]/2 \tag{7-4}$$

$$Delay=[（t_2-t_1）+（t_4-t_3）]/2 \qquad\qquad （7-5）$$

主从频率同步过程如图 7-7 所示，具体同步步骤如下。

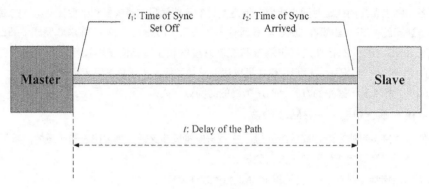

图 7-7　主从频率同步过程

（1）计算按照主时钟计算的每个定时消息（Sync）到达从端口的修正时刻，即出发时刻加上路径延时。

（2）根据修正时刻计算各个定时消息（Sync）之间的时间间隔。根据从端口的入口时间戳计算各个定时消息（Sync）之间的时间间隔。

当通信路径对称时，两个方向上的路径时延时间是一致的，此时平均路径延时可以用于单向路径时延的计算。当通信路径不对称时，两个方向上的路径时延时间不一致。此时单向的路径时延需要在平均路径时延上进行不对称修正。IEEE 1588v2 标准无法测量时延不对称性，只能通过其他手段测量并提供给协议。

IEEE 1588v2 主从同步
机制简介

4. ITU-T G.8275.1 标准

ITU-T G.8275.1 标准以 IEEE 1588v2 标准为基础，针对电信领域的一些特点，在 BMC 算法、时钟质量参数、报文封装等方面进行了优化和限定，更适用于电信领域。图 7-8 说明了两者的关系。

ITU-T G.8275.1 标准相对于 IEEE 1588v2标准的优势如下。

（1）定义了 Alternate BMC 算法，相对于IEEE 1588v2 的 BMC 算法，有如下不同点。

① 取消了比较算法最开始的 GrandMaster是否相同的判断，支持通过 Priority2 参数进行规划，使网络中设备跟踪最短路径的 GrandMaster，而IEEE 1588v2 同一个域网络中只能跟踪到同一个GrandMaster。

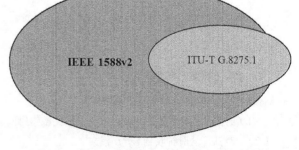

图 7-8　IEEE 1588v2 与 ITU-T G.8275.1 标准的关系

② 取消了 Priority1 参数比较。

③ 质量和优先级等参数相同时，比较跳数。

（2）PTP 报文只定义了 E2E，采用了二层组播封装，易于跨厂商互通。

（3）增加了 localPriority 参数，可以人工规划跟踪路径。

（4）定义了时间源丢失后的 clockClass 等级。

（5）增加了 notSlave（masterOnly）属性，用于防止上游反向跟踪下游设备。

由于 ITU-T G.8275.1 标准与 IEEE 1588v2 标准混用时有部分缺陷，且标准未定义协议混用的场景，因此，不建议混合部署这两种标准。

7.2.3　Atom GPS

随着 5G 商用进程的加快，基站时间同步的需求越来越强烈，基站传统的时间同步方案为直挂 GPS 获取时间以及从网络获取 PTP 时间。

如图 7-9 所示，基站直挂 GPS 的方案需要每个基站都背负 GPS 部署成本，基站数量庞大，开销巨大。同时，GPS 天线只有放在室外且满足一定的对空视界才能稳定地接收到 GPS 卫星信号，室内设备需要部署长馈线，馈线由室外引入室内需要穿墙打孔，同时有防雷等严苛的施工要求，必须经过慎重的工勘选址，因此，室内设备部署 GPS 天线的工程安装十分困难，总体部署成本很高。此外，有一些国家考虑到安全的原因，规定 GPS 射频电缆不允许从室外接到室内。

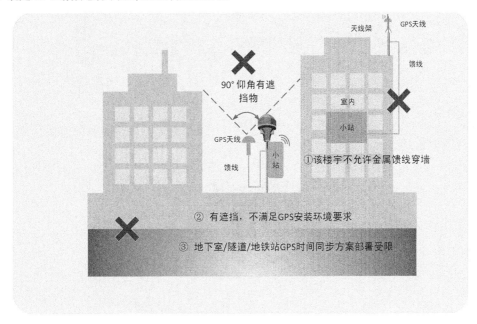

图 7-9　基站直挂 GPS 的方案

基站从网络获取 PTP 时间需要全网络都支持 PTP 时间同步，对网络运营商而言，全网改造的成本十分巨大。

基于上述现状，承载网的 Atom GPS 授时方案应运而生。承载网设备内置 Atom GPS 模块，此模块相当于一台轻量级的 BITS 为承载网提供 GPS 接入，Atom GPS 模块可接收到 GPS 的频率和时间信号，并将此时钟频率信号转换并输出同步以太网信号到本设备，将时间信号转换并输出 IEEE 1588v2 信号到承载网设备，再通过 PTP 时间同步给网络下挂的所有基站授时，运营商部署时间同步的成本大大降低了。Atom GPS 授时方案给运营商带来了明显的收益。

如图 7-10 所示，对于新建时间同步网络，选用 Atom GPS 授时方案总体部署成本相对传统方案降低了 80%。对于存量网络扩容支持时间同步，选用 Atom GPS 授时方案可以利用现有的网络，运营商的前期投资得到了保护。

Atom GPS 组网示例如图 7-11 所示。

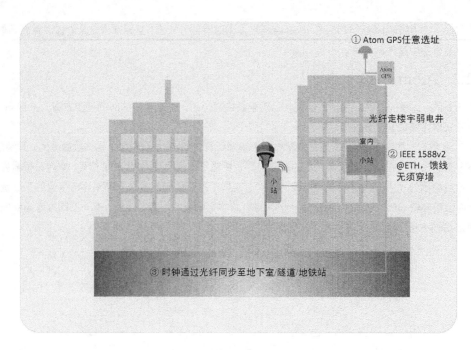

图 7-10 基站通过承载网 Atom GPS 授时

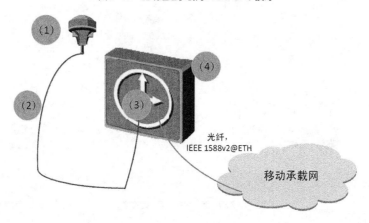

图 7-11 Atom GPS 组网示例

（1）GPS 天线：接收 GPS 模拟信号。

（2）GPS 馈线：传输 GPS 模拟信号至采集模块。

（3）Atom GPS 时间采集模块：将 GPS 模拟信号转换为 IEEE 1588v2 报文。

（4）承载网设备 IEEE 1588v2 授时模块：承载网设备利用 IEEE 1588v2 报文承载时钟信号，并将时钟信号沿光纤扩散至网络。

7.3 5G 承载网同步技术部署实例

5G 部署初期使用的 C-Band 频段为 3.5GHz，属于中高频段。高频电磁波的特点为直线传播，绕射能力差。为保证连续覆盖及服务体验，5G 基站建设有密度高、数量多、室内小站多的特点。本节将介绍 5G

承载网同步技术部署原则及方案。

7.3.1　同步部署原则

5G 承载网同步技术部署原则包括以下 4 点。

（1）低成本：LTE TDD 基站部署初期每站都安装 GPS，以获取时间同步。

（2）易部署：在汇聚节点、接入层部署，免馈线穿墙、免测量，一键验收。

（3）高可靠：1+N 实时保护（N<256），全网时间永远同步。

（4）高精度：精简 IEEE 1588v2 网络跳数，提升时间同步精度。

7.3.2　同步部署方案

（1）GPS 同步方案，如图 7-12 所示。

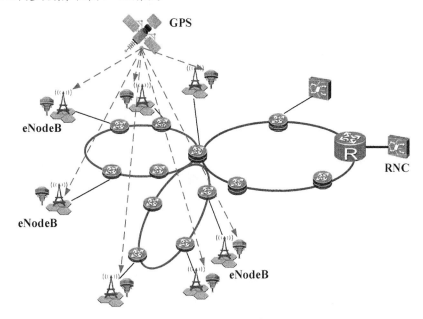

图 7-12　GPS 同步方案

　　GPS 同步方案是成熟的时间同步方案。无线基站外接 GPS，不依赖于网络，实现基站时间和频率同步。考虑到 5G 基站部署密度大、基站数量多的特点，5G 建网期间很可能不会大量使用此方案。

　　（2）IEEE 1588v2 端到端时间同步方案，如图 7-13 所示。该方案在核心层部署主备 BITS 设备作为 IEEE 1588v2 精准时间服务器，通过全承载网设备支持 IEEE 1588v2 逐跳传递时钟信号，可同时给核心网和无线基站提供时间同步，要求进行光纤上下行对称测量及补偿。

　　（3）Atom GPS+IEEE 1588v2 方案，如图 7-14 所示。

　　该方案中，一台承载网接入环设备通过 Atom GPS 获取时钟信号作为主时钟源（Master），并通过 IEEE 1588v2 标准将时钟信号逐跳传递出去，时钟信号扩散至接入环内全部承载网设备，承载网设备将时钟信号传递给连接基站，满足基站时钟同步需求。

　　为保证可靠性，在接入环内可增加 1 台承载网设备连接 Atom GPS 作为备用时钟源（Slave），以保证当主时钟源失效或质量降低时环内基站时钟可用。

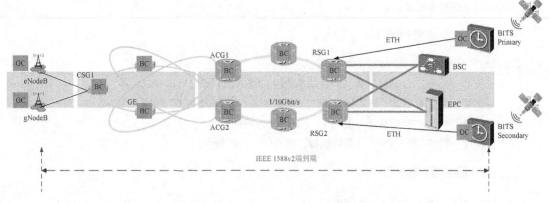

图 7-13　IEEE 1588v2 端到端时间同步方案

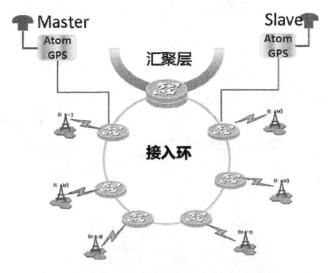

图 7-14　Atom GPS+IEEE 1588v2 方案

Atom GPS+IEEE 1588v2 方案无须逐站部署 GPS，在某些 GPS 部署困难的场景下，是解决时间同步问题的一种有效方式。在接入层的小范围内部署 IEEE 1588v2 方案时，不再需要全网端到端逐跳支持 IEEE 1588v2 标准。此外，也使时钟源更靠近基站，精度更高。其主要部署场景如下。

① 宏站授时场景，如图 7-15 所示。接入环与核心网间存在第三方网络，且第三方网络不支持透明传输 IEEE 1588v2 信号，可通过接入环承载网设备部署 Atom GPS+IEEE 1588v2 方案，实现时钟信号传递。

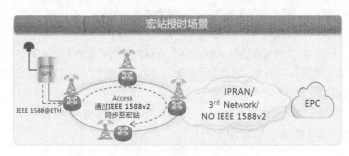

图 7-15　宏站授时场景

② 小站授时场景，如图 7-16 所示。例如，某百货商场或大型建筑内需要若干室内小站，每站部署 GPS 施工量大，通过部署 Atom GPS+IEEE 1588v2 方案，可以实现时钟信号传递并减小施工量。

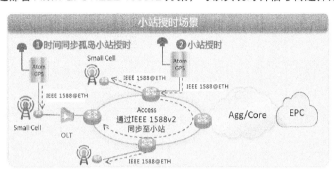

图 7-16　小站授时场景

③ 特殊授时场景，如图 7-17 所示。地下室/地铁站等无法连接 GPS 馈线电缆的站点，可以通过部署 Atom GPS+IEEE 1588v2 方案，实现时钟信号传递。

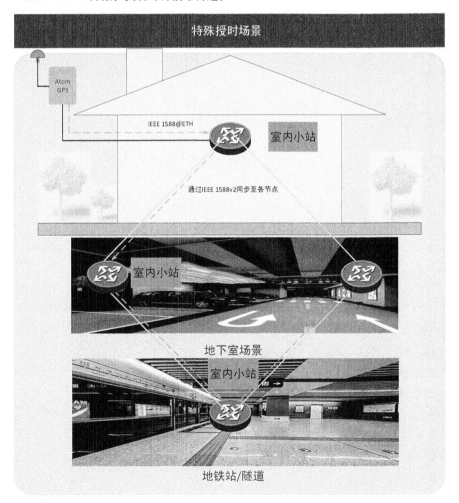

图 7-17　特殊授时场景

5G 承载网同步方案对比如表 7-6 所示。

表 7-6　5G 承载网同步方案对比

技术方案	同步方式	主要特点
GPS	GPS	无线基站独立部署，与传输解耦
IEEE 1588v2 端到端时间同步方案	逐跳部署 IEEE 1588v2	需从时钟源到基站的传输网络逐跳支持 IEEE 1588v2
Atom GPS + IEEE 1588v2 方案	Atom GPS + IEEE 1588v2	时钟源部署在接入环中，通过 IEEE 1588v2 将时钟引入基站

本章小结

　　本章主要介绍了 5G 承载网时钟同步的基本概念及部署方式。承载网中时钟同步需求随着时代的演进而越发重要，到了 5G 时代，时钟同步的精准度更是提高到了纳秒级。如何部署及提高时钟同步的精准度是 5G 时代需要攻克的难点。本章先介绍了时钟同步的需求及概念，再介绍了 5G 承载网实现时钟同步的关键技术，最后详细介绍了 5G 时钟同步的部署。

　　完成本章的学习后，读者应该对时钟同步技术在 5G 承载网中起到的作用有初步的了解，掌握 5G 时钟同步的技术原理。

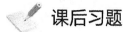 课后习题

1. 选择题

（1）以下（　　）时钟源更适合应用于室外基站。

  A. 晶体时钟   B. 原子时钟   C. 卫星时钟   D. 以上均可

（2）以下（　　）时钟同步技术不可以实现相位同步。

  A. IEEE 1588v2 B. 同步以太时钟 C. Atom GPS   D. 以上都不可以

（3）以下（　　）部件负责将 GPS 模拟信号转换为 IEEE 1588v2 报文。

  A. GPS 天线   B. GPS 馈线

  C. Atom GPS 时间采集模块   D. 承载网设备 IEEE 1588v2 授时模块

2. 问答题

（1）同步技术中，按照同步方式可分为哪些种类？

（2）什么是时钟同步？什么是时间同步？两者的区别有哪些？

（3）5G 承载网的同步技术部署原则有哪些？

（4）简述 GPS 同步方案。

（5）简述 IEEE 1588v2 同步方案。

（6）简述 5G 承载网提高时钟同步精度的关键技术。

8 Chapter

第 8 章
5G 承载网 SDN 技术及部署

传统网络无法满足企业、运营商和终端用户的诉求。在 SDN 架构中，运营商获得了前所未有的可编程、自动化和网络控制能力，从而可以构筑高可扩展的、灵活的 5G 网络，进而快速响应业务需求。

本章将详细介绍 5G 移动通信系统中使用的 SDN 技术，包括 SDN 背景、SDN 基本概念和关键技术，以及 SDN 部署案例，以使读者对 5G 承载网的 SDN 技术有全面的了解。

课堂学习目标

- 掌握 SDN 的基本概念
- 掌握 SDN 架构
- 了解 SDN 网元及设备
- 掌握 SDN 接口协议
- 了解 SDN 设计

8.1 SDN 背景及发展

SDN 试图摆脱硬件对网络架构的限制，像升级/安装软件一样对网络进行修改，以便于将更多的应用程序快速部署到网络中。SDN 的本质是网络软件化，提升了网络可编程能力，是一次网络架构的重构，而不是一种新特性、新功能。SDN 将比原来的网络架构更好、更快、更简单地实现各种功能特性。

8.1.1 传统网络的挑战

互联网始于 1969 年美国的阿帕网。网络的发展为计算机发展提供了连接的桥梁，使计算资源可以传递共享。经历数十年的发展，网络形成了完整的体系，可满足多样化的需求。随着大数据、云计算、5G 技术等新技术的广泛应用，需求的变化使得传统网络面临以下 6 个挑战。

1. 高复杂性

在过去的数十年间，为了应对业务和技术的需求，行业内产生了大量的网络协议，以此实现了高性能、高可靠性、广连接及更安全的诉求。协议往往被独立的定义，用于解决特定的问题，并且没有利用任何最基本的假定。这导致了当今网络的最主要的局限性：复杂。例如，要新增或移动任一设备，IT 部门不得不查看多个交换机、路由器、防火墙及 Web 认证入口等，并且要使用设备级工具来更新 ACL、VLAN、QoS 以及其他协议机制。另外，在调整过程中还要考虑网络拓扑、设备提供商的交换模型、软件版本带来的额外影响。

2. 静态性

因为高复杂性，当今网络保持着相对静态性。静态的特征与当今服务环境的动态特征形成鲜明对比，服务虚拟化新增了大量需要彼此连通的主机，这从根本上打破了主机的物理位置不变的假定。没有虚拟化之前，应用部署在单个服务器上，主要与其相关联的客户端交换流量。而在虚拟化环境之下，应用分布在多个虚拟机上，这些虚拟机之间需要交互流量。当前使用虚拟机迁移来优化和平衡负载，这势必导致流的终点随之改变（有时改变是比较频繁的）。传统网络的方方面面都不利于实现虚拟机迁移需求，从地址描述和地址空间到分段的基于路由的设计等基本概念，都需要进行动态的调整。

3. 不一致的策略

为了实施一个网络级策略，IT 部门必须配置数千台设备。例如，每启动一台新的虚拟机将消耗数小时，甚至数天的时间，因为 IT 部门要重新配置 ACL。由于现有网络的复杂性，为不断新增的移动用户配置一致的接入、安全、QoS 及其他策略不是一件容易的事情，很容易给企业带来安全违规、不符合规定及其他负面后果。

4. 对扩容无能为力

随着数据中心需求的快速增长，网络也必须随之扩容。要对新增的成百上千的网络设备进行配置管理，网络变得更加复杂。例如，Google、阿里巴巴、腾讯等面临着更加令人畏惧的扩展挑战。这些服务提供商在其计算环境中使用了大量并行处理算法及相关数据集。随着提供给最终用户的应用（如抓取、索引整个互联网的信息，以便快速返回用户所有结果）数量的不断增加，计算单元爆炸式增长，计算节点间数据集交换的数据量可达太字节。这些公司需要采用超规模网络，以保证成百上千乃至百万的服务器间的高性能、低成本的连通性。这些扩容是无法通过手工配置完成的。

5. 差异化服务

为了保持竞争优势，运营商必须提供更高价值的、更差异化的服务。多租户服务进一步加大了运营商的业务复杂度，其网络必须服务于多组用户，而每组用户拥有不同的应用且对性能的要求不一样。在现有网络中做看似相对简单的关键操作是非常复杂的，如设定用户的流量以提供定制化的性能控制或按需转发，对于运营商级别的网络而言，这类操作尤为复杂。只有拥有了网络边沿的特定的能扩容的设备和可行的经费，才能推出新的服务。

6．对设备供应商的依赖

运营商和企业试图部署新的能力和服务，以此快速响应业务需求和用户需求。然而，响应能力受制于设备提供商的产品生命周期。因为缺乏标准和开发接口，从而限制了网络操作员调整网络以满足其要求的能力。可以预见，未来市场的需求和传统网络架构的矛盾将会不可调整，新一代网络调整架构成为必然。

8.1.2　传统网络架构

传统网络架构有 3 种平面，如图 8-1 所示。

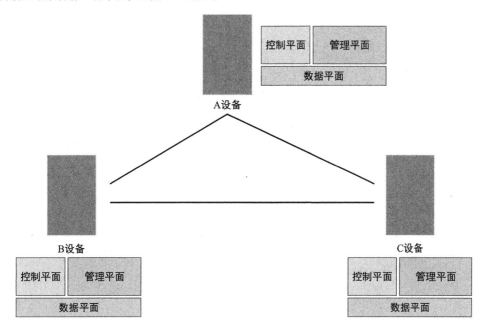

图 8-1　传统网络架构

（1）管理平面：负责外部用户交互和身份认证、日志管理和配置。

管理平面可以分布式/集中式部署实现。通过命令行在设备内查询/配置一种分布管理方式。集中部署网管软件是大型网络管理平面实现的常用方式，网管是一个非实时集中管理系统，负责管理分布式控制网络，网管在不发放业务时可以离线，对业务不会有影响。

在传统的管理平面上，工作由管理员输入的一系列指令代码完成，随着网络的发展，现代的管理平面功能可部署在网络设备外的服务器上，管理员通过图形化界面监控大型网络的运行状态，进行批量更改配置/设备补丁升级。管理员不必通过逐句地输入命令行进行管理。

（2）控制平面：负责管理内部设备操作，提供引导设备引擎发包的指南；运行路由交换协议，并将情况反馈给管理平面。

控制平面是一个实时反馈系统，用于收集网络实时状态，根据状态实时调整系统，使系统处于工作状态。控制系统会根据用户需求和策略，结合网络实时状态数据，完成用户业务/路径的计算和调整。控制系统是不能离线的，否则系统将不能正常提供业务。

（3）数据平面：使用控制平面提供的转发表，负责转发数据。

在传统网络架构中，控制平面和数据平面部署在相同的物理硬件中。控制软件与硬件一对一使用，对外不提供可开发编程接口，导致传统网络难以应对 8.1.1 节提出的挑战。

8.1.3　SDN 基本概念

SDN 是由美国斯坦福大学 Clean Slate 研究组在 2007 年提出的一种新型网络架构。其核心技术是通过将网络设备控制平面与数据平面分离开来，实现网络流量的灵活控制，为核心网及应用的创新提供了良好的平台。SDN 架构与传统网络架构的管理、控制、转发平面的功能没有太大的变化，如图 8-2 所示。

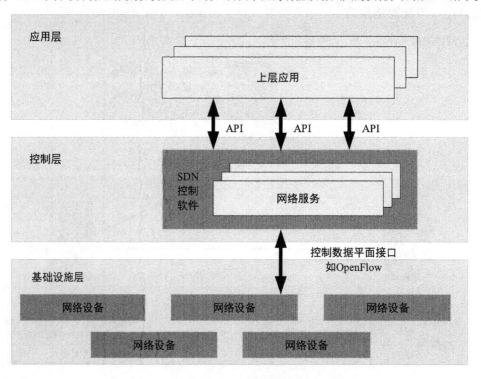

图 8-2　SDN 架构

SDN 架构包括应用层、控制层、基础设施层，每层的分工各不相同，具体功能如下。

（1）应用层也被称为协同应用层，专注于网络服务扩展的解决方案，这些解决方案主要是与控制器通信的软件应用程序。应用层主要用于实现用户意图的各种上层应用程序，此类应用程序称为应用层应用程序，典型的应用层应用程序包括 OSS、OpenStack 等。OSS 负责整网的业务协同，而 OpenStack 则在数据中心中负责网络、计算、存储的协同。当然，也有其他的应用层应用程序，如安全 App、网络业务 App 客户端等。该层和控制层之间通过北向接口互交，例如，RESTful/NETCONF 和其他 API 等。北向开放 API 指控制器 SDN 应用程序之间软件模块的接口。这些接口开放给客户、合作伙伴和发展的开源社区。应用程序和业务流程工具可以利用这些 API 与 SDN 控制器交互。应用层覆盖了一系列应用程序，以满足不同客户的需求，如网络自动化、灵活性和可编程性等。一些 SDN 应用的领域包括交通工程、网络虚拟化、网络监控和分析、网络服务发现、接入控制等。每个应用程序实例的控制逻辑可以在每个域内的控制器硬件上直接运行，其为一个单独的过程。

（2）控制层包括一个逻辑上集中的 SDN 控制软件，管理员通过该软件拥有一个全局的网络视图。其通过明确定义的北向接口与应用层程序通信，通过南向接口控制或监控基础设施层网络设备运行。控制层负责管理内部设备操作，运行路由交换协议，提供引导设备引擎发包的指南。控制层是系统的控制中心，负责网络的内部交换路径和边界业务路由的生成，并负责处理网络状态变化事件。它的实现实体就是 SDN 控制器，也是 SDN 网络架构下最核心的部件。其核心功能是实现网络内部交换路径计算和边界业务路由计算。关于控制层的接口，南向接口提供控制接口和转发层的交互，北向接口提供网络业务接口和应用层的交互，如图 8-3 所示。

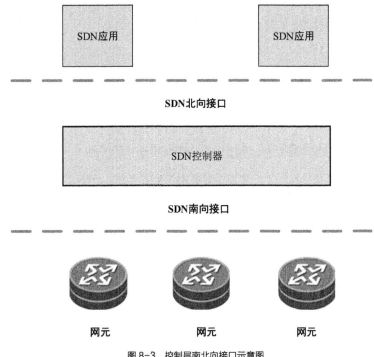

图 8-3　控制层南北向接口示意图

（3）基础设施层（或转发层）包括物理网络设备、以太网交换机和路由器。转发层提供了可编程服务，并提供了高速硬件和软件。基础设施层使用控制层提供的转发表，负责转发数据。转发层主要由转发器和连接转发器的线路构成基础转发网络，这一层负责执行用户数据的转发，其转发过程中所需要的转发表项是由控制层生成的，而不是由转发器生成的。转发表项可以是二层转发表项或者三层转发表项。该层和控制层之间通过南向接口交互。转发层既上报网络资源信息和状态，又接收控制层下发的转发信息。

SDN 架构将原有的控制平面从设备中剥离出来，并部署在新组件控制器上。SDN 架构可以实现数据转发平面的快速部署，这种能力依赖于以下 5 个优势。

（1）直接可编程：网络控制是直接可编程的，因为它是从转发功能中分离出来的。

（2）敏捷化：从转发中提取控制功能可以使管理员动态调整网络流量，满足不断变化的需求。

（3）集中管理：网络智能（逻辑上）集中在基于软件的 SDN 控制器上，以维持一个全局性的网络，出现的应用和策略引擎为一个单一的、逻辑的交换机。

（4）以编程方式配置：SDN 使网络管理人员的配置、管理、安全和优化网络资源可以快速地通过动态的、自动化的 SDN 程序。其可以使用自己的程序，因为程序不依赖于专有软件。

（5）基于和供应商中立的开放标准：当通过开放标准实现时，SDN 简化了网络设计和操作。因为指令是由 SDN 控制器提供的，而不是各种供应商的设备和协议提供的。

经过多年的发展，不同厂商实现 SDN 的方式有所不同。其主要有以下两种模式。

（1）革新模式：由 IT 互联网厂商发起，如谷歌、雅虎等。互联网厂商开发能力强，以 OpenFlow 为核心，自主开发控制器下发转发表项，通过交换机完成转发。

（2）保守模式：由传统通信设备厂商发起，如思科。传统设备厂商硬件实力强，以开发应用平台接口为核心，提供了开放的控制器接口，降低了用户开放难度，并逐步扩展了 OpenFlow 产品。

SDN 通过软件来控制网络，充分开放网络能力，是一种具有控制信令与用户数据分离、网络功能集中控制、开放 API 特征的新型网络架构，可以将封闭垂直一体的传统电信网络架构一举转化为弹性化、开放、高度整合、服务导向及确保服务水平的分层架构。

8.2　SDN 关键技术

本节将先介绍一种典型的 SDN 控制器，再介绍与 SDN 控制器相关的几个接口，以及 SDN 中常用的几种协议。

8.2.1　SDN 典型控制器——Agile Controller-WAN

Agile Controller-WAN 是华为面向 IP 广域网的 SDN 控制器产品，具有以下主要功能。

1. IP 业务自动化

IP 业务自动化功能指通过从设备抓取全量配置自动分析业务关系，将业务的网元模型还原成 E2E 的网络模型。将网络中的存量业务迁移到 SDN 系统进行 E2E 运维，从而实现对已有业务进行新增站点、修改存量站点等操作，同时呈现存量业务运行状态。该特性可以将现网中手工管理的海量存量网络配置向控制器系统迁移，实现控制器对网络存量配置的接管，以实现网络管理、运维的自动化、智能化。

2. IP 业务 BoD

按需带宽（Bandwidth on Demand，BoD）是指根据网络实际监控到的业务流量情况，通知用户是否需要购买新的带宽，确认用户需求，更新业务带宽，控制器下发调整带宽请求。该特性使得运营商可以针对用户的扩容需求实现自动化响应。

3. 动态优化、负载均衡

Agile Controller-WAN 提供了网络拓扑/链路带宽利用率的可视化以及流量分析和可视化功能。控制器与转发设备间协议互通，可通过北向接口导入域间拓扑和/或由南向接口协议生成调优拓扑。通过其他工具（如 uTraffic）实时采集 IP 网络链路的流量带宽和流向，根据采集流量信息生成待调整的流，根据用户指定路径对流进行调整，发布调整流量的策略，对 IP 网络流量进行动态优化。

4. 网络能力开放与集成

Agile Controller-WAN 提供了丰富的北向 API。通过北向 API 和标准 YANG（Yet Another Next Generation）模型，控制器支持网络业务可编程、支持与第三方协同器或 App 对接，并兼容开放网络操作系统（Open Network Operating System，ONOS）原生 App。

8.2.2　SDN 接口

SDN 控制器位于控制层，上面的 App 层、下面的转发层，以及同层的其他控制器或其他网络之间，需要有通信接口，这些接口分别是北向接口、南向接口、东西向接口，如图 8-4 所示。

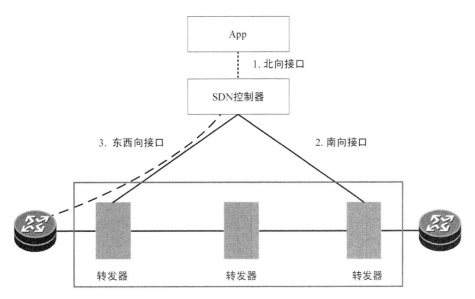

图 8-4　SDN 中的 3 个主要接口

1. 北向接口

北向接口是一个管理接口，和传统设备提供的管理接口形式与类型都是一样的，只是提供的接口内容和原来的设备接口内容有所不同。传统设备提供的是单个设备的业务管理接口（或者称为配置接口），而 SDN 控制器提供的是网络业务管理接口。也就是说，传统的设备提供的是单个设备的配置管理接口，控制器提供的接口已经是面向网络业务的，是这个控制器控制的网络业务接口。

例如，客户可以直接在网络中部署一个虚拟网络业务或者 L2VPN 的 PW 业务，而不需要去关心网络内部到底如何实现这个业务，这些业务的实现都是由控制器内部的程序完成的。而实现北向接口的协议通常包括 RESTful 接口、NETCONF 接口及 CLI 等传统管理接口协议。

2. 南向接口

南向接口主要用于控制器和转发之间的数据交互，包括从设备收集拓扑信息、标签资源、统计信息、告警信息等，以及控制器下发的控制信息，如各种流表。目前，主要的南向接口控制协议包括 OpenFlow 协议、NETCONF 协议、PCEP、BGP 等。控制器用这些接口协议作为转控分离协议，在传统网络中，由于控制面是分布式的，通常不需要这些转控分离协议。

3. 东西向接口

SDN 需要和其他网络进行互通，尤其是与传统网络进行互通，因此需要一个东西向接口。例如，需要与传统网络互通时，SDN 控制器必须与传统网络通过传统的路由协议对接，需要控制器支持常用传统的跨域路由协议 BGP，所以控制器需要实现类似传统网络的各种跨域协议，以便能够与传统网络进行互通。

8.2.3　OpenFlow 原理

OpenFlow 是基于网络中的流的概念设计的一种 SDN 南向接口协议。OpenFlow 的出现解放了网络设备的控制功能，是实现 SDN 的重要技术。

控制器根据通信中数据流的第一个报文分组的特征，使用 OpenFlow 协议提供的接口，对数据平面设备部署策略，OpenFlow 称之为流表，而这次通信的后续数据流量则按照相应流表在硬件层次上进行匹配、转发，从而实现了灵活的网络转发平面策略，网络设备不再受固定协议的约束。

以下依据 OpenFlow 1.5 对 OpenFlow 交换机和 OpenFlow 协议进行介绍。

1. OpenFlow 逻辑交换机组件

一个 OpenFlow 逻辑交换机（OpenFlow Logical Switch）由一个或多个流表（Flow Table）、一个组表（Group Table）和一个计量表（Meter Table）构成，它们负责报文的查询和转发，如图 8-5 所示。OpenFlow 交换机通过一个或多个 OpenFlow 通道（OpenFlow Channel）与外部控制器相连，OpenFlow 通道上传输用于交换机和控制器之间的通信的 OpenFlow 交换机协议（OpenFlow Switch Protocol）消息。

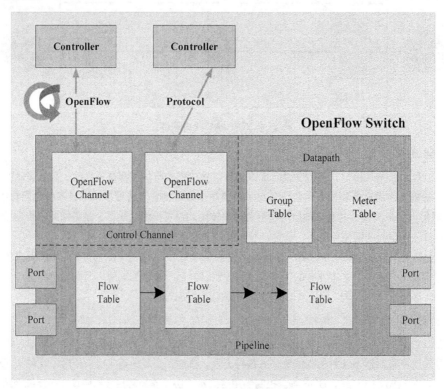

图 8-5　OpenFlow 逻辑交换机组件

使用 OpenFlow 交换机协议，控制器可以在流表中添加、更新和删除流表项。每一个交换机中的流表包括一组流表项，每个流表项由匹配字段（Match Fields）、计数器（Counters）和一组指令（Instructions）构成。

匹配过程从第一个流表开始，并且可以在流水线的其他流表中继续匹配。流表项根据优先级顺序匹配报文，每个流表中的第一个匹配的流表项将被使用。如果一个流表项的匹配字段匹配成功，则该流表项的指令会被执行。如果流表中没有匹配的流表项，则根据配置的 Table-Miss 流表项进行处理，例如，将报文通过 OpenFlow 通道发送到控制器，或继续进行下一个流表匹配。

指令与流表项相关联，指令中包含动作或者修改流水线的处理过程。指令中的动作描述了报文转发、报文修改和组表处理等。流水线处理指令允许将报文发送到下一个表进行进一步处理，允许表之间通过元数据进行通信。当匹配的流表项关联的指令集中不再指定下一个表时，表流水线处理过程停止，此时报文经常会被修改和转发。

与流表项关联的动作（Action）也可以直接转发报文到一个组（Group）中，这指定了一个附加的处理过程。Group 表示用于洪泛的一组动作，具有更复杂的转发语义，如多径转发、快速重路由和链路聚合。作为一个通用的间接层，组还允许多个流表项转发报文到单个标识符中，例如，IP 转发到公共下一跳。这种抽象允许跨流表项的公共输出动作进行有效更改。

2. OpenFlow 端口

OpenFlow 端口是用于在 OpenFlow 处理过程中和网络其余部分传输报文的网络接口。OpenFlow 端口的集合可能与交换机硬件提供的网络接口集合不一致，一些网络接口对于 OpenFlow 而言可能是关闭的，且 OpenFlow 交换机可能定义其他端口。

报文从入端口（Ingress Port）接收，被 OpenFlow 流水线处理，流水线处理过程可能会将它们转发到一个出端口（Output Port）中。其中，入端口可以用来匹配报文。

一个 OpenFlow 交换机必须支持 3 种类型的 OpenFlow 端口：物理端口、逻辑端口和保留端口。

3. OpenFlow 表

OpenFlow 交换机中包括 3 种表：流表、组表和计量表。这 3 种表的功能各不相同，并涉及多个新概念，具体如下。

（1）流水线处理过程。

每个 OpenFlow 逻辑交换机的 OpenFlow 流水线包括一个或多个流表，每个流表又包括多个流表项。OpenFlow 流水线处理过程定义了进入交换机的报文如何与这些流表进行交互。其中，每个 OpenFlow 交换机要求至少有一个入口流表，且交换机中的流表需要从 0 开始按顺序编号。OpenFlow 流水线处理过程有两个阶段：入口处理阶段和出口处理阶段，如图 8-6 所示。

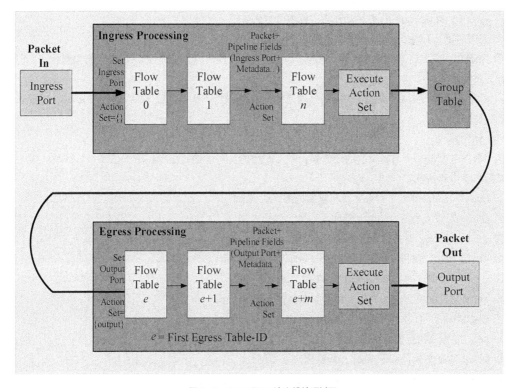

图 8-6　OpenFlow 流水线处理过程

这两个阶段通过第一个出口表进行分割，所有编号小于第一个出口表的流表作为入口表，其余的流表作为出口表。报文进入流水线后，需要经过入口处理和出口处理两个阶段，分别与其中的入口表和出口表进行查询匹配。

当流表处理报文时，报文匹配流表中流表项的匹配字段来选择一个流表项。如果匹配成功，则该流表项的指令集被执行。这些指令可能直接转发报文到另一个表中，同样的处理过程会在另一个表中进行。一个流表项仅仅能转发报文到比自己编号大的流表中，换句话说，流水线处理过程仅能向前进行而不能后退进行。如果匹配的流表项都不转发报文到其他表中，则流水线处理过程在这个表中停止，报文被与其关联的动作集处理，通常被转发。

（2）流表。

流表是 OpenFlow 协议中的重要概念，负责指导交换机对收到的报文进行处理和转发。一个流表由多个流表项组成，流表项的结构如图 8-7 所示。

Match Fields	Priority	Counters	Instructions	Timeouts	Cookie	Flags

图 8-7　流表项的结构

每个流表项通过匹配字段和优先级识别唯一性，匹配字段的具体功能如下。

① 匹配域（Match Fields）：匹配报文，包括入端口和报文头，以及其他可选的流水线字段，如前一个表指定的元数据。

② 优先级（Priority）：流表项匹配次序。

③ 计数器（Counters）：报文匹配后，更新计数。

④ 指令（Instructions）：更新动作集，或者修改报文。

⑤ 超时时间（Timeouts）：流表在交换机中被移除的最大总时间或老化时间。

⑥ Cookie：由控制器选择的不透明数据值。控制器用它来过滤流统计数据、改变流和删除流，但处理数据包时不能使用。

⑦ 标志（Flags）：用于改变流表项的处理方式。例如，OFPFF_SEND_FLOW_REM 触发发送流表移除消息到控制器。

（3）动作集。

每个数据包都有一个与其关联的动作集，默认是空的，可以通过指令将若干动作添加到动作集中。动作均按照如下步骤执行。

① copy TTL inwards：对报文执行复制内层 TTL 动作。

② pop：对报文执行 pop tag 动作。

③ push-MPLS：对报文执行 push MPLS tag 动作。

④ push-PBB：对报文执行 push PBB tag 动作。

⑤ push-VLAN：对报文执行 push VLAN tag 动作。

⑥ copy TTL outwards：对报文执行复制外层 TTL 动作。

⑦ decrement TTL：对报文执行减 TTL 动作。

⑧ set：对报文执行设置字段动作。

⑨ qos：对报文执行 QoS 动作，如给报文设置队列。

⑩ group：如果指定了组动作，则按照这个序列中的顺序执行相应的动作桶中的动作。

⑪ output：如果没有指定组动作，则报文按照 output 行动中指定的端口进行转发。

（4）组表。

由于流水线匹配是按照流的特征决定处理的方法，所以流表项都有相应的指令集。但是对于一些特殊情况，不同流有可能复用同样的一些指令以提高效率，例如，不同的流可能会有相同的下一跳 IP 地址，这时如果每个流表项都添加这个动作，则在一定程度上造成了浪费，会影响数据平面转发的效率。因此，在 OpenFlow 1.1 协议中引入了组表来解决这一问题，并在后续版本中得到了延续。一个 OpenFlow 交换机只存在一个组表，它独立于流水线之外，表由若干组表项构成，组表项的结构如图 8-8 所示。

图 8-8　组表项的结构

每个组表项由组标识符唯一识别，组标识符的具体功能如下。

① 组标识符（Group Identifier）：一个 32 位无符号整数，组的唯一标识符。

② 组类型（Group Type）：决定组的语义。

③ 计数器（Counters）：当报文通过该组处理时，更新该组的计数器。

④ 动作桶（Action Buckets）：一个有序的动作桶列表。其中，每个动作桶包含一组执行动作和相应参数。

组表的调用通过必选动作中的 Group 来调用。在匹配流水线的过程中，不同数据流可以指定交由某个组表项进行处理，以执行相同的操作，这种高效的机制非常适用于广播、多播等较复杂的场景。

（5）计量表。

从 OpenFlow 1.3 开始引入了计量的概念，用以测量和控制相关数据流的速率。在 OpenFlow 交换机中只存在一个计量表，它由若干计量表项组成。流的计量可以使 OpenFlow 实现简单的 QoS 操作，如限速。它也能使 OpenFlow 实现更复杂的 QoS 策略，如基于计量的 DSCP，这种策略可以基于流的速率将一组报文分为多个类别。计量完全独立于端口的队列，但是在许多场景中，这两种特性可以结合在一起，用以实现复杂的 QoS 框架，如 DiffServ。

计量直接与流表项相关，任意流表项都可以在它的指令集的动作列表中定义一个计量动作，用以测量分配给它的报文的速率和控制这些报文的速率。

相同流表中的不同流表项可以使用相同的计量、不同的计量或不使用计量。当在一个流表中使用不同的计量时，不相交的流表项独立地进行计量。在连续的流表中，报文可能会通过多个计量，这时每个流表匹配的流表项都直接转发报文到一个计量。如果交换机支持在一个流表项中使用多个计量动作，则可以实现多个计量的使用。多个计量的使用可以用来实现一个层次化的流量计量，各种流量被每个计量独立地处理。OpenFlow 层次化的 DSCP 计量如图 8-9 所示。

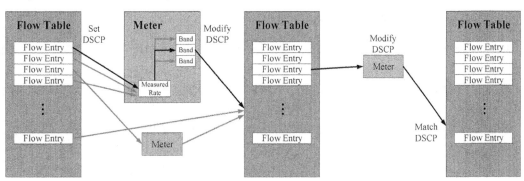

图 8-9　OpenFlow 层次化的 DSCP 计量

（6）OpenFlow 通信流程。

理解一个协议最好的方法就是学习它的通信流程，下面将对 OpenFlow 通信流程进行简单介绍。OpenFlow 通信流程如图 8-10 所示。

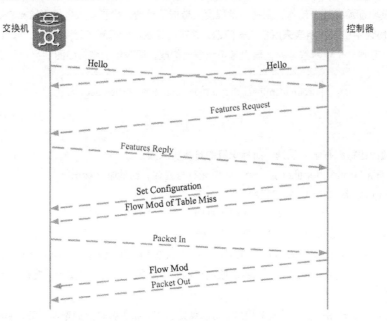

图 8-10　OpenFlow 通信流程

当交换机和控制器建立完 Socket 通信之后，会相互发送 Hello 报文，用于协商协议版本。完成协议版本协商之后，控制器会向交换机下发 Features Request 报文查询交换机支持的特性，交换机则需回复 Features Reply 报文。控制器根据交换机支持的特性，可以完成交换机的相关配置。其中，控制器会下发 Table-Miss 流表项到交换机。配置完成后，进入正常通信状态。

当报文匹配流表失败匹配到 Table-Miss 时，交换机将通过 Packet In 消息将报文发送到控制器，控制器根据控制逻辑可选择回复 Packet Out 消息或者通过 Flow Mod 消息下发流表到交换机，指导交换机处理报文。如果流表中配置了 Flow Removed 标志位，则当流表被删除或者老化时，交换机会向控制器回复 Flow Removed 消息。

其他异步报文可以发生在任意时刻。为保持 OpenFlow 连接的活性，控制器应周期性地向交换机发送 Echo 报文。

8.2.4　BGP-LS 基础

BGP-LS 协议是一种 SDN 南向接口协议，BGP-LS 是 BGP 的扩展，BGP-LS 是实现保守 SDN 的重要技术。

网络拓扑的变化需要实时上报控制器。BGP-LS 会汇总 IGP 收集的拓扑信息上报给上层控制器，控制器根据这些信息进行集中算路。

BGP-LS 特性产生前，路由器使用 IGP（OSPF 协议或 IS-IS 协议）收集网络的拓扑信息，IGP 将各个域的拓扑信息单独上传给上层控制器，在这种拓扑收集方式下，存在以下 3 个问题。

（1）对上层控制器的计算能力要求较高，且要求控制器也支持 IGP 及其算法。

（2）当涉及跨 IGP 域拓扑信息收集时，上层控制器无法看到完整的拓扑信息，无法计算端到端的最优路径。

（3）不同的路由协议分别上传拓扑信息给上层控制器，控制器对拓扑信息的分析处理过程比较复杂。

BGP-LS 之所以可以用于 SDN，是因为它具备如下优势。

（1）降低了对上层控制器计算能力的要求，且不再对控制器的 IGP 能力有要求。

（2）BGP 对各个进程或各个 AS 的拓扑信息做汇总，直接将完整的拓扑信息上传给控制器，有利于路径选择和计算。

（3）网络中的所有拓扑信息均通过 BGP 上传给控制器，使拓扑上送协议归一化。

BGP-LS 的部署方式如图 8-11 所示，每个 IS-IS 域内至少选取两台设备与控制器建立 BGP-LS 连接（逻辑连接），设备将 IS-IS 协议搜集的网络拓扑信息等数据通过 BGP-LS 上报给控制器。核心 IS-IS 域选取一对核心设备启用 BGP-LS，接入汇聚 IS-IS 域选取骨干汇聚对（IS-IS 分层点）设备启用 BGP-LS。同一对骨干汇聚点带有多个 IS-IS 进程时，启用一个 BGP-LS，并将多个进程绑定到一个 BGP-LS 会话中。

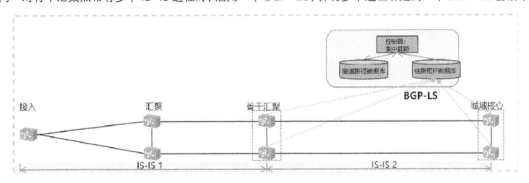

图 8-11　BGP-LS 的部署方式

8.2.5　PCEP 基础

路径计算单元通信协议（Path Computation Element communication Protocol，PCEP）是一种 SDN 南向接口协议。PCEP 主要用于控制器调整隧道路径。

路径计算单元（Path Computation Element，PCE）能够基于网络拓扑图计算网络路径或路由实体（组件、应用或网络节点），实际部署中，PCE 功能可以由控制器完成，也可以单独设立。路径计算客户端（Path Computation Client，PCC）是向 PCE 请求路径计算的任意客户端或应用程序。PCEP 定义了 PCC 与 PCE 之间的通信，或两台 PCE（RFC5440 中有相关定义）之间的通信。

PCEP 是 IETF PCE 工作组定义的基于 TCP 的协议，并定义了一组用于管理 PCEP 会话的消息和对象，包含 TE LSP 的上报和路径的下发。PCEP 提供了 PCE 为 PCC 的 LSP 进行路径计算的机制。PCEP 交互包括 PCC 向 PCE 发送的 LSP 状态报告，以及 PCE 向 PCC 发送的 LSP 的路径更新。

PCEP 具备以下几个主要功能。

（1）PCC 将 LSP 的控制权托管给 PCE，PCE 和 PCC 间 LSP 状态同步。

（2）PCE 基于托管 LSP 的属性（带宽、显式路径、优先级、亲和属性）进行路径计算。

（3）PCEP 可以将基于计算的 LSP 属性（ERO，即期望路径）从 PCE 传送到 PCC，PCC 完成路径更新后将新 LSP 的信息上报给 PCE。

PCEP 的设备无关性是指 PCEP 有标准的草案，控制器和转发器只需要遵从协议和约定的交互流程即可。而 NETCONF 只定义了协议基本报文的标准，不同的设备配置模型不一样，有新的设备加入时需要控制器做对应的适配。

PCEP 案例简介

LSP 状态响应迅速，PCEP 作为双向通道，LSP 状态变更可以及时上报控制器进行调整。而 NETCONF 是单向通道，控制器要想获取 LSP 状态，需要依赖 SNMP 上报告警或者定时查询，时效性不如 PCEP。

PCEP 的部署方式如图 8-12 所示，PCEP 用于设备向控制器请求 SR-TP 隧道算路以及控制器向设备下发 SR-TP 隧道标签栈信息。PCEP 面向连接、效率高。所有需部署 SR-TP 的设备均需与控制器建立 PCEP 连接，在设备侧指定 PCE Server IP 地址并使能 PCEP Client 协议。

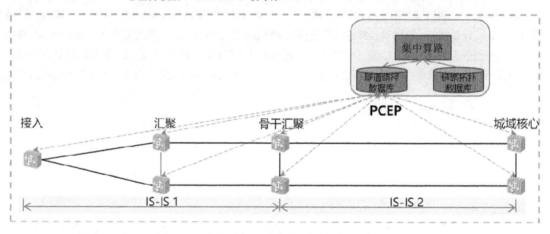

图 8-12　PCEP 的部署方式

8.2.6　NETCONF 协议基础

网络配置（Network Configuration，NETCONF）协议在 SDN 中被认为是一种南向接口协议。NETCONF 协议是提供网络数据设备配置管理的协议，提供了安装、操作和删除网元配置的机制。

随着网络规模的增大、复杂性的增加，传统的简单网络管理协议（Simple Network Management Protocol，SNMP）的简单管理模式已经不能适应当前复杂网络的管理，特别是不能满足配置管理的需求。为了弥补 SNMP 的缺陷，NETCONF 协议应运而生。

NETCONF 协议是基于可扩展标记语言（Extensible Markup Language，XML）的网络配置和管理协议，并使用简单的基于远程过程调用（Remote Procedure Call，RPC）机制实现客户端和服务器之间的通信。

NETCONF 协议提供了一种通过运行网络管理软件的中心计算机（即网络管理工作站）来远程管理和监控设备的方法，弥补了传统 SNMP 的缺陷。SNMP 与 NETCONF 协议的对比如表 8-1 所示。

表 8-1　SNMP 与 NETCONF 协议的对比

协议	配置管理	查询	扩展性	安全性
SNMP	在进行设备数据操作时，如果多个用户对同一个配置量进行操作，则 SNMP 没有提供保护锁定机制	SNMP 能够对某个表的一条或多条记录进行操作，查询中需要多次交互才能够完成	扩展性差	1996 年，改进版的 SNMPv2 被发布出来，但安全性仍然存在不足。2002 年，SNMPv3 被发布出来，SNMPv3 在安全上存在的主要问题是 SNMPv3 全部自己定义，没有扩展的余地

续表

协议	配置管理	查询	扩展性	安全性
NETCONF	NETCONF 协议提供了保护锁定机制,防止多用户操作产生冲突	NETCONF 协议针对整个系统的配置数据可直接进行操作,且定义了过滤功能	扩展性好:协议模型采取分层定义,各层之间相互独立,当对协议中的某一层进行扩展时,能够最大限度地不影响到其上层协议,协议采用了 XML 编码,使得协议在管理能力和系统兼容性方面也具有一定的可扩展性	NETCONF 协议利用现有的安全协议提供安全保证,并不与具体的安全协议绑定。在使用中,NETCONF 协议比 SNMP 更灵活。说明:NETCONF 协议传输层首选推荐 SSH(Secure Shell)协议,XML 信息通过 SSH 协议承载

8.2.7　YANG 模型基础

YANG 是一种为 NETCONF 协议服务的数据建模语言,被用来对 NETCONF 协议中的配置和状态数据进行建模。也就是说,YANG 语言对 NETCONF 协议的内容层、操作层和 RPC 层进行数据建模。

NETCONF 协议是一种基于 XML 的网络配置管理协议,同时兼顾监控和故障管理、安全验证和访问控制,故广泛采用该协议来配置网络。

如图 8-13 所示,NETCONF 协议分为传输层、RPC 层、操作层和内容层。其中,内容层是唯一没有标准化的层,于是一种新的建模语言——YANG 产生了,其目标是对 NETCONF 协议数据模型、操作进行建模,覆盖 NETCONF 协议的操作层和内容层。

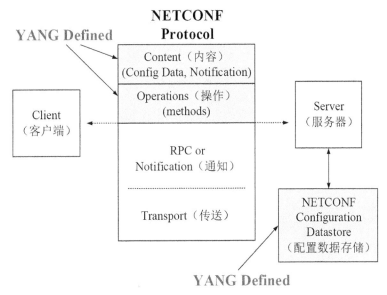

图 8-13　NETCONF 协议层次及 YANG 定义内容

YANG 协议的主要功能如下。

(1)定义了一套内置的数据类型、派生类型的派生方法以及复杂类型的定义与使用方法,使得数据类型多样化,便于使用。

(2)将数据模型转化为树的结构,以模块为基本单位,可以表示层次性复杂的数据,并定义了一种区分模块的机制。

（3）可兼容 SMIv2，并且可以被转换为 XML 格式，YANG 语言定义的模块还可以在一定的语法规则下转换为 XSD 文件，用于 NETCONF 协议的基本操作。

8.3 SDN 部署案例

华为技术有限公司在 5G 承载网部署方案中使用了 SDN 技术。在新的 5G 承载网管控系统中，利用 SDN 技术和 SR 技术实现 5G 承载网的灵活转发及敏捷运维，如图 8-14 和图 8-15 所示。

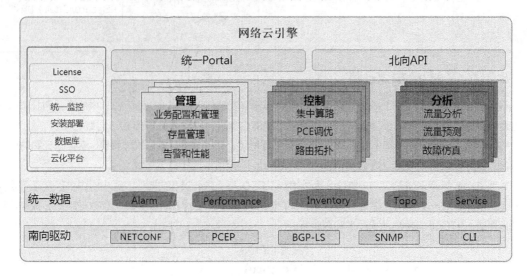

图 8-14　NCE

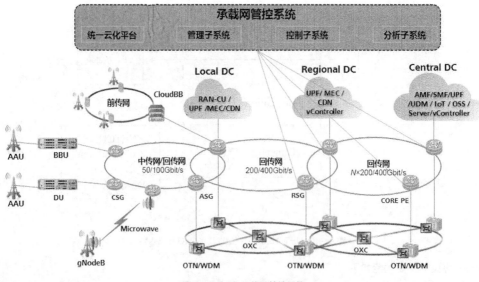

图 8-15　5G 承载网管控系统

传统的承载网管理系统仅具备网络设备的管理功能，包括设备运行状态实时监控、告警处理、配置数据下发等。NCE 作为面向 5G 承载网的管控系统，除了具备原有管理系统的所有功能以外，还具备控制设备转发路径的功能。

NCE 控制设备转发路径功能的实现步骤如下。

（1）NCE 与部分 5G 承载网转发设备之间建立物理连接链路，链路上运行 BGP-LS 协议，用于 NCE 收集整个 5G 承载网的拓扑信息和实时链路状态信息。

（2）NCE 和转发设备都运行 PCEP，NCE 作为 PCEP 的服务器，转发设备作为 PCEP 的客户端。转发设备向 NCE 请求转发路径。

（3）NCE 利用收集的拓扑信息和实时链路状态信息，计算出一条最优的转发路径，通过 PCEP 发送给转发设备。

（4）转发设备使用 NCE 计算的转发路径转发相应的报文信息。

5G 承载网主要通过 3 个阶段实现 SDN 技术，具体如下。

第一个阶段：承载网组网结构调整，设备软件和硬件升级，设备开启三层路由功能，使用 BGP/IS-IS/PCEP/SR 协议。

第二个阶段：使用 NCE 替代原有的网络管理系统，将所有承载网设备和配置数据迁移至 NCE 上。

第三个阶段：部署集中的 TE，优化基于应用优先级的路由策略，由 NCE 计算设备转发路径。

在 5G 承载网中，NCE 利用 SDN 和 SR 技术，实现了大量设备转发路径的快速智能计算和部署，解放了现有劳动力，大幅提升了管控效率，降低了维护风险，实现了较好的效果和收益。

本章小结

本章主要介绍了 5G 承载网中所用到的 SDN 技术。5G 网络中的许多控制平面的功能都由集成 SDN 功能的控制器完成，以减轻转发设备的负担。本章先介绍了 SDN 产生的背景及基本概念，再主要介绍了 SDN 的关键技术及其应用场景，最后介绍了 SDN 的一个实际部署案例。

完成本章的学习后，读者应该对 SDN 产生的背景有初步的了解，掌握 5G 承载网中 SDN 的关键技术。

 课后习题

1. 选择题

（1）SDN 三层架构不包括（　　　）。

　　A. 应用层　　　　　　　　　　　　B. 控制层

　　C. 业务层　　　　　　　　　　　　D. 基础设施层

（2）【多选】Agile Controller-WAN 控制器的主要功能包括（　　　）。

　　A. IP 业务自动化　　　　　　　　　B. IP 业务 BoD

　　C. 动态优化，负载均衡　　　　　　D. 网络能力开放与集成

（3）BGP-LS 在 5G 承载网中的功能是（　　　）。

　　A. 计算最优路径　　　　　　　　　B. 建立隧道

　　C. 传递拓扑信息到控制器　　　　　D. 下发隧道标签到设备

2. 问答题

（1）SDN 技术的愿景是什么？

（2）现有网络中的哪些痛点需通过 SDN 技术解决？

（3）使用 BGP-LS 传递协议信息的优点是什么？

（4）PCEP 如何调整隧道路径？

（5）简述 NETCONF 与 YANG 之间的关系。

（6）云网一体化 SDN 需要提供哪些接口？

9

第 9 章
5G 承载网切片技术及部署

5G 网络能够提供更高的速率、更低的时延及更大的连接数。如何同时满足多种迥异的需求是 5G 承载网面临的挑战。

本章将详细介绍 5G 移动通信系统中使用的切片技术，包括 5G 承载网切片技术标准和架构、5G 承载网切片关键技术，以及 SPN 的设计、架构和关键技术，以使读者对 5G 承载网的切片技术有全面的了解。

课堂学习目标

- 了解 5G 切片背景及标准进展
- 了解 5G 切片 E2E 架构及原理
- 掌握 5G 承载网关键技术
- 了解 SPN 架构及原理

9.1 5G 端到端切片技术

随着网络通信连接能力的不断增强，几乎每个产业都在进行数字化转型，以提升工作和生产效率。例如，基于全息技术的虚拟会议、虚拟课堂，远程实时控制危险环境下的大型机械，高速移动交通工具环境下的移动宽带，无处不在的物联网和移动视频，实时工业控制、远程手术等。数字化转型对连接能力的需求不断增强和多样化，不同应用对网络在速度、性能、安全、可靠性、时延等方面的需求相差甚远，传统的单一网络满足所有通信服务需求的难度越来越大。采用传统的专网方式，面临着成本高、部署周期长等问题。

运营商为满足各行各业不同的场景需求，需要提供不同功能和服务质量的连接通信服务。为了降低技术实现的复杂度、缩短业务上市时间、增强创新能力，5G 系统提出了网络切片的概念。切片技术是下一代网络的一个关键特性，它将网络系统从静态模式转换为一种新的模式，在这种模式中可以创建逻辑网络分区，并进行适当的隔离。具有灵活编排能力的网络资源可以服务于特定用途、特定服务类别或特定用户。一个网络切片可以满足某一类或者某一个具体的通信服务需求，若干个满足不同服务需求的网络切片组成了整个 5G 通信系统。

网络切片是 5G 网络的基本能力，核心是采用虚拟化技术将整个网络资源切片，在统一的网络平台上，利用动态的、安全的网络切片技术，将不同需求的通信服务部署在不同的网络切片上，使不同的通信服务之间实现技术解耦，从而为用户提供不同的服务功能和服务质量。通过不同的网络切片满足不同的用户服务需求，降低了网络的技术复杂度。需要指出的是，通过 NFV 和 SDN 可以丰富切片技术的功能及实现方式。5G 网络切片可以实现多种服务并存示意，如图 9-1 所示。

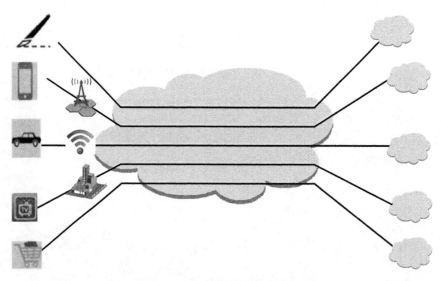

图 9-1　5G 网络切片实现多种服务并存示意

9.1.1　5G 端到端切片应用场景

随着研究切片技术的不断深入，切片的应用场景也在不断增加。从业务和应用场景的角度来看，切片的维度可以分为用户级、运营商级、业务级和网络级共 4 种：用户级切片指用户的差异化服务，如 VIP 用户、校园用户、企业集团用户、"金银铜"用户等，这类差异化服务机制在 2G、3G、4G 网络中也是存在的；运营商级切片是指一个物理网络切分为多个逻辑上独立的运营商网络，例如，网络共享是切片的一种形式，虚拟运营商也是切片的一种形式；业务级切片是指基于不同类型业务的网络切片，例如，VR 切片就是满足 VR 业务特征的网络切片，视频监控切片就是满足视频监控业务特征的网络切片；网络级切片是指基于不同垂直行业的网络切片，如国家电网专网业务、汽车远程制造专网业务等。

当前关于 5G 切片讨论最多的还是行业相关的业务级切片，如自动驾驶、AR/VR 等对带宽和时延有较高要求的业务，通过网络切片能够更快更好地实现。当然，一家汽车公司也可以自己建设一个网络提供自动驾驶服务，但存在成本过高、周期过长等诸多问题。相对而言，租用运营商网络中切片技术切出的一个逻辑网络，汽车公司可以快速地实现自动驾驶服务，并且成本较低。

在过去，铁路、电力等大型公司通过自建通信网络来满足内部办公、安全监控、控制信令传递等业务需求，但是随着众多新业务的出现，原有自建网络在容量、功能和时延等方面都逐渐无法满足需求。运营商利用切片技术可以切出一个资源独享的逻辑网络，供用户自主使用、自主编排资源、自主运维，如自建网络一样。5G 网络按照业务维度切片后的示意如图 9-2 所示。

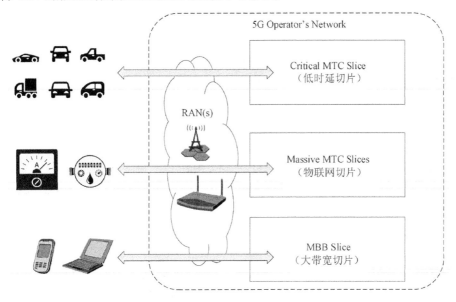

图 9-2　5G 网络按照业务维度切片后的示意

家庭中日常使用的水表、电表、煤气表可以物联网终端的方式实现，这类服务对网络带宽和时延几乎没有要求，运营商可以切分出一片网络资源租赁给各市政服务公司，帮助它们实现物联网服务的转型。

网络切片的应用不仅可以帮助运营商实现新的业务收入增长，还可以助力众多垂直行业实现技术转型，并探索新的商业机会。网络切片的应用场景仍在持续探索中。

9.1.2　5G 端到端切片定义

3GPP 关于网络切片的定义：一个切片由用于支持特定通信服务的一组逻辑网络功能组成。可以按照运营商需要的方式，将用户业务引导接入正确的网络切片。例如，根据签约合同或者终端类型的差异引导用户业务接入不同的网络切片。多种多样的用户业务场景对 3GPP 提出了不同的需求：计费、策略、安全、移动性等。3GPP 强调了网络切片之间不会相互影响，例如，突发的大量智能远程抄表业务不应该影响移动宽带等其他业务。为了满足业务多样性和切片间隔离的需求，要求实现不同业务间相对独立的管理和运维，并提供量身定制的业务功能和业务分析能力。不同类型的用户业务可以部署在不同的网络切片上，多个相同类型的用户业务也可以部署在不同的网络切片上。

3GPP 定义的网络切片主要针对通信系统的核心网络部署切片，但也可以针对 RAN 侧部署切片。3GPP 制定了分阶段实现网络切片的决策，先在核心网中实现切片技术，随着 5G 发展成熟，再在整个网络中实现端到端切片，即无线设备、承载网设备、核心网设备全部支持切片技术。

在 3GPP 制定的 TR28.801 协议中，关于网络切片技术定义了 3 个层次，如图 9-3 所示。

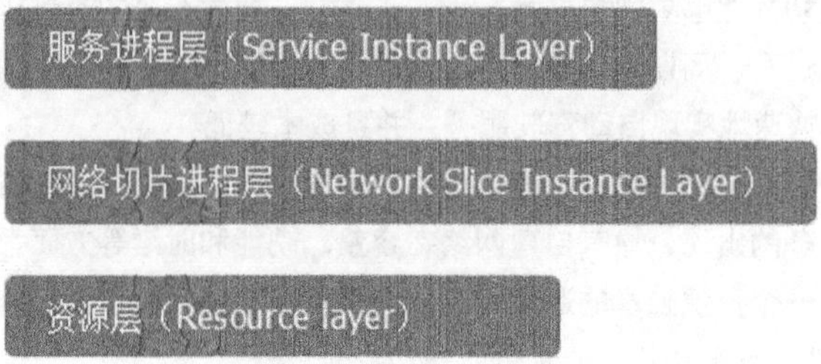

服务进程层（Service Instance Layer）

网络切片进程层（Network Slice Instance Layer）

资源层（Resource layer）

图 9-3　网络切片技术的 3 个层次

1. 服务进程层

服务进程层（Service Instance Layer）提供需要支持的服务（最终用户服务或业务服务），每个服务都由一个服务实例来表示，通常由网络运营商提供服务，也可以由第三方提供服务。

2. 网络切片进程层

网络切片进程层（Network Slice Instance Layer）可以使用网络切片实例为服务实例提供所需的网络特征及参数。

网络切片实例也可以被网络运营商提供的多个服务实例所共享。网络切片实例可以由一个或多个子网实例组成，也可以不包含子网实例。子网实例可以由其他网络切片实例共享。

3. 资源层

资源层（Resource Layer）提供基础的、待使用或者待分配的资源和功能。资源层包括物理资源、逻辑资源和网络功能。

（1）物理资源是指包括无线设备、核心网设备、承载网设备在内的计算、存储、传输等物理资产。

（2）逻辑资源是指对物理资源进行组合或者划分后，成为可以被一次选中的整体资源，如堆叠后的交换机、集群后的设备。

（3）网络功能是指网络中的处理功能，包括但不限于电信设备的功能，如以太网交换功能、IP 路由功能。

传统网络属于资源层，以 IP 路由网络为例，VPN 技术和 QoS 技术在一定程度上实现了业务间隔离、拥塞避免、丢弃策略、带宽限速等，但也存在配置复杂、拥塞避免效果有限、用户无法自主运维等问题。以 3G 核心网为例，系统网元众多，维护量大，网元间通信配置复杂。增加新的应用或者服务需要新的设备支持，部署周期长。网络切片技术通过设置服务进程层、网络切片进程层、资源层，使得应用与服务的部署和硬件解耦。灵活的网络切片可以满足不同行业、不同业务的具体需求，部署更加迅速，并且不再受制于硬件安装部署、异厂家兼容性等因素。网络切片层次之间的关系如图 9-4 所示。

（1）服务进程层中包含了服务实例，每个服务实例可以理解为一个行业、一种服务或者面向一类终端的具体应用。

（2）网络切片进程层包含了网络切片实例和子网实例。每个网络切片实例可以理解为端到端创建的逻辑网络，将承载一个或者多个服务实例。每个子网实例可以理解为构成端到端网络切片实例的一部分，例如，5G 网络端到端切片自动驾驶实例由核心网子网切片、承载网子网切片、无线接入网子网切片共同构成。

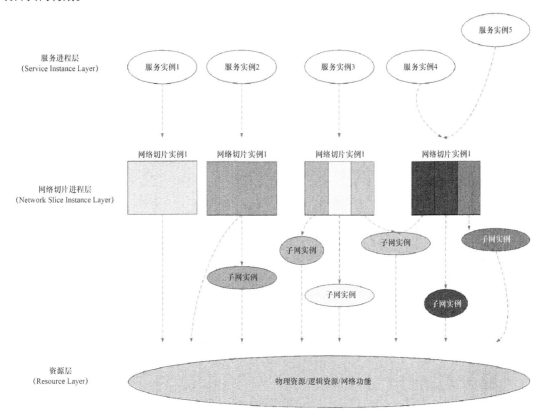

图 9-4　网络切片层次之间的关系

（3）资源层经过"切分"后供网络切片进程层使用。

9.1.3　5G 端到端切片管理

网络切片技术的应用促进了网络资源更高效、更灵活的利用，3GPP 定义了管理体系，用来支持扩容业务、调整网络切片实例、调整子网实例等操作。网络切片相关管理功能如图 9-5 所示，具体介绍如下。

（1）通信业务管理功能：负责将业务需求翻译成网络切片需求，与网络切片管理功能通信。

（2）网络切片管理功能：负责网络切片实例的管理和编排，从网络切片需求推导出网络切片子网需求，与子网切片管理功能和通信业务管理功能通信。

（3）子网切片管理功能：负责子网切片实例的管理和编排，与网络切片管理功能沟通，如图 9-5 所示。

网络切片相关管理功能的关系如图 9-6 所示，端到端网络切片管理功能（Network Slice Management Function，NSMF）通常用于管理多个子网，如无线接入网、承载网、核心网等；每个子网切片管理功能（Network Slice Subnet Management Function，NSSMF）管理的资源包括相应的网络管理软

图 9-5　网络切片相关管理功能

件及独立运行的网元。当业务需求新增、删除或者变化时，通信业务管理功能（Communication Service Management Function，CSMF）通过控制端到端 NSMF 进而控制子网切片管理，从而影响物理资源的分配及调度。

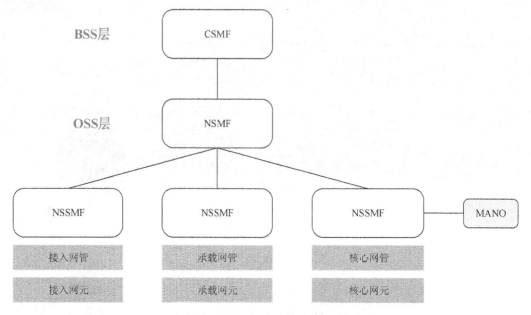

图 9-6　网络切片相关管理功能的关系

9.2　5G 承载网切片技术

5G 承载网作为端到端网络的中间部分，起着桥梁的作用，在网络切片技术中扮演着不可或缺的角色，本节将介绍承载网服务质量衡量指标、承载网面临的挑战和承载网了发展方向。

9.2.1　承载网服务质量衡量指标

承载网服务质量采用带宽、时延、抖动和丢包率等参数来度量，为关键业务提供服务质量保证，使其获得可预期的服务水平。

1．带宽

带宽也称吞吐量（Throughput），是指在一段固定的时间（1s）内，从网络一端发送到另一端的最大数据位数，也可以理解为网络的两个节点之间特定数据流的平均速率。带宽的单位是比特/秒（bit/s）。

带宽可以类比为城市的供水网，供水管道的直径可以衡量运水的能力，水管的横截面类似于带宽，水类似于网络传输的数据。使用粗管子就意味着拥有更宽的带宽，即有更大的数据传输能力。

在网络通信中，人们在使用网络时总是希望带宽越来越宽，特别是互联网日益发达的今天，人们对互联网的需求已不再是单一地浏览网页、查看新闻，新一代多媒体、影像传输、数据库、网络电视等应用的信息量迅猛增长，使得带宽成为影响互联网发展的最严重的瓶颈。因此，带宽成为网络设计主要的设计点，也是分析网络运行情况的要素之一。

需要注意的是，在网络中有两个常见的与带宽有关的概念——"上行速率""下行速率"。上行速率是指用户向网络发送信息时的数据传输速率，下行速率是指网络向用户发送信息时的数据传输速率。例如，用户使用文件传输协议上传文件到网络，影响上传速率的就是"上行速率"；而从网络下载文件时，影响下载速率的就是"下行速率"。当前运营商承载网中关于上/下行速率使用的是对称技术，而无线基站或者家庭宽带使用上下行非对称技术居多，即一般为满足用户需要设置下行速率大于上行速率。

2.　时延

时延是指一个报文或者分组从网络的一端传送到另一端所需要的时间。以语音传输为例，时延是指从说话者开始说话到对方听到所说内容的时间差。若时延太大，则会导致通话语音不清晰、不连贯或者支离破碎。

大多数用户察觉不到小于 100ms 的时延。当时延为 100～300ms 时，说话者可以察觉到对方回复的轻微停顿，这种停顿可能会使通话双方都感觉到不舒服。超过 300ms，时延就会很明显，用户开始互相等待对方的回复。当通话的一方不能及时接收到期望的回复时，说话者可能会重复所说的话，这样会与远端时延的回复碰撞，导致重复。

说明：时延是不可完全被消除的，可以从减小设备处理时延和减小设备间介质长度的思路出发，在一定程度上降低时延，以满足业务时延的要求。

3.　抖动

抖动也称为时延变化，是指同一业务流中不同分组所呈现的时延不同。抖动主要是由于业务流中不同分组的排队等候时间不同引起的，是对服务质量影响最大的因素之一。

某些业务类型，特别是语音和视频等实时业务，最容易受到抖动的影响，分组到达时间的差异将在语音或影像中造成断断续续的感受。

4.　丢包率

丢包率是指在网络传输过程中丢失的报文占总传输报文的百分比。

少量的丢包对某些业务的影响并不大。例如，在语音传输中，丢失一个比特或者一个分组的信息时，通话双方往往感受不到。在传输视频时，丢失一个比特或者一个分组可能造成屏幕上瞬间的波形干扰，但影像会很快恢复正常。使用传输控制协议传送数据报文也能处理少量的丢包问题，因为传输控制协议允许丢失的信息重新发送。但大量的丢包会影响传输效率。所以，QoS 更关注的是丢包的统计数据——丢包率。对于某些应用来说，少量丢包可能会造成重大的安全问题。例如，在远程驾驶中，丢失一个控制刹车的信息，导致刹车距离加长，或者在实时画面传递过程中丢失了突然闯入物体的报文，都会增大发生安全事故发生的概率。

服务质量的提升有助于提升应用体验，但质量的提升伴随着成本的增加，只有针对应用设置合理的指标参数才有应用意义。国内运营商在承载网服务质量提升的过程中重点保障的是带宽参数。充足的带宽配合强大的计算处理能力，会大幅度减少设备导致的时延、抖动、丢包等问题。

9.2.2　承载网面临的挑战

运营商提出了综合承载网的概念，即一个网络同时承载多种业务。在此之前，一般是一个专用网络承载一类业务，如果有多类业务，则需要建设多个承载网。例如，专为电话语音通信打造的固定电话网络，专为家庭宽带上网建设的接入网络，专为城市间互联网流量转发建设的城域骨干网，专为城市间 2G 语音转发建设的 SDH 网络，专为城市间 3G/4G 流量转发建设的 IP RAN 等。

5G 网络要想实现综合承载，关键是要保证业务间互不干扰，满足各类业务对带宽、时延等方面的需求。表 9-1 列举了 5G 典型用例的参数。

表 9-1　5G 典型用例的参数

典型用例	时延	带宽	可靠性	连接密度	安全	移动性
UC_1. 触觉互联网	控制信号时 延<1ms	50Mbit/s	–	–	–	步行速率
UC_2. 自动驾驶	数据时延 <1ms	10Mbit/s	99.999%	–	高（加密/防攻击）	0～500km/h
UC_3. 工业机器人协作	信号交互 时延<1ms	50kbit/s	99.999%	–	–	步行速率
UC_4. 远程手术	控制信号 时延<1ms	10Mbit/s	99.999%	–	高（加密/防攻击）	0～500km/h
UC_5. 体育馆或露天 集会	<10ms	>50Mbit/s	–	$1.5 \times 10^5/km^2$	–	步行速率
UC_6. 运营商云服务	<10ms	>1Gbit/s	99.999%	–	高（加密/防攻击）	步行速率
UC_7. 智能办公室	<10ms	>1Gbit/s	99.999%	–	高（加密/防攻击）	步行速率
UC_8. 无处不在的视频	<10ms	>200Mbit/s	–	200～2500/km²	–	0～100 km/h
UC_9. 广播类	<100ms	>200Mbit/s	–	–	–	0～500km/h
UC_10. 抄表类	<1s	>50kbit/s	99.999%	–	高（加密/防攻击）	静止
UC-11. GSM-R	<10ms	–	99.999%	–	高	500km/h

从 5G 典型用例的参数中可以看到，不同用例对网络的要求各不相同，例如，带宽从 50kbit/s 到 1Gbit/s、时延从 1ms 到秒级、每平方千米连接数从 200 到 1.5×10^5、移动性从静止到时速 500km。其中，某些类型业务中断后果并不严重，如视频；但是某些类型业务中断会导致生命财产的重大损失，如工业控制、远程手术。如果按照传统建网方式，不同类型业务建立独立的承载网，则建网成本过高将严重制约业务的发展。

如果直接在传统网络中部署衡量指标差异较大的业务，则业务之间有可能产生干扰，难以保证某些特殊业务衡量指标的达成，进而导致业务体验较差，最终影响新技术、新应用的快速发展。

需要注意的是，在表 9-1 中，移动性、连接密度的需求主要由无线接入网、核心网实现。例如，某些对于移动性要求较高的应用，主要由无线接入网通过用户在基站之间快速切换来实现。高带宽、低时延、高可靠、安全性等需求需要无线接入网、核心网和承载网三者之间协同发展，共同实现。

当网络高负载运行时，承载网保证敏感业务能够获得足够带宽资源是其他指标达成的前提条件。传统承载网应用 VPN、VLAN、隧道、QoS 等技术可以保证业务隔离及带宽限制，但是当网络发生严重拥塞时，很难保证敏感业务仍旧可以获得带宽保证。国内运营商通过定期提升承载网容量的方式来保持网络轻荷载，进而保证敏感业务的体验。

9.2.3　承载网的发展方向

5G 承载网需要新的技术来达到资源高效利用与业务体验的平衡点。

近些年来，云计算技术早已从理论设想发展为具有大量成熟案例的高可靠技术，成为各大网站、政府、金融系统都开始广泛使用的 IT 技术。新一代承载网可以借鉴云计算技术的部分思路。云计算是对计算机系统架构的变革，使得多个应用可以使用同一基础设施，共享计算、存储资源。虚拟化（Virtualization）技术是云计算的关键技术。

虚拟化是资源的逻辑表示，其不受物理限制的约束，虚拟化技术的实现是在系统中加入一个虚拟化层，将下层的资源抽象成另一种形式的资源，并提供给上层应用。采用虚拟化技术前后的对比如图 9-7 和图 9-8 所示。

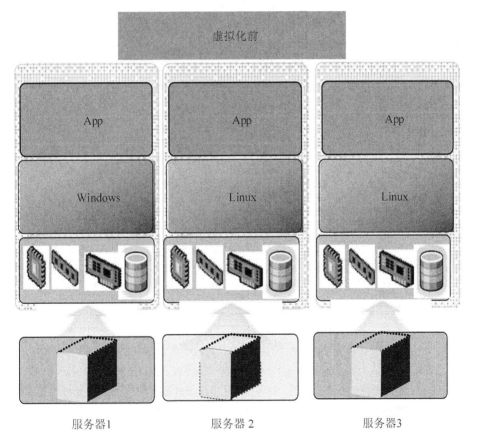

图 9-7　采用虚拟化技术前的情况

在云计算大规模应用之前，通过购买内存、CPU 及硬盘的方式提升单个主机的性能，从而提升业务处理能力，但是这种方式成本高、效率低。例如，A 公司有 3 个业务需求，如表 9-2 所示，由于不同业务放置在同一物理服务器中存在相互干扰，所以购置了 3 台独立的物理服务器，1 台为财务库存系统服务器，1 台为邮件及办公系统服务器，1 台为公司官网服务器。

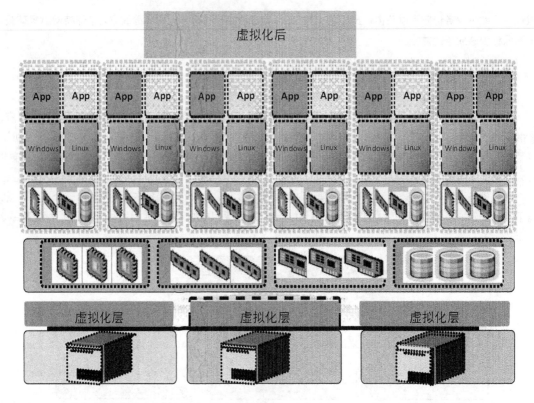

图 9-8 采用虚拟化技术后的情况

表 9-2 A 公司业务需求

需求	安全	可用	备份
财务库存系统服务器	高	高	高
邮件及办公系统服务器	高	中	高
公司官网服务器	中	中	中

　　虚拟化对计算、存储、图像处理等硬件资源进行池化，虚拟化后的资源供云服务器动态按需使用，云服务器需要在传统服务器上部署云平台软件和应用程序，可以根据自身特点动态增添、删减虚拟化后的资源。云主机之间隔离度较高，并且使用统一的硬件，使得运维更加方便，资源利用率得到了大幅提高。

　　上例中，A 公司使用虚拟化部署方案后，只需自购 1 套云计算系统、2 台物理服务器即可。其中，1 台物理服务器作为主用服务器，创建 3 个逻辑上的云服务器，分别作为财务库存系统服务器、邮件及办公系统服务器和公司官网服务器；另外 1 台物理服务器作为备份服务器，保证业务的连续性和可靠性。

　　运营商承载网面向 5G，转型方向类似于传统 IT 系统向云计算转型。目前，传统承载网承载的业务类型少、负载轻、网络相对封闭，然而，5G 网络面向行业客户，承载网要面临业务类型多元化、统一承载、高负荷运行、网络开放等挑战，一套网络系统需要同时承载多种业务，对带宽、时延、安全的要求截然不同。

　　网络功能虚拟化借鉴 IT 的虚拟化技术，使得多种类型的网络设备形成统一的业界标准，如服务器、交换机和存储，并部署在数据中心、网络节点或用户家中。这需要网络功能以软件方式实现，并能在一系列的标准服务器上运行，可以根据业务需要迁移、实例化，可以部署在网络的不同位置，不再受到物理位置的约束。网络功能以纯软件方式实现，物理硬件通过虚拟化技术为不同的网络功能提供所需的资源能力。

承载网是由大量运行在不同物理站点、运行相同规则的设备组成的，它们指导数据流按最优路径进行传播。当最优路径出现故障时，承载网能够根据实时信息选择备份路径。承载设备的一部分计算、存储能力可通过 NFV 实现，利用 SDN 技术收集物理网元信息，集中调度业务路径，宏观调控网络实时流量，保证用户体验。

而就 5G 承载网而言，大量不同种类的业务综合承载，为了减轻软件调控的压力，需要使用到切片技术。承载网切片技术的用途有以下 3 种。

（1）基于 SLA 的网络切片：与 QoS 在网络中的应用相似，可以基于不同的服务等级为业务分配资源，降低网络拓扑复杂性，满足 5G 业务的承载需求。一个基于 SLA 的网络切片由 VPN、Tunnel、路径信息、设备端口资源分配构成。而传统 VPN 只能在 PE 节点上体现业务的不同服务等级，对业务端到端路径上的 SLA 考虑较少。

（2）基于业务拓扑的切片：对链路资源进行划分，使得一个物理网络可以提供多个平面，在一个大的物理网络中分出一个小的网络切片，可以使业务选路聚焦到相关设备和链路上。呈现给不同客户不同的逻辑拓扑意味着网络可以按节点、端口分成多个切片，不同切片的资源分配给不同的业务或用户。

（3）基于增强运维的切片：完全是从逻辑业务角度的切片，目的是便于维护和运营。这种切片可以被认为是传统 VPN 方式的一种延伸，可以通过较低的成本实现运维和运营能力的提升。

5G 承载网切片架构如图 9-9 所示，其分为 3 个平面：网络管理平面、网络控制平面与网络数据平面。

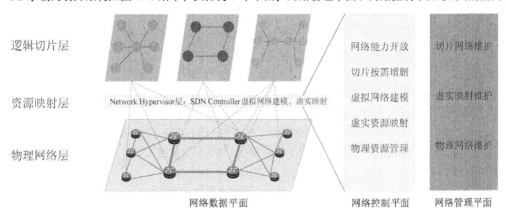

图 9-9　5G 承载网切片架构

（1）网络管理平面的主要职责包括切片网络维护、虚实映射维护、物理网络维护。当业务需求发生变化时，可通过网络管理平面向设备下发指令。

（2）网络控制平面的主要职责包括网络能力开放、切片按需增删、虚拟网络建模、虚实资源映射、物理资源管理。其提供标准的南北向接口对接第三方平台，以下发指令调整资源部署。

（3）网络数据平面包括逻辑切片层、资源映射层、物理网络层。不同逻辑切片只呈现给对应业务和用户，业务和用户感知不到物理网络拓扑。资源映射层完成了虚实资源的关联，在逻辑切片创建中通过该层次调用物理资源。

复杂的网络环境中多种业务共存，不同业务对网络质量的要求不同，需要 SDN 技术作为网络的"大脑"，以收集网络信息后统一调度。NFV 技术部署使得 5G 网络可以新增更多类型的业务，新增设备更便利，计算存储资源利用率更高。NFV 技术目前已在核心网中得到广泛应用。SDN 和 NFV 缺少的保证带宽能力，将由 9.3 节中介绍的 5G 承载网切片关键技术提供。

9.3 5G 承载网切片关键技术

从宏观角度来看，5G 承载网切片技术是指对承载网各项资源进行逻辑上的切分，切分的资源包括计算资源、存储资源、带宽资源等，切分后的资源具备可灵活编排、安全、独立运维等特点。承载网一般由路由器和光传送网络协同工作，前者负责自动化路径计算及调度，后者负责长距离大容量传送。灵活以太网（Flexible Ethernet，FlexE）是路由器中对物理接口进行切片的技术，OTN 与 ODUk 是光传送网络划分子管道的技术，两种技术是切分带宽资源的关键。

9.3.1 FlexE 技术

1. 以太网技术发展及灵活以太网基本概念

以太网在发展过程中经历了几个阶段：原生以太网、普通以太网、电信以太网、灵活以太网。以太网是基于 IEEE 802.3 标准发展起来的，主要目的是实现统计复用，最初被广泛应用于局域网中。灵活以太网是为了支持 5G 的切片需求而被推出的。

FlexE 是承载网实现业务隔离承载和网络切片的一种接口技术。FlexE 切片是基于时隙调度将一个物理以太网接口划分为多个以太网弹性硬管道，使得网络既具备类似于 TDM 独占时隙、隔离性好的特性，又具备以太网统计复用、网络效率高的特点，实现同一切片内业务的统计复用，不同切片之间的业务互不影响，相对于 VPN 切片而言，其有更好的隔离性。

FlexE 接口技术可以满足移动承载、家庭宽带、专线接入等使用大接口综合承载、粗粒度业务隔离的场景需求，不同类型的业务承载在不同 FlexE 接口上，并基于 FlexE 接口配置带宽，达到基于业务控制带宽的目的，满足 5G 场景网络切片的需求。

FlexE 技术可以满足网络切片的要求，实现一个物理网络支撑海量的不同 SLA 的业务，具有巨大的商业价值，可实现一网多用、网络价值最大化。FlexE 接口相当于独立的物理接口，在切片网络中，任何切片网络的流量、协议以及运行维护都不影响其他切片，如业务运行、网络升级、安全隔离、攻击隔离等。

FlexE 可以满足网络快速迭代的需求。当前网络中新业务的部署依赖于管道，增删节点或者链路扩容等操作都会影响业务。而 FlexE 技术可以在网络扩容过程中不影响业务。

FlexE 可以实现网络调整成本最小化。FlexE 技术可以实现带宽按需调整，只需要增减对应 FlexE 接口即可，避免不必要的单板更换等造成的硬件成本，降低了时间和经济成本。

FlexE 可以助力运营商的新业务创新。运营商在进行新业务创新时，可以将新业务引入到独立的网络切片中，无须改变现有网络结构，促进新业务快速上线从而获取最大利益。

2. FlexE 架构及接口技术

使用 FlexE 技术时需要理解 Client、Shim、Group 3 个概念，如图 9-10 所示。

（1）Client：对应客户的业务流，通过 FlexE 接口接入，多条 Client 可以封装到一个 FlexE 接口，可以支持非标准速率。

（2）Shim 层：对 PHY（物理层）的带宽进行 Slot（时隙）切分。例如，将 50Gbit/s 以太网接口切分成 10 个时隙，每个时隙 5Gbit/s，管理员可以灵活配置多个时隙，如果需要 15Gbit/s 以太网接口，则可以将 3 个时隙绑定，这样就有了 15Gbit/s 以太网的接口。

（3）Group：将多个物理接口通过 FlexE 接口绑定。例如，可以将 2 个 400Gbit/s 以太网接口绑定到 1 个 Group，此时，此 Group 共有 80 个 10Gbit/s 的 Shim。

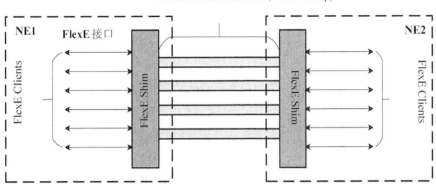

图 9-10 FlexE 技术中的概念

3. FlexE 技术应用示例

随着 4G/5G 网络的建设，网络发展对移动承载的带宽提出了更高的需求，同时运营商也希望通过统一的网络来承载不同的业务，包括家庭宽带业务、专线接入业务、移动承载业务等，这些需求对电信网络接口提出了更高的要求。FlexE 技术通过接口带宽隔离，可以实现业务隔离。业务在同一个物理网络中进行网络切片，FlexE 接口之间可以实现完全隔离，彼此之间互不影响，流量在物理层隔离。

FlexE 技术可以应用在承载网的接入层、汇聚层、核心层上，随着 5G 业务的起步、发展、成熟，其业务量是逐步增长的，承载网可以通过 FlexE 进行平滑升级。

Flex E 技术可以提供大带宽、长距离传输，如图 9-11 所示。例如，FlexE 可以将 4 个 100Gbit/s 以太网接口绑定在一个 Group 中，形成一个 400Gbit/s 以太网接口，并且利用 100Gbit/s 以太网光模块支持 80km 传递距离的特点，最终实现 400Gbit/s 速率的 80km 传输。

图 9-11 FlexE 技术提供的大带宽、长距离传输

由于 FlexE 技术将物理接口的 PHY 层划分为多个相同的子时隙，每个子时隙具有相同的带宽，多个子时隙可以灵活组合成不同带宽的逻辑接口，即 FlexE 接口带宽。FlexE 子时隙如图 9-12 所示。

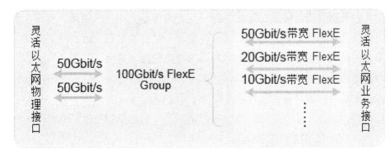

图 9-12 FlexE 子时隙

子时隙粒度为 5Gbit/s 时，FlexE 接口可以配置的带宽值是 5Gbit/s 的整数倍，如 5Gbit/s、10Gbit/s、15Gbit/s 等。

子时隙粒度为 1Gbit/s 时，FlexE 接口可以配置的带宽值是 1Gbit/s 的整数倍，如 1Gbit/s、2Gbit/s、3Gbit/s、4Gbit/s、5Gbit/s。

子时隙粒度为 1.25Gbit/s 时，FlexE 接口可以配置的带宽值是 1.25Gbit/s 的整数倍，如 1.25Gbit/s、2.5Gbit/s、3.75Gbit/s、5Gbit/s。

4. FlexE 技术配置注意事项

FlexE 简介

配置标准以太网接口切换为灵活以太网模式时，会同时生成对应的 FlexE 接口。例如，"50l100Gbit/s 0/1/0" 接口使能为灵活以太网模式后，物理接口名称变为 "FlexE-50l100Gbit/s 0/1/0"，同时会生成名为 "FlexE 0/1/129" ～ "FlexE 0/1/148" 的一系列 FlexE 接口，其中，接口号中的 Slot-ID/Card-ID 与物理接口保持一致。

生成新的 FlexE 接口后，基于接口的配置（如 IP 地址、路由协议配置等）都在新生成的 FlexE 接口中进行，原物理接口内的配置不再生效。

9.3.2 OTN ODUk 技术

1. 光承载网络端到端的灵活调度技术

根据 ITU-T G.872 协议定义的 OTN 分层结构，OTN 的网络层划分为光通道（OCh）层、光复用段（OMS）层、光传送段（OTS）层，光通道层又分成 3 个电域子层：OPUk 层、ODUk 层、OTUk 层。光净荷单元（Optical Payload Unit，OPU）提供客户信号的映射功能；光数据单元（Optical Date Unit，ODU）提供客户信号的数据包封装、OTN 的保护倒换、踪迹检测、通用通信处理等功能；光传输单元（Optical Transport Unit，OTU）提供 OTN 成帧、FEC 处理、通信处理等功能。

在光传送网络中，ODU 定义为将客户端信号从网络入口传送到出口的传输容器。ODUk(k 可表示为 0、1、2、2e、3、4、Flex）是可配置的电层业务级别的层次，目的是实现灵活调度与管理。ODU 提供一个有效负荷区给客户端数据以进行性能监控和故障管理。一个 ODU 的有效负荷区可以包含单个的非 OTN 信号或者多个更低速率的 ODU 作为客户信号。

在 5G 承载网中，网络切片是指将网络资源灵活分配、网络能力按需组合，基于一个 5G 网络虚拟出多个具备不同特性的逻辑子网。每个端到端切片均由核心网、无线网、传输网子切片组合而成，并通过端到端切片管理系统统一管理。而光传送网络中所用的资源就是独立光波长中承载的 ODUk 通道，通过 ODUk 的电域子层在逻辑上隔离不同的业务，光通道可以提供严格的业务隔离和服务质量保证。

2. 任意客户信号 OTN 传输技术

在光传送网络中，可以通过承载网的硬件系统的逻辑管道容量与传输业务相匹配，这就是 ODUk 通道，也是光传送网络切片的天然优势。传统 ODUk 按照一定标准容量大小进行封装，受到容量标准的限制，容易出现某些细粒度的业务不得不用更大的标准管道容量进行封装的情况，造成网络资源的浪费。在未来网络中，有的客户要求的带宽资源非常小，有的客户要求带宽资源非常大，光传送网络必须要在不浪费网络资源的前提下进行带宽的灵活调度。

作为客户端的数据包，它要具备调整灵活光数据单元（Optical Data Unit flexible，ODUflex）容器以适应不同流量模型的能力。为了支持这种功能，人们定义了一个速率调整协议来管理一个端到端网络连接的流量变化。

支路时隙（Tributary Slot，TS）也被称为子时隙，是 ODUk 帧信号的基本构成单位，每个 TS 的带宽为 1.25Gbit/s。

ODUflex 帧带宽为 $N \times TS$（$1 \leqslant N \leqslant 80$），即 ODUflex 的带宽是 1.25 ～100Gbit/s。

ODUflex 具有如下特点。

（1）高效承载：提供灵活可变的速率适应机制，用户可以根据业务流量大小灵活配置容器容量，保证了带宽的高效利用，降低了每比特的成本。

（2）兼容性强：适配视频、存储、数据等各种业务类型，并兼容未来 IP 业务的传送需求。

例如，客户侧接入 3G-SDI 业务（速率是 2.97 Gbit/s）。

未采用 ODUflex 映射时，普通映射路径如图 9-13 所示，映射路径 3G-SDI→ODU2→OTU2 占用了整个 ODU2 的带宽（10Gbit/s），浪费带宽约 7Gbit/s；FC400→ODUflex→ODU2→OTU2 路径占用了整个 ODU2 的带宽（10Gbit/s），浪费带宽约 4Gbit/s。

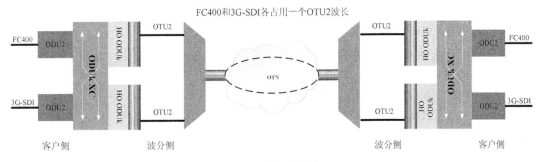

图 9-13　普通映射路径

采用 ODUflex 映射时，ODUflex 映射路径如图 9-14 所示，映射路径 3G-SDI→ODUflex→ODU2→OTU2 占用了 3 个 TS（3×1.25Gbit/s=3.75Gbit/s）；映射路径 FC400→ODUflex→ODU2→OTU2 占用 4 个 TS（4×1.25Gbit/s=6Gbit/s），余下的 1 个 TS（1.25Gbit/s）可以接入其他业务，大大节省了带宽资源。

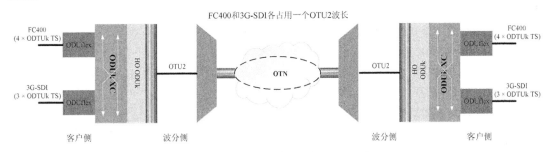

图 9-14　ODUflex 映射路径

目前，ITU-T G.709 定义了两种形式的 ODUflex，即基于固定比特速率（Constant Bit Rate，CBR）业务的 ODUflex 和基于通用成帧规程（Generic Framing Procedure，GFP）业务的 ODUflex。在 OTN 中传输的多数非 OTN 客户端信号都是 CBR 信号，只有 CBR 客户信号速率大于 2.488Gbit/s 时，客户端才能通过比特同步映射过程（Bit-synchronous Mapping Procedure，BMP）方式映射到 ODUflex。对于 GFP 的 ODUflex 信号，任何比特率都有可能，如果考虑效率最大化，则建议将 GFP 的 ODUflex 填充到承载 GFP 的 ODUflex 的最新高阶 ODUk 通道的整个 TS。速率为 $n \times$ ODUk 时隙约等于 $n \times 1.25$Gbit/s。其中，n 代表 GFP 的 ODUflex 所占用的 TS 数量。另外，包业务需要通过成帧映射通用成帧规程（Generic Framing Procedure - Frame Mapped，GFP-F）封装到 ODUflex。

由于网络边缘的接入业务非常复杂，如 5G、物联网、专线等；同时，部分业务具有临时性，业务流量具有突发性，所以需要管道根据业务带宽的大小进行无损调节，要求支持 ITU-T 规定中 ODUflex 的无损伤调整，即 ODUflex（GFP）的无损伤调整（Hitless Adjustment of ODUflex-GFP）。HAO 就是 Hitless Adjustment of ODUflex-G.HAO 标准协议，即 ITU-T G.7044/Y.1347，该协议支持根据接入业务速率大小动态地为其分配 n 个时隙，再映射到高阶 ODU 管道中。如果接入业务速率发生变化，则通过 G.HAO 协议，网络管控系统会控制业务路径的源宿之间的所有站点，调整时隙个数，从而调整 ODUflex 的大小，保证业务无损伤调节。

在 5G 承载网中，应基于 ODUflex 进行网络资源划分。将不同的 ODUflex 带宽通过通道标识划分，承载不同的 5G 网络切片，可以根据业务流量的变化动态无损地调整 ODUflex 的带宽。也可以通过物理端口进行承载资源的划分，对物理端口对应的所有电层链路都进行标签隔离处理。这种方式实现起来比较简单，但是粒度较粗。

3. 超低时延 OTN 传送技术

5G 网络中除了要求提升传输网络的带宽外，部分 5G 业务要求降低时延。目前，商用 OTN 设备单个站点时延一般为 10～20μs，主要是为了覆盖多样化的业务场景（如了承载多种业务、多种粒度），增加了很多映射、封装步骤，造成了时延的大幅增加。

随着各种业务对时延的要求越来越高，未来在某些时延要求极其苛刻的场景下，需要针对特定场景需求进行优化，超低时延的 OTN 设备单节点时延可以达到 1μs。具体可以通过以下 3 个思路对现有产品进行优化。

（1）针对特定场景，优化封装时隙。

前面提到的 OTN 采用 1.25Gbit/s 的子时隙，以转发一个 25Gbit/s 的业务为例，发送端需要先分解成 20 个不同的子时隙再进行转发，接收端收到这 20 个子时隙后再将其提取恢复成原始业务，整个分解和提取恢复的过程中会产生不少时延。如果将子时隙增大，如改为 5Gbit/s 的子时隙，则极大地降低了分解和提取恢复的时延，同时会节省芯片的缓存资源。

（2）简化映射封装路线。

前面提到在常规的光传送网络中，以太网业务的映射方式需要先经过 GFP 封装，再装载到 ODUflex 容器中，最后需要在 OUT 线路侧进行时钟滤波、串并转换等操作，因此增加了封装处理步骤，从而增大了时延。新一代的信元映射方式基于业务容量要求进行严格速率调度，映射过程中采用了固定容器进行封装，可以跳过 GFP 封装等过程，进而降低了时延。

（3）简化 ODU 映射复用路径。

OTN ODUk 技术简介

OTN 同时支持单级复用和多级复用，其实每增加一级复用都会增加时延。例如，GE 业务采用多级复用（GE→ODU0→ODU1→ODU2→ODU3→ODU4→OTU4）的时延约为 4.5μs，而单级复用（GE→ODU0→ODU4→OTU4）的时延约为 2.2μs。可以看到，采用单级复用可以有效控制时延。

随着 5G 应用和网络云化进程的展开，给光传送网络带来的不仅仅是流量的攀升，还带来了超低时延、超高可靠、高度灵活、智能化等特性的挑战。对于网络灵活调度的需求，可以通过 ODUflex 技术对带宽进行灵活调度和调整；同时，可以对 OTN 技术进行简化，包括减少复用层级、简化开销、使用更大的子时隙等，并通过引入软件定义的传送网（Transport-Software Defined Network，TSDN）实现端到端的网络综合管控，实现网络资源的最优配置和管道的最大利用效率，完成业务的快速发布。

9.4 SPN 技术

切片分组网（Slicing Packet Network，SPN）技术是中国移动面向 5G 网络时代的城域传送网而制定的企业标准。SPN 聚焦于构建高效、简化、超宽的传送网，以支撑城域承载业务，基于以太网生态系统承载无线业务、企业业务、家庭业务和云互连业务。

9.4.1 SPN 设计

SPN 作为新一代承载网，在设计上要面对通信网络话务模型发生的变化：连接密度和话务密度将以前所未有的速度增长，网络覆盖将极大地扩展，对于特定行业的实时交互要求也将非常高，不同类型的用户对网络提出个性化的要求。因此，SPN 设计需要满足以下要求。

（1）高带宽：新的承载网需要提供低成本、高带宽的网络服务。每个用户获得的资源超过 1Gbit/s，且网络面向未来具有良好的扩展性，支持 AR、VR 等应用。

（2）低时延：新的承载网为了适应互动体验及工业远程制造，端到端时延需要控制为 1ms 甚至更低。

（3）灵活的连接：新的承载网需要满足 10^6devices/km² 的网络接入能力，所有无线站点之间以最优路径转发业务报文。

（4）开放可编程：新的承载网需要支持标准的南北向接口以保证 SDN 的通用性。

（5）网络切片：新的承载网需要针对不同的业务需求给出对应的服务，网络可以动态地调整资源以满足需求，同时提供硬件和软件的隔离能力。

（6）高可靠：新的承载网应为工业控制、远程医疗等应用提供超高可靠的能力。

（7）智能运维：新的承载网应具备智能的运维能力，从而实现业务快速布放和调整、故障快速定位和处理、资源自动分析等。

9.4.2 SPN 架构

SPN 架构如图 9-15 所示，可以划分为以下 3 层。

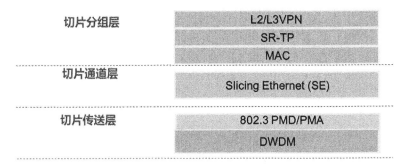

图 9-15 SPN 架构

（1）切片分组层（Slicing Packet Layer，SPL）：基于原有 MPLS/MPLS-TP 技术，并进一步引入 SR 技术，支持接口带宽和业务的软隔离切片，实现面向连接的电信级分组承载。

（2）切片通道层（Slicing Channel Layer，SCL）：引入类似 FlexE 的技术，支持反向复用捆绑，支持大带宽扩展，支持接口带宽和业务的硬隔离切片。其核心技术是中国移动与华为等公司联合创新提出的切片以太网（Slicing Ethernet，SE）层网络技术。SCL 技术目前正在中国通信标准化协会和 ITU-T

同步进行标准化和验证；切片以太网及其交叉连接技术实现了对以太网 MAC 帧序列等业务的新型隧道承载，能保证恒定的确定性的时延，配合其原生的按需随路 OAM 技术，适合 5G 时代的城域综合业务承载应用。

（3）切片传送层（Slicing Transport Layer，STL）：基于 IEEE 802.3 以太网物理层技术和光互联网论坛（Optical Internetworking Forum，OIF）FlexE 技术，实现高效的大带宽传送能力。OIF FlexE 技术通过以太网物理层的 50Gbit/s、100Gbit/s、200Gbit/s、400Gbit/s 等新型高速率以太网接口，利用广泛的以太

SPN 架构简介

网产业链，支撑低成本大带宽建网，支持单跳 80km 的主流组网应用。对于带宽扩展性和传输距离存在更高要求的应用，SPN 采用以太网+DWDM 的技术，实现10Tbit/s 级别容量和数百千米的大容量长距组网应用。

基于 SCL 和 SPL，可将一个物理网络的资源按照硬隔离和软隔离进行切片，形成多个虚拟网络，由多个生产性部门分别进行维护和运营；同时，支持嵌套切片为多种业务提供差异化 SLA 的承载服务。

9.4.3　SPN 关键技术

在 SPN 结构的不同层次中，使用了不同的关键技术，如图 9-16 所示。

（1）切片分组层为分组业务提供封装和调度能力。其中，包括以下两大关键技术。

① 基于流量监控的段路由（Segment Routing Traffic Policing，SR-TP）是基于 MPLS 分段路由的传送网络应用，实现业务与网络解耦，业务建立仅在边缘节点操作，网络不感知，与 SDN 集中控制器无缝衔接。同时，其提供了面向"连接"和"无连接"的管道，以满足 5G 云化网络灵活连接的需求。

② SDN Based L3VPN 是基于 SDN 集中控制的 IP 路由技术，提供了集中式路由控制能力，以及路由策略灵活可编程能力，实现了业务灵活调度。其利用路由集中策略和分布式协议之间的适度结合，降低了SPN 转发设备的复杂度。

（2）切片通道层为多业务提供了基于物理层（L1）的低时延、硬隔离切片通道。其中，包括以下三大关键技术。

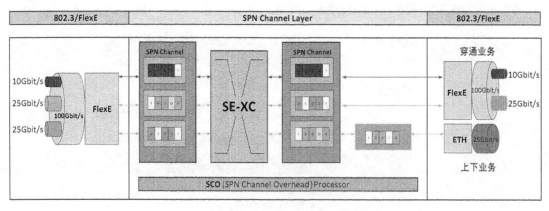

图 9-16　SPN 关键技术

① SC：SPN Channel，基于以太网 802.3 码流的通道，实现端到端切片通道物理层（L1）组网。

② SE-XC：SPN Ethernet-Cross Connect，基于以太网的物理层（L1）通道化交叉技术。

③ SCOP：SPN Channel Overhead Processor，基于 802.3 码块扩展、替换 IDLE 码块，实现 SPN Channel 的 OAM 功能。

本章小结

　　本章系统地介绍了 5G 承载网的切片技术，包括 5G 端到端切片的定义、应用和管理，5G 承载网切片如何满足各种挑战和网络指标，如何在 SPN 架构中设计和使用切片技术。

　　完成本章的学习后，读者可以深入了解 5G 承载网切片对于 5G 端到端业务的重要意义，以及对于业务带宽、时延、抖动、安全等指标的重要价值，掌握 5G 承载网切片的多种实现方式和解决方案。

 课后习题

1. 选择题

（1）在 3GPP 制定的 TR28.801 中，关于网络切片技术定义了 3 个层次，不包括（　　）。

　　A. 服务进程层　　　　　　　　　　B. 网络切片进程层

　　C. 网络层　　　　　　　　　　　　D. 资源层

（2）网络切片的管理功能不包括（　　）。

　　A. 切片业务管理功能　　　　　　　B. 网络切片管理功能

　　C. 子网切片管理功能　　　　　　　D. 子网络子切片管理功能

（3）【多选】5G 承载网切片技术的用途有 3 种，包含（　　）。

　　A. 基于服务水平协议的网络切片　　B. 基于业务拓扑的切片

　　C. 基于不同产品的切片　　　　　　D. 基于增强运维的切片

2. 问答题

（1）简述切片技术在 5G 承载网中的作用。

（2）对比切片与传统业务隔离技术的特点。

（3）简述 3GPP 组织为网络切片技术定义的 3 个层次的作用。

（4）举例说明两大承载网关键切片技术各自的应用场景。

（5）简述 SPN 的网络架构。

10

第 10 章
5G 承载网可靠性技术及部署

随着 IP 承载技术自身的发展，IP 网络也正在从一个单纯的互联网、数据业务承载网络，逐步成为数据、话音、视频的多业务承载网络。在 5G 时代，随着 uRLLC 及 mMTC 业务的逐渐部署，对 IP 承载网提出了越来越高的要求。其中，网络可靠性是最受关注的。

本章将详细介绍 5G 移动通信系统中使用的可靠性技术，包括各种可靠性技术的概念、基本原理和规划部署方案，以使读者对 5G 承载网的可靠性技术有全面的了解。

课堂学习目标

- 了解可靠性的通用基础知识

- 掌握 5G 承载网故障检测技术

- 掌握 5G 承载网可靠性技术及部署

10.1　可靠性概念

广义的可靠性包括可靠性、可维修性、维修保障性、安全性等。网络作为运营商的最核心产品，也需要广义的可靠性来保障用户的使用体验。

对于 IP 承载网而言，可靠性是指网络在规定条件下、规定时间内完成规定功能的能力。网络可靠性的构成因素有很多，但主要包括设备可靠性、网络连通可靠性、基础设施可靠性。

由于 5G 承载网主要基于 IP 架构，但是承载着各种业务或应用，所以需要电信级的可靠性来保障网络或者业务正常运营，其可靠性主要体现为以下两点。

（1）网络设备（路由器和 PTN）是承载网中的节点，设备可靠性包括设备软件/硬件的可靠性。

（2）端到端的网络可靠性是 5G 用户或业务最关心的，连通可靠性、业务可靠性需要通过检测、倒换机制实现对端到端业务的保护。

10.1.1　网络的可靠性指标

可靠性是降低网络中断时间、提高网络性能的一种技术。它主要涉及系统及硬件可靠性设计方法、软件可靠性设计方法、可靠性测试验证方法和 IP 网络可靠性设计等。在可靠性方面，主要有 3 个衡量指标：平均修复时间（Mean Time to Repair，MTTR）、平均故障间隔时间（Mean Time Between Failure，MTBF）和可用度（Availability）。

（1）MTTR：从可维护性方面标识故障的恢复能力，指一个组件或设备从故障到恢复正常所需的平均时间，实质上是指设备的容错能力。广义的 MTTR 涉及备件管理、客户服务等，是设备维护的一项重要指标。以下为 MTTR 的计算公式。

MTTR = 故障检测时间 + 单板更换时间 + 系统初始化时间 + 链路恢复时间 + 路由覆盖时间 + 转发恢复时间

（2）MTBF：从可靠性方面标识故障发生的概率，指一个组件或设备的无故障运行平均时间，通常以小时为单位。

（3）可用度：标识系统的出勤率，增大 MTBF 和减少 MTTR 都可以提高设备的可用度。在电信行业，99.999%的可用度意味着设备因故障导致的业务中断时间平均每年不得超过 5min。行业可用度需求对比如表 10-1 所示。

表 10-1　行业可用度需求对比

可用度（%）	年停机时间（min）	适用产品
99.9	500	PC 或服务器
99.99	50	企业级设备
99.999	5	一般电信级设备
99.9999	0.5	更高要求电信级设备

10.1.2　5G 承载网的可靠性机制

对于移动承载网的业务而言，网络服务的可用性越高，表明端到端业务的中断时间越短。在故障发生到业务恢复期间，需要关注以下几个关键的时间点。

（1）故障发生：指网络发生故障而导致业务中断的时刻。

（2）故障监测：指网络对故障感知的时刻。

（3）滞后时刻：指感知故障后网络系统开始启动应对措施的时刻。

（4）连接修复：指网络恢复连接但业务仍未恢复的时刻。

（5）服务恢复：指服务恢复，即故障结束的时刻。

（6）服务恢复时间的长短决定了可用度的高低。

10.1.3　5G 承载网的可靠性技术

设备的可靠性主要是通过设备本身的特性来进行保证的，在业界比较复杂的是如何保证网络级的可靠性，保护网络连通性和业务的保护倒换。目前采用的网络可靠性技术都是围绕着如何提高故障检测时间和加强网络保护手段的方向进行的，研究如何更好地将故障检测与网络保护倒换技术结合起来，以达到网络可靠性的要求。

网络设备通过快速检测技术检测到故障后，配合保护倒换技术进行相应协议的倒换。保护倒换技术指事先建立好备用通道供设备进行倒换，针对不同的承载网技术需要部署相应的保护倒换技术。

针对 5G 网络，保护倒换技术按照业务部署可以分为 L2VPN 类、L3VPN 类、网关类和链路类。L2VPN 类保护倒换技术主要是 PW 冗余或 MC-PW APS；L3VPN 类保护倒换技术主要是 VPN FRR；网关类保护技术主要是 E-VRRP；链路类保护倒换技术包括 LDP FRR、混合 FRR、TE FRR 和 TE HSB 等。保障端到端 5G 承载网连接可靠性的相关技术应用如图 10-1 所示。

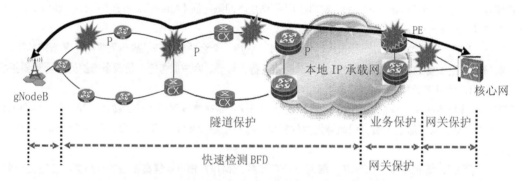

图 10-1　保障端到端 5G 承载网连接可靠性的相关技术应用

从图 10-1 可以看到，5G 承载网保护模式主要有 3 类：隧道保护、业务保护、网关保护。不同的保护模式应用场景不同，采用的具体技术也不同。

10.2　5G 承载网的故障检测技术

目前，IP 网络一般采用 Hello 机制进行故障检测，即通过协议自身的周期性 Hello 报文机制进行故障检测，但一般协议的 Hello 报文周期较长，尤其是在路由协议没有硬件帮助的情况下，检测时间会是秒级。这个时间对某些电信业务来说太长，当数据速率达到 100Gbit/s 时，缺陷感应时间长意味着大量数据的丢失，且其对于不运行路由协议的节点没有办法检测链路的状态。同时，在现有的 IP 网络中并不具备秒级以下的间歇性故障修复功能，而传统路由架构在对实时应用（如语音）进行准确故障检测方面能力有限。

故障快速检测技术的出现解决了上述问题，典型的快速故障检测技术包括 BFD、以太网操作-管理-维护（Operation, Administration, Maintenance, OAM）、MPLS OAM 等。这些快速故障检测技术通过相邻设备进行检测报文的发送和接收，当在规定时间间隔内收不到对端的报文时即上报故障，通知设备进行相应的协议倒换。

在电信级 IP 网络中，BFD 作为重要的故障检测技术在移动承载网中大量应用，OAM 通常只为特定的协议服务，例如，以太网 OAM 只为以太网服务，MPLS OAM 只为 MPLS 协议服务。以下将重点介绍 BFD 及 OAM 的相关概念和应用。

10.2.1 BFD 协议

BFD 是一个简单的"Hello"协议，与路由协议的 Hello 邻居检测部分相似。一对系统在它们之间所建立会话的通道上周期性地发送检测报文，如果某个系统在足够长的时间内未收到对端的检测报文，则认为在这条到相邻系统的双向通道的某个部分发生了故障。BFD 协议的主要特点如下。

（1）对相邻转发引擎之间的通道提供负载轻、持续时间短的检测。这些故障包括接口、数据链路和转发引擎本身。

（2）提供一个单一的机制来对任何介质、任何协议层进行实时检测，并且检测的时间与开销范围比较宽裕。

可以将 BFD 协议看作系统提供的一种服务，上层应用对 BFD 会话状态变更采取什么措施完全由上层应用自己决定。上层应用向 BFD 提供检测地址、检测时间等参数，BFD 协议根据这些信息创建、删除或修改 BFD 会话，并将会话状态通告给上层应用。

为满足快速检测的需求，BFD 协议草案规定发送间隔和接收间隔单位是 μs，但限于目前的设备处理能力，大部分厂商设备配置 BFD 协议时只能达到毫秒级。目前，华为移动回传产品 BFD 协议的发送最小间隔为 3.3ms，3 倍的发送间隔时间后就可以检测出故障，即 10ms 内可检测出故障。

在网络中单纯使用 BFD 协议没有任何意义，需要和其他协议联动，完成其他协议的快速检测任务。在 5G 承载网部署时，可以为重要的应用和协议部署 BFD 协议联动，达到 BFD for Everything 的目的，实现全网的快速检测。BFD 协议的主要应用如图 10-2 所示。

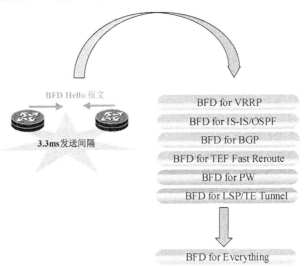

图 10-2 BFD 协议的主要应用

BFD for PW 是一种对 PW 进行故障检测的机制，用于触发所承载业务的快速切换，达到业务保护的目的。也就是说，利用 BFD 协议完成 PW 故障的快速检测，从而引导所承载业务的快速切换，达到业务保护的目的。

BFD For TE Tunnel 是基于流量工程的多协议标签交换技术（Multi-Protocol Label Switching Traffic

Engineering，MPLS TE）中的一种端到端的快速检测机制，用于快速检测隧道所经过的路径（包括链路和节点）中发生的故障。

MPLS TE 传统的检测机制包括 RSVP Hello 或者 RSVP 刷新超时等，都具有检测速度缓慢的缺点。BFD 检测机制很好地克服了这些缺点，它采用快速收发报文机制完成隧道路径故障的快速检测，从而触发承载业务的快速切换，达到保护业务的目的。

在 LSP 隧道上建立 BFD 会话，利用 BFD 检测机制快速检测 LSP 隧道的故障，可以提供端到端的保护。BFD 可以用来检测 MPLS LSP 转发路径上数据平面出现的故障。使用 BFD 检测单向 LSP 路径时，反向链路可以是 IP 链路、LSP。

总体而言，作为一种快速检测手段，快速检测的目的是更快地进行故障的倒换，所以 BFD 技术需要和其他保护倒换技术相结合，以达到毫秒级保护倒换的目的。

10.2.2 OAM 快速检测机制

根据运营商网络运营的实际需要，通常将网络的管理工作划分为 3 大类：操作（Operation）、管理（Administration）、维护（Maintenance），即 OAM。OAM 支持的功能主要有 OAM 发现、链路监视、远端故障指示、远端环回测试、可扩展性。ITU-T 对 OAM 功能进行的定义如下。

（1）进行性能监控并产生维护信息，根据这些信息评估网络的稳定性。

（2）通过定期查询的方式检测网络故障，产生各种维护和告警信息。

（3）通过调度或者切换到其他实体，旁路失效实体，保证网络的正常运行。

（4）将故障信息传递给管理实体。

为实现 OAM 相关功能，网络或设备支持一些 OAM 类的自动检测协议，增强了网络的可管理性、可维护性。OAM 作为检测的一种手段，主要包括 PW OAM、MPLS OAM、以太网链路 OAM 和以太网业务 OAM。根据作用的层级不同，可将其归纳为以下 3 类。

（1）数据链路层：802.3ah。

（2）网络层：802.1ag、Y.1731、BFD、MPLS OAM(RFC4379、RFC5085)。

（3）业务层：802.1ag、ICMP Ping。

各种 OAM 功能定义的组织不同，应用场景及功能也有一些差异。其中，主流的几类 OAM 功能及应用说明如下。

（1）802.1ag 作为端到端的 OAM，具备 CC、LB、LT 等功能，支持端到端的连通性检测、故障定位（LoopBack/LinkTrace）功能。

（2）Y.1731 属于 ITU-T 标准组织制定的 OAM 标准，其基本功能和 802.1ag 相同。OAM 报文帧格式除部分选项之外均与 802.1ag 兼容，其和 802.1ag 的主要区别是增加了性能检测功能，可以开展时延、丢包率、抖动等网络指标的测试。

（3）802.3ah 作为点到点的数据链路层 OAM，支持数据链路层面的连通性检测，支持业务调试、诊断，配合网管支持故障定位。

（4）MPLS OAM：轻载、快速的 OAM 报文检测，与具体传送技术无关的 OAM 技术，主要用于 IP/MPLS/PW 层 OAM，支持连通性检测；RFC4379 和 RFC5085 的主要内容是 VCCV Ping 和 LSP Ping，支持 MPLS/VPLS 层的故障定位。

（5）ICMP Ping：常用的 IP 连通性检测工具，可以携带时间戳实现双向时延的粗略测量。

在运营商的网络中，由于开启过多的 OAM 功能会给设备带来一定的负面影响，也会增加网络运维的难度，且很多 OAM 功能可以以非长期在线的形式按需进行使用，所以当前绝大多数运营商主要部署应用了

MPLS OAM 和 BFD 等。

10.3　PW 保护技术

在移动承载网中，通常会承载一些传统的点到点专线业务，如 TDM PWE3 专线。其承载的业务重要性较高，一旦网络发生故障，影响较大，在承载网中必须对其进行有效保护。

PW 保护可以利用外层隧道的保护，但是在 CE 双归的场景中，隧道终点不在一台设备上，无法利用外层隧道保护 PW 及 AC 链路。PW 冗余是重要的业务可靠性保证方法，PW 冗余保护有 PW Redundancy 及 PW APS 两种。

10.3.1　PW APS 的基本概念

PW APS 是基于自动保护切换（Automatic Protection Switching，APS）协议实现的一种保护 PW 的功能。通过该功能，当工作 PW 发生故障的时候，业务可以倒换到预先设定的保护 PW，从而实现业务的正常运行。

APS 协议由 ITU-T 组织制定，主要是将 SDH 的 APS 部分移植到数据网络中。PW APS 是 APS 协议在 PW 上的应用。PW APS 通过 PW OAM 检测机制检测主 PW、备 PW 的状态，触发倒换，实现业务保护。

PW APS 通过 PW OAM 检测机制检测工作 PW 和保护 PW 的状态。PW OAM 在 Ingress 端周期性地发送检测报文，在 Egress 端接收检测报文。当 Egress 端在一定周期内未收到检测报文时，认为 PW 通道出现了故障，触发 APS，并通告对端设备的 APS 模块，触发对端倒换，实现业务保护。

如图 10-3 所示，PE1、PE2 均为承载网路由器或 PTN 设备。正常情况下，业务从 PE1 接入，由工作 PW 承载送入网络侧，在 PE2 处送至业务接收侧。此时保护 PW 中没有用户数据流传送，即处于备份状态。

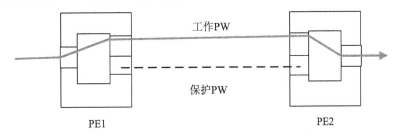

图 10-3　PW APS 原理（正常）

如图 10-4 所示，网络中由于某些原因，导致工作 PW 出现故障或中断。PE2 设备收不到周期性的 PW OAM 检测报文，PE2 会认为工作 PW 出现故障了，需要在本端执行倒换操作，并通过 APS 报文告知对端执行倒换操作，业务倒换到保护 PW 上传送。

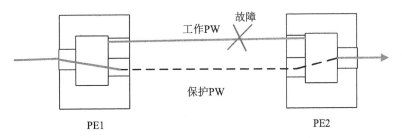

图 10-4　PW APS 原理（倒换）

当工作 PW 恢复正常后，PE1、PE2 收到 PW OAM 检测报文，触发 APS 回切，业务倒换回原工作 PW 上进行传送。

5G 网络承载的业务非常多，因此需要大量的 PW APS。PW APS 越多，占用的网络和设备资源就越多。所以，通过共用一个 APS 的状态机来处理多对 PW APS 的方式，可以减少设备资源的消耗。这种 PW 之间共用 APS 状态机的方式称为 PW APS 捆绑。

在网络部署中，如果某些业务的工作/保护 PW 与已经创建的 PW APS 保护组的工作/保护 PW 同源且同宿，支持通过部署 PW APS 捆绑，则将该业务的工作/保护 PW 添加为已创建的 PW APS 保护组的从属对。此时，属于同一个保护组的所有保护组从属对，与 PW APS 保护组共享一个状态机资源。当 PW APS 保护组的工作 PW 出现故障时，该 PW APS 保护组发生 APS，从属于该保护组的所有保护组从属对也发生 APS。但是，当保护组从属对的工作 PW 出现故障时，不会发生 APS。如图 10-5 所示，在 PE1 与 PE2 之间创建 PW APS 保护组。正常情况下，业务在工作 PW 上传送；当工作 PW 出现故障时，发生 APS，业务在保护 PW 上传送。

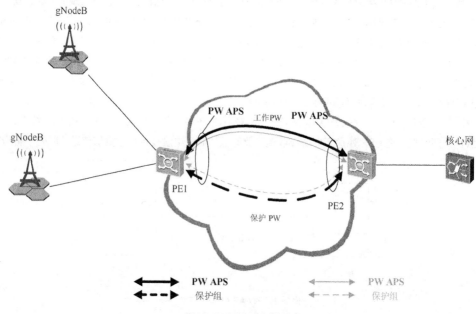

图 10-5　PW APS 保护组

10.3.2　MC-PW APS / PW 冗余保护的基本概念

普通的 PW APS 一般是同源同宿的，发送流量和接收流量均只有一个接口，这种保护也只能保护两个 PE 节点之间的链路部分。但是，PE 节点也可能会出现故障，尤其是汇聚或骨干节点出现故障时，会造成很大的影响。因此，在承载网中，对 PW 的汇聚侧节点的冗余备份也是必要的。MC-PW APS 或 PW 冗余保护机制就是用于解决此类问题的，在 MC-PW APS 中，MC 即 Multi-Chassis（多设备），指发送流量或接收流量有多个以太网接口。如图 10-6 所示，由于 PE3 从用户侧的一个接口接收数据，而在汇聚节点 PE1、PE2 上接收数据时对应多个出口，并在右侧路由器上聚合，所以在 PE1 与 PE2 上也需要对多个接口部署跨设备聚合，即 MC-LAG。因此，MC-PW APS 通常需要与 MC-LAG 协同部署。

链路聚合组（Link Aggregation Group，LAG）是指将一组物理以太网接口捆绑在一起作为一个逻辑接口（链路聚合组）来增加带宽并提供链路保护的一种方法。如图 10-6 所示，链路聚合的作用域在相邻设备之间，和整个网络结构不相关。在以太网中，链路实际上是和端口一一对应的，因此链路聚合也称为端口聚合。

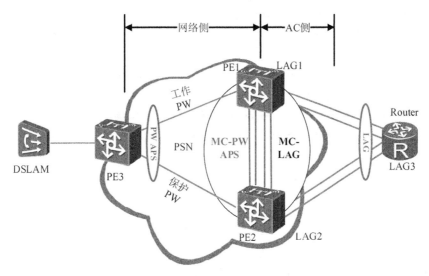

图 10-6 一源两宿的 MC-PW 示例

多设备链路聚合组（Multi-Chassis-Link Aggregation Group，MC-LAG）是对原 IEEE 802.3 LAG 的一种扩展，可以将多个设备上的以太网链路聚合在一起形成链路聚合组，提高了可用带宽。当某条链路或某个设备失效时，MC-LAG 自动将数据流切换到 MC-LAG 中的其他可用链路上，从而增加了链路的可靠性。

如图 10-6 所示，其是一源两宿的 MC-PW 示例。MC-LAG 由 PE1 与 PE2 设备上的设备内 LAG（LAG1 与 LAG2）、PE1 与 PE2 之间的 MC-LAG、用户侧路由器的 LAG（LAG3）三部分共同组成。PE1 与 PE2 之间通过多设备业务路径（Multi-Chassis Service Path，MCSP）协议周期性相互通告 PE1 与 PE2 设备上的设备内 LAG 的状态，在接入控制器侧有故障的情况下协商两个设备上 LAG 的倒换动作。

MCSP 协议由两个双归节点 PE1 与 PE2 之间的双向 Tunnel 实现，一条 MCSP 通道可以被这两个双归节点之间的所有 MC-LAG 共用。

MC-PW APS 由 PE3 设备上的 PW APS 保护组、PE1 与 PE2 上的 MC-PW APS 保护组组成，PE1 与 PE2 之间需要部署双节点互连（Dual Node Interconnection，DNI-PW），与工作 PW、保护 PW 形成一个可用于保护业务的"环"。MC-PW APS 通过 PW OAM 来检测工作 PW、保护 PW 及 DNI-PW 的状态。

如图 10-6 所示，PE1、PE2 属于一对节点保护组，互为冗余。DNI-PW 用于实现两个双归节点之间的跨设备状态通信，使 PE1 与 PE2 两端的倒换动作协调一致。当 PE1 节点为主节点时，DNI-PW 相当于保护 PW 的延长线；当 PE2 节点为主节点时，DNI-PW 相当于工作 PW 的延长线。同时，DNI-PW 用于承载业务报文，在某些故障场景下，双归保护发生倒换后业务报文会承载在 DNI-PW 上。

MC-PW APS 可支持静态 PW，常应用于中国移动的 PTN 承载网中。PW 冗余方案中的 PW 扩展了 LDP PW 信令，只支持 PWE3，常应用于中国电信、中国联通的 IPRAN 中。

10.4 隧道保护技术

在 5G 承载网中，通常采用 VPN 承载业务，而 VPN 业务数据在网络中转发时需要采用隧道隔离。当前隧道技术比较多，采用的保护技术也不相同。在 4G 时代，承载网中主要部署 MPLS 隧道，MPLS 技术需要引入额外的标签分发协议，如 LDP、RSVP 等，网络维度难度较大。5G 时代，为简化网络而逐步引入了 SR 隧道技术。在 5G 初期，为保障原有业务的稳定，承载网中 MPLS TE 隧道、SR TE 隧道并存。

MPLS TE 结合了 MPLS 技术与流量工程，通过建立经过指定路径的 LSP 进行资源预留，使网络流量绕开拥塞节点，达到平衡网络流量的目的。在资源紧张的情况下，高优先级 LSP 可以抢占低优先级 LSP 的带宽等资源，优先满足高优先级业务的需求，从而实现差异化的网络服务。同时，当 LSP 隧道出现故障或网络的某一节点发生拥塞时，MPLS TE 可以通过快速重路由和备份路径技术提供保护。正是由于具备这些可保护的优点，MPLS TE 隧道被广泛应用于 4G 承载网中。5G 网络早期的主要业务为 eMBB 类业务，业务形态及网络保护需求与 4G MBB 业务相同，因此，在 5G 承载网初期，也可以通过部署 MPLS TE 隧道和保护技术来保护承载的业务。

10.4.1　MPLS TE FRR

MPLS TE FRR 既是一种 MPLS TE 的属性，又是一种网络容错的策略。MPLS TE FRR 可以对隧道途经的中间链路或节点进行保护，当中间节点或者链路发生故障时可以迅速切换，最大限度减少报文丢失。

MPLS TE FRR 的基本原理是用一条预先建立的 LSP 来保护一条或多条 LSP。MPLS TE FRR 的最终目的是利用备份隧道绕过出现故障的链路或者节点，从而达到保护主路径的功能。

如图 10-7 所示，在源节点 A 与宿节点 E 之间有一条 Master LSP，路径为 A-B-C-D-E。同时，在 B-F-D 之间建立了一条 Backup LSP，用于保护 B-C-D 之间的链路或节点。

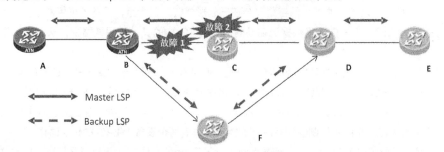

图 10-7　MPLS TE FRR 示意图

当 Master LSP 链路或者节点出现故障时（如图 10-7 中的故障 1、故障 2 所示），通过链路检测、BFD、RSVP Hello 检测出接口；出接口老化就会触发 FRR 的流量切换，从 A 发送到 E 的 Master LSP 的流量在 B 节点上会切换到 B-F-D 的 Backup LSP，允许流量继续从旁路隧道传输；同时，源节点可以在数据传输不受影响的同时继续发起主路径的修复或重建。

从以上内容可以看出，TE FRR 主要用于保护骨干节点或链路，且存在路径的不确定性，在部署上比端到端 MPLS TE Hot-Standby（热备份）更复杂。因此，在实际 5G 承载网中，主要使用 TE Hot-Standby 配合 BFD 完成 MPLS TE 隧道的保护。

10.4.2　MPLS TE Hot-Standby

MPLS TE Hot-Standby 是 IP 承载网常用的隧道备份技术，其会在一个隧道接口下预先建立主备两条 LSP 链路承载端到端的业务。

MPLS TE Hot-Standby 的基本原理是一条隧道（源/宿节点相同）在创建主 LSP 链路之后随即创建备份 LSP 链路，备份 LSP 链路用于实现对主 LSP 链路的流量保护。作为流量保护的一个重要组成部分，在基于约束路由的标签交换路径（Constraint-based Routed Label Switched Path，CR-LSP）失败后，流量需要及时被切换到备用隧道上。

如图 10-8 所示，当主隧道（Master Tunnel）中的链路或节点出现故障时，流量切换到 Backup LSP 链路，用于实现对主隧道流量的保护。

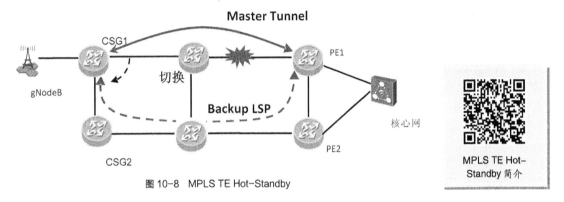

图 10-8　MPLS TE Hot-Standby

10.4.3　MPLS TE Hot-Standby 的部署示例

在移动承载网端到端 VPN 解决方案中，MPLS TE Hot-Standby 用于 CSG 和 RSG 之间建立的 MPLS TE Tunnel 的保护。图 10-9 所示为 MPLS TE Hot-Standby 的部署示例。

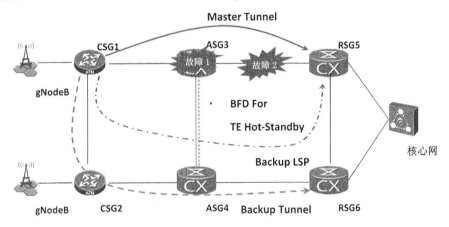

图 10-9　MPLS TE Hot-Standby 的部署示例

在此部署示例中，MPLS TE Tunnel 用于外层 TE 隧道保护，在 CSG 和 RSG 之间建立 MPLS TE 隧道承载 L3VPN，主 LSP 链路途径为 CSG1-ASG1-RSG1；同时部署 Backup LSP 链路途径 CSG1-CSG2-ASG2-RSG2-RSG1，通过 Tunnel Hot-Standby 对主 LSP 链路进行保护。结合 BFD 加快故障检测，从而加快保护倒换。

当网络中故障 1、故障 2 发生时：主隧道通过 BFD 检测到主 LSP 链路出现故障后，在 CSG1 及 RSG1 上使用 Backup LSP 链路进行转发，源/宿节点不发生变化，业务不发生切换。

注意：当图 10-9 中的 RSG1 节点出现故障时，TE Hot-Standby 无法进行保护，需要结合其他节点保护技术（如 VPN FRR 等），使流量切换到备用隧道，到达 RSG2 节点后直接传送到核心网。因此，MPLS TE Hot-Standby 只能用于保护隧道的中间路径，并不能保护源/宿节点。

10.4.4　SR-TP APS 技术

随着越来越多的承载网部署 SR 隧道技术，与 MPLS-TE 隧道保护类似，网络中需要部署 SR 隧道的保护。

基于流量监管的分段路由（Segment Routing-Traffic Policing，SR-TP）APS 是一种 SR-TP 隧道的保护机制，通过部署备份 SR-TP 隧道来保护工作 SR-TP 隧道上传送的业务，当工作 SR-TP 隧道出现故障的时候，业务倒换到保护 SR-TP 隧道，从而保护工作 SR-TP 隧道上承载的业务。SR-TP APS 的目的是保护网络中的一些重要业务，避免由于工作隧道失效而导致承载的业务中断。SR-TP APS 通过 SR-TP OAM 检测 SR-TP 隧道的连通性，从而判断是否需要进行保护倒换。SR-TP APS 保护机制与 MPLS TE Hot-Standby 保护机制非常相似。

如图 10-10 所示，SR-TP APS 将业务从 Master LSP 发出，通过 Backup LSP 来保护 Master LSP 上传送的业务。当 Master LSP 出现故障的时候，业务在源/宿节点上倒换到 Backup LSP。

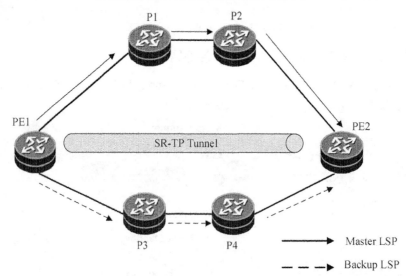

图 10-10　SR-TP APS

SR-TP APS 通过 SR-TP OAM 检测机制检测工作通道、保护通道的状态。SR-TP OAM 在 Ingress 端周期性地发送检测报文，在 Egress 端接收检测报文。当 Egress 端在一定时间周期内未收到检测报文时，认为工作通道出现了故障，触发 APS 倒换，并通告对端 APS 模块，触发对端倒换，实现业务保护。

如图 10-11 所示，A、B 均为 PTN 设备。正常情况下，A 与 B 的业务只在工作通道上发送，在接收端只接收工作通道上的业务。

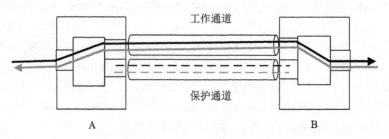

图 10-11　SR-TP APS 原理（正常）

如图 10-12 所示，当工作通道出现故障时，B 端收不到 SR-TP OAM 检测报文，执行保护倒换操作，并通过 APS 报文告知 A 端执行保护倒换操作，业务倒换到保护通道上传送。

SR-TP APS 的恢复模式为恢复式，当工作通道恢复正常后，A、B 两端均收到 SR-TP OAM 检测报文，触发 APS 回切，业务倒换回原工作通道上传送。

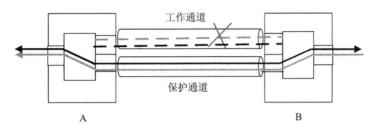

图 10-12　SR-TP APS 原理（倒换）

10.4.5　FlexE 通道 APS

FlexE 通道 APS 是基于 FlexE 通道部署的 APS 保护类型。FlexE 通道 APS 是一种 FlexE 保护机制，通过 FlexE 保护通道可保护 FlexE 工作通道的业务，当 FlexE 工作通道出现故障的时候，业务倒换到 FlexE 保护通道。

FlexE 通道 APS 通过 FlexE 通道 OAM 检测机制检测 FlexE 工作通道、FlexE 保护通道的状态，从而判断是否进行保护倒换。FlexE 通道 OAM 在 Ingress 端周期性地发送检测报文，在 Egress 端接收检测报文。当 Egress 端在一定时间周期内未收到检测报文时，认为工作通道出现了故障，触发 APS，并通告对端 APS 模块，触发对端倒换，实现业务保护。

如图 10-13 所示，A、B 两端均为承载网设备。正常情况下，A 与 B 的业务只在 FlexE 工作通道上发送，在接收端只接收 FlexE 工作通道上的业务。

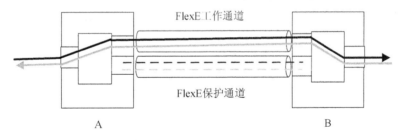

图 10-13　FlexE 通道 APS 原理（正常）

如图 10-14 所示，当工作通道出现故障时，B 端收不到 FlexE 通道 OAM 检测报文，执行保护倒换操作，并通过 APS 报文告知 A 端执行保护倒换操作，业务倒换到 FlexE 保护通道上传送。

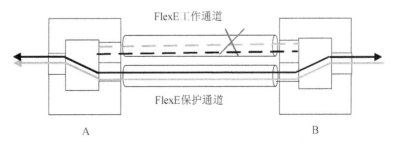

图 10-14　FlexE 通道 APS 原理（倒换）

FlexE 通道 APS 的恢复模式为恢复式，当工作通道恢复正常后，A、B 两端均收到 FlexE 通道 OAM 检测报文，触发 APS 回切，业务倒换回原 FlexE 工作通道上传送。

10.5 IP/VPN FRR 技术

在传统 IP 网络中，通常会通过部署路由协议增强网络的灵活性，计算出一条最优的路径用于路由转发，当链路或节点出现故障时，需要重新计算最短路径，耗费时间较长，在路由完成收敛之前网络流量会发生中断。如果能在计算最优路由的同时，计算出次优路由并部署保存，与最优路由形成类似于备份路由的保护机制，就可以解决路由收敛时间过长导致业务中断的问题。FRR 相关技术就是用于解决这个问题的。

10.5.1 IP FRR

在 IP 网络中，当链路或节点出现故障时，业务路由会中断。为了缩短路由收敛时间，人们想了很多办法，如利用 BFD 代替 Hello 报文加快故障检测，通过定时器的退避算法以及 Fast Flood 缩短路由信息泛洪时间，利用 I-SPF 和 PRC 缩短路由计算时间等，但重新收敛时间缩短到几百毫秒已经达到极限。随着语音、视频等实时性网络业务的兴起，运营商希望路由收敛时间能小于 50ms，IP 快速重路由（IP Fast Reroute，IP FRR）技术正是为了满足这种苛刻的需求而出现的。

IP FRR 的基本原理是用户提前在设备上配置主备两条路由（或由动态路由协议生成路由），且主备路由信息一起被写入转发表项。当检测到链路出现故障时，设备根据转发表项先将流量切换到备份路由上；同时，进行路由重新收敛，在重新收敛之后再切换到新的主路由的下一跳上。这样，中断时间就仅包含故障检测时间和转发表替换时间，从而大大缩短了流量中断时间。IP FRR 主要包括 OSPF FRR 和 IS-IS FRR，而 LDP FRR 是在 IP FRR 的基础上演进而来的。

如图 10-15 所示，用户在 PE2 上部署了指向 CE2 的主备两条路由。主路由出接口为 PE2 设备的 UNI_1 接口，下一跳为 CE2；备份路由出接口为 PE2 设备的 UNI_2 接口，下一跳为 PE3。正常情况下，流量传输路径为 CE1→PE1→PE2→CE2。

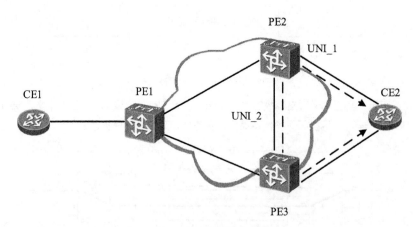

图 10-15　IP FRR 示意图

当 PE2 至 CE2 的链路出现故障时，PE2 通过 BFD 感知到主路由出现了故障，根据转发表项将流量切换到备份路由上。流量切换后，路径变为 CE1→PE1→PE2→PE3→CE2。

要实现 IP FRR，常用的技术有无环替代（Loop-Free Alternates，LFA）冗余算法、U-Turn、Not-Via、Remote-LFA 和 MRT。目前的 IP 中，IS-IS 协议和 OSPF 协议只支持 LFA 和 Remote-LFA，IP FRR 只有在链路状态路由协议中才能计算，且 IP FRR 备份下一跳是在同一个区域拓扑内进行计算的。

10.5.2　VPN FRR 原理

快速重路由是实现故障快速倒换最常用的技术。VPN FRR 利用 FRR 的原理，实现 VPN 中的快速重路由，适用于 VPN 中对于丢包和时延非常敏感的业务。与 IP FRR 不同的是，VPN FRR 的主备路由出接口都为 Tunnel（MPLS Tunnel/SR-TP）。

如图 10-16 所示，用户在 PE1 上的 VRF 中部署了指向 CE2 的主备两条路由，两条路由通过 BGP 分别从 PE2、PE3 学习到。主路由出接口为 Tunnel 1，下一跳为 PE2；备份路由出接口为 Tunnel 2，下一跳为 PE3。正常情况下，流量传输路径为 CE1→PE1→PE2→CE2。

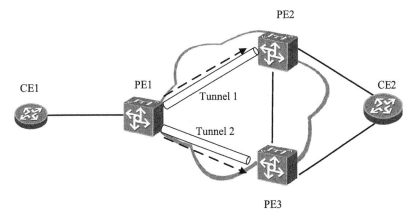

图 10-16　VPN FRR 原理

当 PE2 设备出现故障时，PE1 通过 Tunnel OAM（MPLS Tunnel OAM/SR-TP OAM）感知 VPN 主路由故障，根据转发表项将流量切换到 VPN 备份路由上。流量切换后，路径变为 CE1→PE1→PE3→CE2。

由以上内容可以看出，VPN FRR 主要是指在 VRF 中生成主备两条路由，进行路由备份。在主隧道虚拟专用网版本 4（Virtual Private Network version 4，VPNv4）路由可用时，会将备份隧道的转发信息同时提供给转发平面。当转发平面感知到主隧道不可用时，能够不依赖控制平面的收敛而直接使用备份隧道转发信息。

VPN FRR 简介

10.5.3　IP 与 VPN 混合 FRR

IP 与 VPN 混合 FRR 的主备路由出接口分别为 UNI 接口和 Tunnel。其主路由出接口为 UNI 接口，备份路由出接口为 Tunnel；或者主路由出接口为 Tunnel，备份路由出接口为 UNI 接口。

如图 10-17 所示，用户在 PE2 上部署了指向 CE2 的主备两条路由。主路由出接口为 UNI_1，下一跳为 CE2，这是一条 IP 路由；备份路由出接口为 Tunnel 4，下一跳为 PE3，这是一条 BGP VPN 路由。正常情况下，流量传输路径为 CE1→PE1→PE2→CE2。

当 PE2 至 CE2 的链路出现故障时，PE2 通过 BFD 感知到主用 IP 路由出现了故障，根据转发表项将流量切换到备份 BGP VPN 路由上。流量切换后，路径变为 CE1→PE1→PE2→PE3→CE2，完成保护倒换。

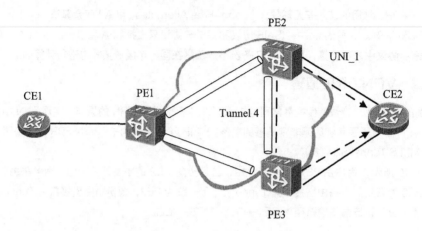

图 10-17　IP 与 VPN 混合 FRR 原理

10.5.4　VPN FRR 的应用

在移动承载网领域，VPN FRR 的主要实现方式是在网络正常的时候备份 MP-IBGP 的下一跳，当网络出现故障导致对端 MP-IBGP 邻居不可达的时候，流量会直接切换到 MP-IBGP 的下一跳上，从而实现网络端到端的快速收敛。VPN FRR 可以使用多跳 BFD 作为 MP-IBGP 邻居关系的检测协议，当 BFD 检测到对端 PE 不可达的时候，立即触发 VPN FRR 收敛。VPN FRR 的应用如图 10-18 所示。

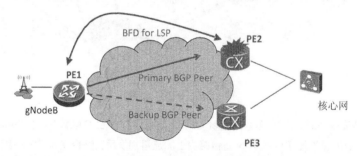

图 10-18　VPN FRR 的应用

当 PE2 节点出现故障时，PE1 通过 BFD for LSP 感知到 PE1 与 PE2 之间的外层隧道不可用，便将 LSP 隧道状态表中的对应标志设置为不可用并刷新到转发引擎中，转发引擎命中一个转发项之后，检查该转发项对应的 LSP 隧道状态，如果为不可用，则使用此转发项中携带的次优路由的转发信息进行转发。这样，报文就会被封装上 PE3 分配的内层标签，沿着 PE1 与 PE3 之间的外层 LSP 隧道交换到 PE3，再转发给核心网，实现快速收敛。

10.6　TI-LFA FRR

TI-LFA FRR 能为 SR-BE 隧道提供链路及节点的保护。当某处链路或节点出现故障时，流量会快速切换到备份路径继续转发，从而最大程度地避免流量丢失和业务中断。在 5G 承载网中，为简化网络运维成本，SR-BE 将逐步用于替换 MPLS LDP。基于 Segment Routing 的 TI-LFA FRR 技术有明显优势，选择收敛后的路径作为备份路由转发路径，相比其他 FRR 技术，转发不会有"正在收敛"的中间态。

10.6.1　TI-LFA FRR 产生原因

传统的 LFA 技术需要满足至少有一个邻居下一跳到目的节点是无环下一跳。远端无环备份路径（Remote Loop-Free Alternate，RLFA）技术需要满足网络中至少存在一个节点，使得从源节点到该节点，再从该节点到目的节点都不经过故障节点。而 TI-LFA 技术可以用显式路径表达备份路径，对拓扑无约束，提供了更高可靠性的 FRR 技术。

如图 10-19 所示，有数据包需要从 Device A 发往 Device F。如果 P 空间与 Q 空间不相交，则不满足 RLFA 技术要求，RLFA 无法计算出备份路径（即 Remote LDP LSP）。

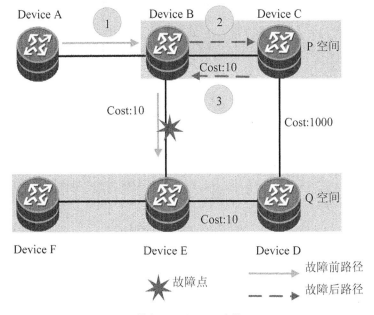

图 10-19　RLFA 示意图

当 Device B 和 Device E 之间发生故障后，Device B 将数据包转发给 Device C，但是 Device C 并不是 Q 空间的节点，无法直接到达目的地址，需要重新计算。由于 Device C 和 Device D 之间的 Cost 是 1000，而 Device C 和 Device B 之间的 Cost 是 10，Device C 认为到达 Device F 的最优路径是经过 Device B，因此将数据包重新发送回 Device B，形成环路，转发失败。

为了解决上述问题，可以使用 TI-LFA。如图 10-20 所示，当 Device B 和 Device E 之间发生故障后，Device B 直接启用 TI-LFA FRR 备份表项，给数据包增加新的路径信息（Device C 的前缀标签，以及 Device C 和 Device D 之间的邻接标签），保证数据包可以沿着备份路径转发。

10.6.2　TI-LFA FRR 原理

图 10-21 所示为 TI-LFA FRR 典型组网，PE1 为源节点，P1 节点为故障点，PE3 为目的节点，链路中间的数字表示 Cost 值。TI-LFA FRR 分为链路保护和节点保护。

（1）链路保护：当需要保护的对象是经过特定链路的流量时，流量保护类型为链路保护。

（2）节点保护：当需要保护的对象是经过特定设备的流量时，流量保护类型为节点保护。节点保护的优先级高于链路保护。

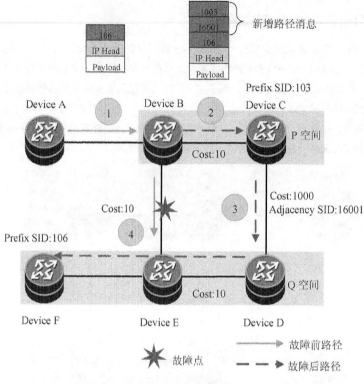

图 10-20　TI-LFA 示意图

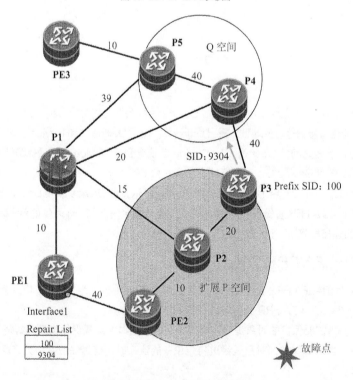

图 10-21　TI-LFA FRR 典型组网

下面以节点保护为例介绍 TI-LFA FRR 的实现过程。如图 10-21 所示，假设流量路径为 PE1→P1→P5→PE3，为避免 P1 节点出现故障而导致流量丢失，TI-LFA 会计算出 P 空间和 Q 空间，P1 故障收敛后（Post-Convergence）生成最短路径树、备份出接口和 Repair List，最终生成备份转发表项。

TI-LFA FRR 计算过程如下。

（1）计算 P 空间：至少存在一个邻居节点到 P 节点的路径不经过故障链路的集合。

（2）计算 Q 空间：Q 节点到目的节点不经过故障链路的集合。

（3）计算收敛后最短路径树：计算主下一跳故障收敛后的最短路径树，排除主下一跳计算最短路径树。

（4）计算备份出接口和 Repair List。

① 备份出接口：在某些场景下，P 空间和 Q 空间既没有交集，又没有直连的邻居。这种情况下，备份出接口为收敛后下一跳出接口。

② Repair List：其为一个约束路径，用来指示如何到达 Q 空间的节点，Repair List 由 P 空间的节点前缀标签 +P 到 Q 路径上的邻接标签组成。在图 10-21 中，Repair List 为 P3 的前缀标签 100 加上 P3 到 P4 的邻接标签 9034。

在计算备份路径时，需要用到 Repair 前缀 SID，用以生成转发标签。Repair 前缀 SID 需要遵循以下选择规则。

（1）优先选择 Repair 节点发布的 Prefix SID。

（2）优先选择 Repair 节点单源前缀 SID 最小的 Prefix SID。

（3）优先选择 Repair 节点非多源前缀，并且此节点前缀优选的 Prefix SID。

（4）不支持 SR 的节点不能作为 Repair 节点，不发布 Prefix SID 的节点不能作为 Repair 节点。

10.6.3　TI-LFA FRR 转发流程

TI-LFA 备份路径计算完成之后，如果主路径发生故障，则可以根据备份路径进行转发，避免流量丢失。

如图 10-22 所示，Device F 为 P 空间的节点，Device H 为 Q 空间的节点。主下一跳 Device B 出现了故障，触发 FRR 切换到备份路径。TI-LFA FRR 备份路径转发流程如表 10-2 所示。

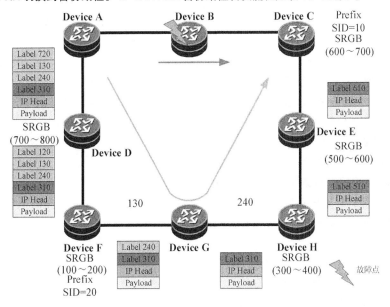

图 10-22　TI-LFA FRR 备份路径转发流程

表 10-2　TI-LFA FRR 备份路径转发流程

设备	流程
Device A	Device A 根据 Reapair List 封装标签栈，最外层封装 P 空间的节点 Device F 的前缀标签，该标签值=下一跳 Device D 的 SRGB 起始值（700）+P 空间的节点标签偏移值（20）=720；然后封装 P 空间的节点到 Q 空间的节点的标签，分别为 130 和 240；目的节点前缀标签值=Q 空间的节点的 SRGB 起始值（300）+目的节点 Device C 的标签偏移值（10）=310
Device D	Device D 收到报文后，根据最外层标签查找标签转发表，出标签是 120，下一跳为 Device F，于是将最外层标签替换成 120，报文转发给 Device F
Device F	Device F 收到报文后，根据最外层标签查找标签转发表，由于 Device F 是该标签的 Egress 节点，弹出该标签以后，路由路径标签 130，出标签为空，下一跳为 Device G，继续弹出 130 标签，将报文转给 Device G
Device G	Device G 收到报文后，根据最外层标签查找标签转发表，弹出 240 标签，将报文转发给 Device H
Device H	Device H 收到报文后，根据最外层标签查找标签转发表，出标签为 510，下一跳为 Device E。于是将最外层标签替换成 510，报文转发给 Device E，按照最短路径的方式，再由 Device E 转给目的节点 Device C

10.6.4　SR BE 防微环

在 5G 承载网中，可以部署 SR BE 承载 Xn 业务流，部署 SR TE 承载 S1 业务流。在 SR BE 的场景下，当出现局部节点或链路故障时，流量快速切换到 TI-LFA 的保护链路，同时各节点重新路由收敛计算新的路径，节点收敛速度不一致可能会在切换新路径时导致微环。注意，此微环不是切换 FRR 保护路径时的微环，而是由 FRR 保护路径切换到新的主路径时可能产生的微环。对于这个问题，有两种防微环的机制：正切防微环和回切防微环。

1. 正切防微环

当链路故障发生后，不同路由器收敛速度不一致，这是微环产生的原因。正切是指在网络中对主路径已部署了备份路径，当主路径出现故障时，切换到备份路径上。

一般微环仅存在 5~20ms 的时间，扩散到 IGP 时反映出来的时间为 100~500ms，再扩散到 BGP-LSP 时反映出来的时间是 3~12s，每增加一个依赖时间就扩大一个数量级。

如图 10-23 所示，当 Device B 出现故障时，流量切换到 TI-LFA 计算的备份路径，当 Device A 收敛完成之后，流量从备份路径切换到收敛后出现路径；但是，如果此时 Device D 和 Device F 还没有完成收敛，仍在使用收敛前路径转发，就会在 Device A 到 Device F 之间形成环路，直到 Device D 和 Device F 收敛完成。

为了解决上述问题，Device B 出现故障以后，首先将流量切换到 TI-LFA 计算的备份路径，Device A 时延一段时间再收敛，等待 Device D 和 Device F 收敛完成以后，Device A 开始收敛，收敛完成以后，流量从备份路径切换到收敛后路径。

可在源节点上部署正切防微环功能。路由延时切换需要满足以下条件。

（1）本地直连接口故障/BFD Down。

（2）在时延期间，网络中没有第二次拓扑变化。

（3）路由有备份下一跳。

（4）路由主下一跳和故障端口相同。

（5）收敛后主下一跳和备份下一跳不相同。

（6）多源路由延时期间收到路由源变化时要退出延时。

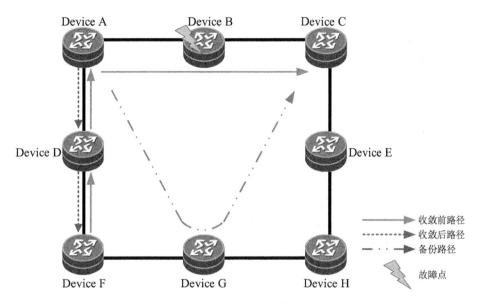

图 10-23 正切防微环故障场景

2. 回切防微环

回切是指在网络中对主路径已部署了备份路径，由于主路径出现故障，切换到备份路径上；当主路径故障排除后恢复正常，此时，业务会从备份路径切换回到主路径上转发。在回切过程中，也可能会产生微环，需要部署防微环措施，如图 10-24 所示。

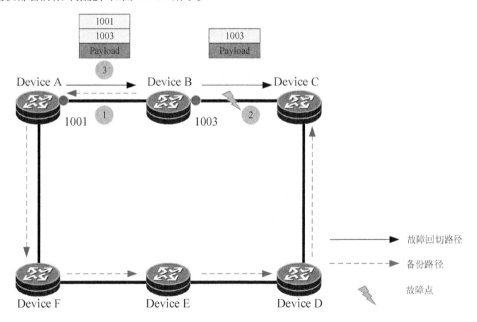

图 10-24 回切防微环故障场景

（1）Device B 和 Device C 之间的链路故障恢复前，数据流量沿着备份路径转发。

（2）当 Device B 和 Device C 之间的链路故障恢复后，如果 Device A 先于 Device B 收敛，则 Device A 会将流量转发给 Device B，但是 Device B 没有完成收敛，仍旧沿着备份路径转发，这样 Device A 和 Device

B 之间就会形成环路。

（3）为了避免微环的产生，Device A 在故障回切以后，先通过显式指定路径的方式转发数据包，在转发的时候向数据包中添加端到端路径信息（如 Device B 到 Device C 的邻接标签），这样 Device B 收到数据包后，根据数据包中的路径信息将数据包转发给 Device C。

在 Device B 完成收敛以后，Device A 即可去除额外添加的显式路径信息，按正常 SR 转发的方式将数据包转发到 Device C。

10.7 5G 承载网可靠性综合部署

在 5G 承载网可靠性规划部署时，针对业务端到端的实现，部署前可参考架构可用系统作可靠性规划。系统可靠性需要综合考虑物理设备级别、接口级别和网络业务级别的可靠性，分别对其进行综合规划后再进行部署。本节将根据前述的网络可靠性关键技术，综合分析 5G 承载网可靠性部署。

10.7.1 设备级可靠性部署

设备级可靠性主要是指在设备厂商提供的设备内部进行硬件冗余保护，如部署两块主控板的 1+1 保护、部署交换网板的 1+1 保护、部署多个电源输入和风扇的保护等。

设备级保护主要是满足单个设备的可靠性，采用不中断转发（Non-Stop Forwarding，NSF）、不间断路由（Non-Stop Routing，NSR）保证不出现单点故障，需要规划人员在设备选型时全局考虑。

10.7.2 接口级可靠性部署

接口级保护主要针对设备直连的情况，对于某些重要的核心接口，使用链路捆绑或者链路备份的相关保护技术，保证核心接口流量正常转发。常用接口级保护技术如表 10-3 所示。

表 10-3 常用接口级保护技术

接口类型	保护技术	保护方式
STM 接口	APS	链路备份
Ethernet 接口	Eth-Trunk/FlexE	链路捆绑

例如，在汇聚层两个 ASG 之间或者在核心层两个 RSG 之间，基于增加带宽、提升可靠性的考虑，均采用 Eth-Trunk 或 FlexE 捆绑技术，如图 10-25 所示。

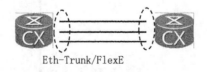

图 10-25 链路捆绑

FlexE 技术不仅可以将以太网光口通道化，还可以用于捆绑以太网光口，比 Eth-Trunk 更灵活且没有负载不均的问题。

10.7.3 网络侧可靠性部署

网络侧是指从接入层路由器/PTN 到骨干层路由器/PTN 之间的承载网。网络可靠性的整体部署一般原则如下。

（1）通过 BFD 与各协议保护机制的联动，保证毫秒级检测并立即启动保护。

（2）对于 MPLS TE 外层隧道保护，推荐使用 TE Hot-Standby 方式，并且使用静态 BFD 方式检测双向 TE LSP。TE Hot-Standby 通过热备份 LSP 路径为外层隧道提供实时保护，主路径和热备份路径尽量不重合。

（3）对于 SR-TP 外层隧道保护，推荐使用 SR-TP APS 方式，主路径和热备份路径尽量不重合。

（4）如果使用 L3VPN 进行承载，则建议部署 VPN FRR 提供业务保护。

（5）在部署 VPN FRR 时，BFD 检测时延要设置大于 LSP 的倒换时延。一般情况下，LSP 的 BFD 取默认值 10ms，此时要求绑定 VPN FRR 的 BFD for LSP 的检测周期为 50ms。

由于承载网覆盖面较广，运营商实际部署网络时，通常会按接入层、汇聚层、骨干层架构进行层次化部署。对于层次化的业务部署方案，可靠性也随分层业务进行规划部署。当然，不同的运营商会结合自身的现状，选择部署不同的技术方案。当前国内运营商主要有 L2VPN+L3VPN、L3VPN+L3VPN 两个典型场景，后面将分别对此两种场景下的可靠性技术部署进行阐述。

10.7.4　L2VPN+L3VPN 场景的网络可靠性部署

L2VPN+L3VPN 场景指承载网的接入层采用 L2VPN 承载业务，而骨干层采用 L3VPN 承载业务。这种层次化部署的好处是网络维护简单稳定，因为运营商的网络中接入层会经常变更，如破环加点、减点，如果不分层，接入层的变更会导致骨干层节点路由震荡。因此，通常运营商会部署二级或三级网络架构。

为清晰阐述，可以对复杂的现网进行抽象提炼，如图 10-26 所示。承载网连接某站的 gNodeB 与 5G 核心网，组网采用接入层、汇聚层、骨干层三级环网架构，基站业务从 CSG1 通过接入层和汇聚层的 L2VPN 方式双归接入到两个汇聚节点 ASG（ASG1 和 ASG2），再通过此 ASG 接入到 L3VPN，传送到 RSG，然后由 RSG 送到 5G 核心网。这就是 L2VPN+L3VPN 的业务逻辑网络架构。

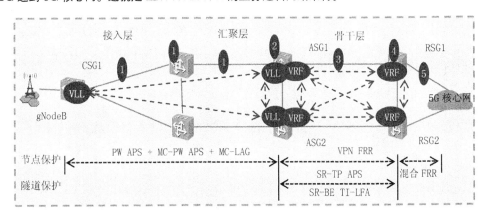

图 10-26　L2VPN+L3VPN 场景的网络可靠性部署

在可靠性部署时，考虑到不同的承载 VPN，可以分别部署不同的可靠性技术。

（1）L2VPN 网络：使用 PW APS/MC-PW APS+MC-LAG 进行双归节点保护。

（2）L3VPN 网络：使用 VPN FRR、MPLS TE Hot-Standby 或 SR-TP APS（本例以 SR-TP APS 为例）、混合 FRR 进行保护。

接入层和汇聚层 L2VPN 采用 PW APS/MC-PW APS+MC-LAG 进行双归节点保护，提供链路及节点的故障保护。由于 L2VPN 已采用 PW 进行保护，所以在接入层承载 PW 的隧道不再需要部署 APS。

骨干层采用 L3VPN，针对 S1 业务，部署 MPLS TE Hot-Standby 或 SR-TP APS 为隧道提供保护，叠加 VPN FRR/混合 FRR 保护方案。MPLS TE Hot-Standby 或 SR-TP APS 提供中间链路和中间节点的保护，

VPN FRR/混合 FRR 提供业务落地点的节点保护，启用 BFD 对隧道状态进行检测。针对 Xn 业务，部署 SR-BE TI-LFA 为隧道提供保护。

L2VPN+L3VPN 场景网络可靠性部署如表 10-4 所示。

表 10-4   L2VPN+L3VPN 场景网络可靠性部署

故障点	保护机制	故障检测机制	故障感知节点	保护倒换性能
1	MC-PW APS	PW OAM	骨干汇聚 L2/L3，接入点	50ms
2	MC-PW APS，MC-LAG	PW OAM，MC-LAG 心跳	接入点	50ms
	VPN FRR	SR-TP OAM	核心点	50ms
3	SR-TP APS	SR-TP OAM	骨干汇聚 L2/L3，核心点	50ms
4	VPN FRR	SR-TP OAM	骨干汇聚 L2/L3，核心网设备	50ms
5	混合 FRR	BFD	核心点	50ms

L2VPN+L3VPN 场景的网络可靠性部署简介

L2VPN+L3VPN 场景在 4G 时代较多被运营商采用。但在 5G 时代，由于引入了 mMTC、uRLLC 新业务形态，三层 IP 转发相比二层 IP 转发更易于实现数据的灵活转发，所以在 5G 的中期发展阶段，会要求网络三层下沉到接入层，接入层 L3VPN+L3VPN 场景会越来越多地部署在网络中。

10.7.5   L3VPN+L3VPN 场景的网络可靠性部署

L3VPN+L3VPN 场景指承载网的接入层、汇聚层和骨干层分别采用不同的 L3VPN 承载业务。如图 10-27 所示，承载网连接某站的 gNodeB 与 5G 核心网，组网采用接入层、汇聚层、骨干层三级环网架构，基站业务从 CSG1 通过接入层、汇聚层 L3VPN 方式接入汇聚层节点 ASG，再通过核心层 L3VPN 传送到 RSG，最后传送到 5G 核心网，这就是 L3VPN+L3VPN 的业务逻辑网络架构。

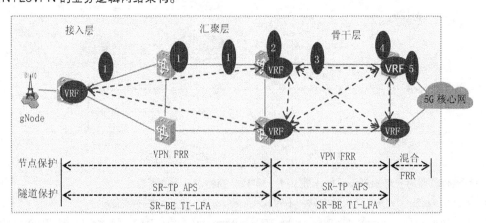

图 10-27   L3VPN+L3VPN 场景的网络可靠性部署

SR-TP 隧道部署 SR-TP APS 保护，用于保护隧道中间链路、中间节点，可提供 50ms 保护倒换功能，SR-TP OAM 检测时间周期建议为 10ms，要求工作隧道和保护隧道采用不同路径。

节点保护 VPN FRR 由设备自动生成，提供业务分层点、核心侧业务落地点的节点保护。L3VPN+L3VPN 场景网络可靠性部署如表 10-5 所示。

表 10-5　L3VPN+L3VPN 场景网络可靠性部署

故障点	保护机制	故障检测机制	故障感知节点	保护倒换性能
1	SR-TP APS	SR-TP OAM	骨干汇聚节点，接入点	50ms
2	VPN FRR	SR-TP OAM	接入点节点，核心点	50ms
3	SR-TP APS	SR-TP OAM	骨干汇聚节点，核心点	50ms
4	VPN FRR	SR-TP OAM	骨干汇聚节点，核心网设备	50ms
5	混合 FRR	BFD	核心点，核心网设备	50ms

不同的运营商或者同一运营商的不同省市采用的方案都有可能不同，如 4G 时代，中国移动、中国电信主要采用 L2VPN+L3VPN 方案，中国联通主要采用 L3VPN+L3VPN 方案。

本章小结

本章系统地介绍了 5G 承载网的可靠性，包括可靠性的概念和指标、可靠性的实现机制、故障检测技术和相应的保护技术。为了保证用户业务在网络发生故障时尽量不受影响，或者在受到影响后尽快恢复，针对不同的故障场景设计了合理的保护解决方案。

完成本章的学习后，读者应该深刻体会到可靠性对于 5G 承载网的重要性，了解故障检测技术和保护技术，掌握不同保护技术的特点和应用场景，了解 5G 承载网可靠性的综合部署方案。

 课后习题

1. 选择题

（1）【多选】可靠性是降低网络中断时间、提高网络性能的一种技术，主要有 3 个衡量指标，包括（　　　）。

　　A. 平均修复时间　　　　　　　　　　B. 平均故障间隔时间

　　C. 可用度　　　　　　　　　　　　　D. 中断时长

（2）【多选】在 L3VPN 保护方案中，与 BFD 结合的检测技术为（　　　）。

　　A. BFD for Tunnel　　　　　　　　　B. BFD for LSP

　　C. BFD for PW　　　　　　　　　　　D. BFD for VRRP

（3）关于 BFD 协议的作用，描述错误的是（　　　）。

　　A. 检测链路状态　　　　　　　　　　B. 加快故障检测时间

　　C. 加快故障倒换时间　　　　　　　　D. 加快故障收敛时间

2. 问答题

（1）简述 MC-LAG 技术的作用。

（2）简述 TI-LFA 保护机制的原理。

（3）简述 IP FRR 与 VPN FRR 各自的应用场景。

（4）简述网络可靠性的整体部署原则。

Communication

Chapter

11

第 11 章
5G 承载网整体部署方案

随着 IP 技术的不断发展,移动承载网技术也日趋成熟,为了满足运营商移动业务需求的不断增长,面向 5G 应用的承载网解决方案被提出。

本章将详细介绍 5G 移动通信系统中承载网的整体部署方案,包括 5G 承载网架构模型和国内运营商的部署方案,以使读者对 5G 承载网的整体部署方案有全面的了解。

课堂学习目标

- 掌握 5G 承载网架构模型
- 了解中国移动 5G 承载网方案
- 了解中国联通 5G 承载网方案
- 了解中国电信 5G 承载网方案

11.1　5G 承载网架构模型

在第 3 章中介绍了 5G 的 eMBB、uRLLC 和 mMTC 三大应用场景，正是由于这些新应用场景的诞生，促使移动承载网架构在 5G 阶段发生了相应的变化。

11.1.1　5G 承载网架构演进

5G 的 eMBB 业务场景要求比 4G 承载网有更大更稳定的带宽，uRLLC 业务场景要求比 4G 承载网有更低的时延，而 mMTC 业务则需要支持大量的终端接入，因此 5G 承载网的变化主要体现在超大带宽、超低时延和海量接入方面。5G 承载网架构如图 11-1 所示。

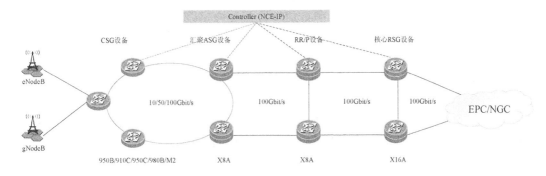

图 11-1　5G 承载网架构

从图 11-1 可以看到，5G 承载网架构变化的第一点就是带宽的扩容。接入环带宽由原来的 10Gbit/s 向 50Gbit/s 甚至 100Gbit/s 扩展；汇聚环现阶段目标带宽扩展至 100Gbit/s，后续可根据业务需要逐步扩展至 200Gbit/s，5G 用户体验速率是 4G 的 10 倍，因此，一些 4G 阶段无法支持的大带宽业务在 5G 阶段得到了广泛的应用，甚至造成了一些新兴业务的产生。

在 4G 时代就已经逐渐兴起的 VR/AR 应用在 5G 时代能够在更多方面起到无可比拟的作用。对于 VR/AR 的认识，大多数人还停留在游戏的概念上。而事实上，5G 在 VR/AR 方面的应用远不止如此，运营商基于 VR/AR 应用推出的体育赛事、演唱会等直播业务能够让用户有身临其境的体验感。另外，目前网络中已经出现了许多不同课程的网络课堂，而 AR/VR 技术能进一步提升在线教育的用户体验感和互动性，学员不再单单是在智能终端上被动地观看，AR/VR 技术对于激发学员兴趣、提升学员的学习效率很有帮助。5G 时代，VR/AR 在医疗方面的应用将会颠覆传统的医疗监测技术，节省医疗成本及提高效率，为患者带来新的体验。例如，国内一些医院已经开始试点 5G 配合 VR 技术的新生儿 24 小时探视服务、AR 远程针灸、VR 远程 B 超服务等，实现了常态化的远程问诊，避免了患者在医院长时间等待。看病不出门，这在人们的传统观念中是不可以思议的，但如今这个时代正在来临。

从图 11-1 可以看到，5G 承载网架构变化的第二点与无线及核心网部分有关。在第 2 章中曾提到 5G 阶段无线部分设备上升至承载网接入侧或汇聚侧机房、核心网部分设备下沉至接入侧或汇聚侧机房，其根本目的在于降低时延。基于超低时延的应用场景，如无人机，现在已经在很多领域中得到了应用。在 5G 时代，人们可以用大带宽实现更高分辨率的图像传输，而超低时延则保证了远距离的场景下的实时传输。例如，在运营商基站巡检方面，在地广人稀的区域，基站与基站之间距离过远，如果单靠人力进行巡检，则周期太长、耗费资源太多，在 5G 时代完全可以使用无人机取代人力进行基站巡检。另外一个基于超低时延的应用就是车联网，例如，远程驾驶和自动驾驶、车辆智能编队等应用对于时延都有极高的要求。从

图 11-1 可以看到，5G 承载网架构变化的第三点是时钟同步需求的提高。时钟同步需求的提高导致部分场景下时钟源下沉，如图 11-2 所示，在 4G 阶段，时钟源通常部署在核心设备侧，而在 5G 阶段，会增加时钟源旁挂到汇聚设备侧甚至接入设备侧，导致时钟源增多。

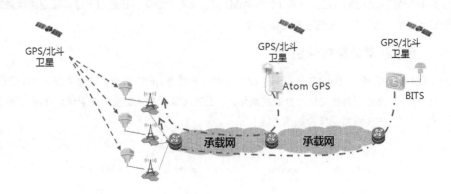

图 11-2 时钟源下沉

如图 11-2 所示，除了原来核心设备侧旁挂的时钟源之外，在汇聚设备侧也旁挂了时钟源。在正常情况下，承载网可以使用汇聚设备侧的时钟源，因为它离基站更近，时延更小；而当网络发生故障导致汇聚设备侧时钟源无法使用时，可以使用核心设备侧的时钟源作为备份时钟源。

11.1.2 5G 承载网架构方案

每一代网络的演进都不可能是一蹴而就的，而是根据需求及运营商实际情况逐步进行演进。运营商当前情况如下：4G 网络自 2013 年开始大规模商用，到 2015 年才基本完成 4G 基站的铺设，运营了数年，成本尚未收回，若此时就开始全部替换 5G 基站，则显然不太现实，网络必然会有很长一段时间处于 4G 与 5G 共存的状态。因此，5G 承载网架构大部分可以沿用 4G 承载网架构，但在一些技术方面需进行更新，以满足 5G 业务的需求。

目前，可以将 5G 承载网的演进分为两个阶段。5G 承载网第一阶段的设想：在物理层面上，先对接入汇聚环链路进行扩容，对无法支持 5G 大带宽需求的设备进行更新换代；在协议层面上，在隧道部署中采用 SR 技术。5G 承载网演进第一阶段架构如图 11-3 所示。

如图 11-3 所示，从 IGP 路由规划上来说，5G 阶段与 4G 阶段并无太多变化，所用的 IGP 包括 OSPF 协议和 IS-IS 协议，根据所属运营商不同，所用的 IGP 也有所不同。IGP 路由部署完成之后打通了承载网内部设备之间的通路，但用户侧的流量（在承载网中指从无线基站侧和核心网侧进入承载网的流量）必须使用隧道来承载，以实现用户流量与承载网内部互通流量的隔离。在隧道部署这一层面上使用 SR 技术部署取代了 4G 阶段的 LDP 及 RSVP-TE 隧道，简化了协议，这也是 5G 承载网演进第一阶段较 4G 承载网改动最显著的部分。

在同一隧道中，不同业务通常使用 VPN 来区分，在 5G 承载网演进第一阶段中，VPN 层面并未有显著改动，L2VPN 仍然采用 PW，L3VPN 则采用 HVPN（即层次化的三层 VPN）本质上仍然使用 BGP MPLS VPN 技术。另外，为了减轻转发设备的压力，在 5G 承载网演进第一阶段中加入了集成 SDN 功能的控制器——NCE。NCE 可以将 MPLS 标签分发、隧道建立、业务下发的过程通过控制器统一下发，这样可将转发设备部分控制层面的功能放到 NCE 中统一处理，既减轻了转发设备的压力，又可以实现网管统一部署。控制器部分的具体概念可以参见 8.1 节。

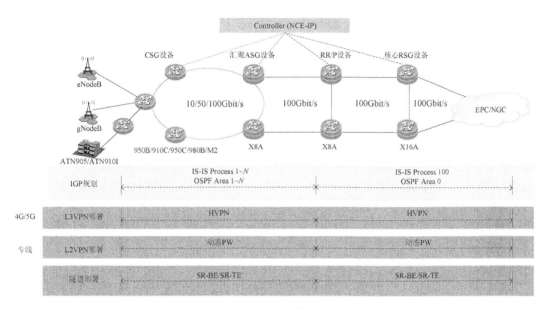

图 11-3　5G 承载网演进第一阶段架构

　　5G 承载网第二阶段的设想：在 VPN 部分使用 IPv6 L3VPN。4G 基站业务部分仍然沿用原有 VPN 部署，5G 基站业务部分配合 IPv6 基站采用 IPv6 L3VPN 替代了原有 IPv4 L3VPN。另外，在 VPN 部分，为了支持多协议栈而引入了 EVPN 技术。EVPN 的具体概念可参见 6.4 节。5G 承载网演进第二阶段构架如图 11-4 所示。

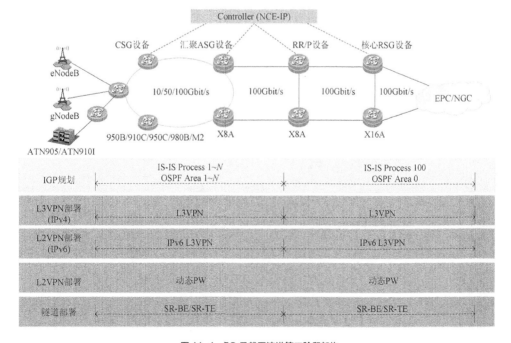

图 11-4　5G 承载网演进第二阶段架构

　　就目前运营商经济状况而言，4G 建网成本尚未收回，单独建设 5G 网络成本过高，因此，可以看到 4G 基站 eNodeB 与 5G 基站 gNodeB 混合组网的场景。

通常需要对 4G 承载网进行改造以达到 5G 承载网的要求：在硬件方面，对于无法支持 5G 基站带宽接入要求的设备需要进行更换退网，通过新增 NCE 控制器进一步实现转控分离，减轻转发设备压力；在协议方面，IGP 路由规划基本与 4G 网络保持不变；在隧道方面，使用 SR 隧道取代 LDP 及 RSVP-TE 隧道；在 VPN 方面，在 5G 建网初期可以沿用 4G 网络原有 VPN 部署方式，在 5G 建网成熟时期建议采用 IPv6 L3VPN 技术及 EVPN 技术替代传统的 IPv4 L3VPN 技术。

运营商具体采用的方案主要分为两大类：一类是 PTN 传送型承载网，主要使用者为中国移动，传送型承载网静态配置较多，依赖于网管或网络管理员下发，设备偏向传输，该方案网络较稳定，对网络管理人员维护能力的要求不高；另一类是 IPRAN 路由型承载网，主要使用者为中国联通和中国电信，承载网配置涉及较多动态协议，设备偏向路由，可以细分为 L2VPN+L3VPN 方案与 L3VPN+L3VPN 方案，该方案网络较灵活，对网络管理人员维护能力的要求较高。

11.2 中国移动方案示例

中国移动在 4G 阶段主要采用 PTN 的移动承载网方案。根据工信部 2020 年实现 5G 商用的目标，中国移动 2019 年在杭州、广州、苏州、上海等多个城市选择了数家厂商合作开展 5G 规模实验，逐步建成每城市百基站规模实验网，全面开展了 5G 端到端关键技术功能及基本性能测试，以及面向规模、组网、建设、网管、网优、互操作、互通等方面的验证。中国移动组网架构如图 11-5 和图 11-6 所示。

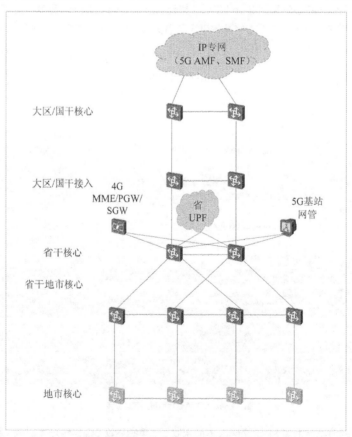

图 11-5　中国移动大区/国干 PTN 组网架构

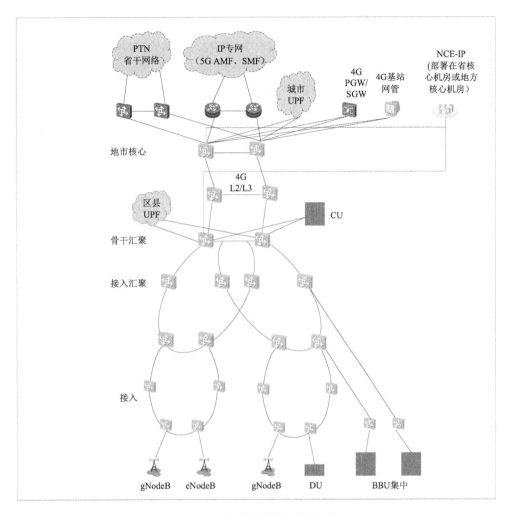

图 11-6　中国移动城域 PTN 组网架构

如图 11-6 所示，5G 承载网组网架构与现网当前 4G 网络架构相似，由核心环、汇聚环和接入环构成的城域网络，以及大区、国干网络共同组成。相比 4G 网络，5G L3VPN 部署到骨干汇聚（ L2VPN+动态 L3VPN ）甚至下沉到接入节点（ L3VPN 到接入 ）。为什么需要下沉 L3VPN 部署？在第 3 章中介绍了 4G 网络的 S1 和 X2 业务，S1 业务代表从基站 eNodeB 到核心网 EPC 的流量，X2 业务代表从基站到基站（ 即 eNodeB 之间 ）的流量。在 5G 阶段，通常将 4G 阶段的 X2 流量称为 Xn 流量。为了优化 Xn 流量，进一步降低承载网时延，需要将 L3VPN 下沉到汇聚节点甚至接入节点。

11.2.1　中国移动 5G 承载网物理设计

与 4G 阶段类似，5G 承载网中的设备按所处网络位置分为接入层、骨干汇聚层与核心层。接入层设备主要指的是与基站对接的接入设备，设备通常位于地市级的接入机房内，设备型号涉及不同厂商。骨干汇聚层设备位于地市汇聚机房内，地市核心设备位于地市核心机房内，一般只有一对或两对地市核心设备。因为它们是一个城市的核心设备，所以通常也被称为城域核心。某些业务流量需要通过城域核心上行到核心网终结，但每个地市不一定都有核心网设备。一般来说，一个省内一般只有一或两个地市有核心网，多数为省会城市或省内其他副省级城市。例如，江苏移动的核心网分别部署在南京与无锡，南京的核心网负责终结苏北各地市承载网上行的流量，无锡的核心网负责终结苏南各地市承载网上行的流量。因此，当本地市没有核心网时，城域核心必须对流量进行跨地市传送至有核心网的地市终结，所以地级级城域核心的上行是省干核心和国干核心。而国干核心和省干核心设备根据级别分别处于运营商国干网和省干网，即通常在网络工程部署建设时所说的一干和二干。城域核心以下归地市管辖，城域核心及省干核心归省公司管辖。每个地市的城域核心构成了省公司在该地市的落地设备。设备层级分工明确，一旦发生故障能够更快地响应故障，以确定责任归属。

中国移动 5G 承载网按层次进行划分，但承载网仅仅是端到端 5G 业务承载网的一部分，它上承核心网，下启无线前传网，在端到端 5G 业务承载网中起到了承上启下的作用。因此，承载网中与其他网络对接的设备十分关键，图 11-7 所示为 5G 承载网与无线前传网络（即基站）对接的部分。

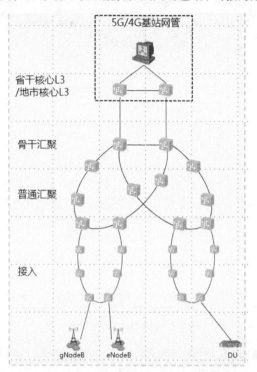

图 11-7　5G 承载网与无线前传网络（即基站）对接的部分

如图 11-7 所示，目前大部分地市尚未大规模部署 5G 基站，因此可以把它与 4G 基站共接入环部署。考虑到接入环共享带宽问题，需要替换某些性能不足的设备，接入设备下行到基站的带宽需求主要依据无线基站的带宽需求，无线基站的参考带宽为 10Gbit/s。承载网根据无线基站的带宽需求进行配置，接入环链路参考带宽为 50Gbit/s。在地市核心机房中部署集成了控制器功能的 NCE 网管对基站进行管理。两台核心设备通过 Ethernet 业务接口与 4G/5G 基站的 NCE 网管服务器互连，实现主备双归保护。在接入层次部署与基站对接时，推进以环形拓扑方式组建接入网络。出于冗余保护的目的，接入环一般不允许存在单链的情况，且汇聚设备之间互连链路在接入环初步组建完成后必须闭合才能保证东西向冗余保护，这就是运营商在建设网络中通常作为重要考核指标的成环率。

城域核心与核心网的对接如图 11-8 所示。从中可以看到，地市级城域核心与核心网的 UPF 设备处于同机房，即每个地市的核心机房。因此，只要本地市有核心网设备，业务流量就能在本地市核心机房内终结，而不必进行跨地市的流量传递。

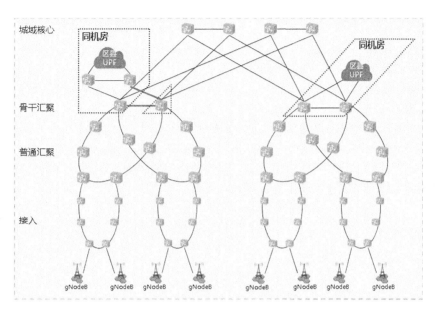

图 11-8　城域核心与核心网的对接

11.2.2　中国移动 5G 承载网规划设计

运营商首先需要有一个平台能够实现对承载网设备的统一管理。在 4G 时代，实现统一管理的网管平台较少，各厂商网管的最大缺陷就是厂商私有，无法管理其他厂商的设备。到了 5G 阶段，融合了 SDN 功能的 NCE 平台不仅能够实现各厂家设备的综合管理和统一调度，而且能够将原有路由转发设备上的部分功能（如标签分发、业务路径建立等）分离到 NCE 上统一下发，进一步减轻了转发设备的压力。相比 4G 阶段的各种网管平台，5G 网管平台可以说是全面升级了。NCE 网管服务器与设备互通如图 11-9 所示。其管理面继承了原来 4G 时代网管平台的功能；控制面功能由 NCE 中的 SDN 控制器模块提供，能够实现标签分配、业务创建等大部分原来路由转发设备的功能，并提供统一下发。这样，网络中的转发设备只需要专注转发平面的功能即可，实现了控制面和转发面功能的分离。

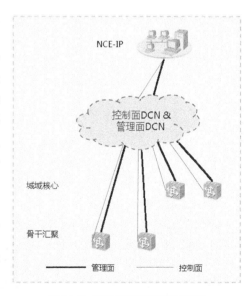

图 11-9　NCE 网管服务器与设备互通

5G 承载网组网架构如图 11-10 所示，其分成 3 个部分：地市级城域 PTN、省内骨干 PTN 与省际骨干 PTN。城域网与省干网、省干网与省际骨干网之间通常采用"口"字形结构互连。

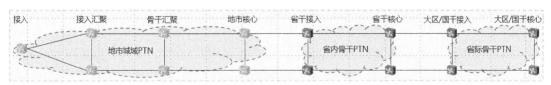

图 11-10　5G 承载网组网架构

对于省内骨干网和省际骨干网设备与链路，可以充分利用原有的 4G 设备与链路。对于性能无法达到要求的部分设备与链路，可以通过扩单板、扩端口、设备替换等方式进行性能提升。在扩容时要尽量留有余地，充分考虑到后续带宽进一步增加的可能性。

5G 承载网地市组网架构如图 11-11 所示。接入层为环形组网，因为接入环所有设备共享带宽，每个接入环建议不超过 10 个节点，一对汇聚设备下建议不超过 5 个接入环。若本地市接入节点过多，则接入设备可以细分为普通汇聚和骨干汇聚设备，一对骨干汇聚设备下建议带 4~8 个汇聚环，汇聚设备与核心设备通常部署"口"字形结构互连。城域核心节点一般成对出现，按地市规模部署，一般地域较小的地市可以部署一对核心，地域较大的地市可以部署两对核心。5G 承载网通过接入设备进行业务接入，城域核心是业务在本地市内的落地，负责将业务传递到核心网或省干网。

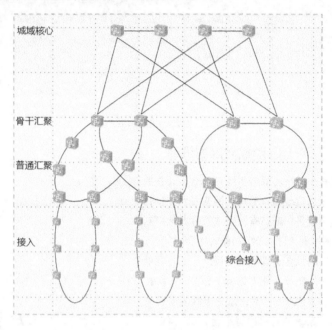

城域核心

骨干汇聚

普通汇聚

接入

综合接入

图 11-11　5G 承载网地市组网架构

5G 承载网具体的参数设计如下。

（1）第一部分是设备命名规则：运营商承载网设备的命名规则为物理位置–设备型号–设备编号。其中，物理位置指的是该设备在本地市内所处的物理位置，一般是一个物理地名；设备型号指的是该设备所用的厂商设备型号；而设备编号则是同一物理位置的多台设备以编号进行区分。例如，南京夫子庙–PTN980–1、南京夫子庙–PTN980–2 表示在南京夫子庙有两台承载网设备，设备型号是 PTN980。

（2）第二部分是端口描述规则：主要体现对端设备型号、端口编号及带宽三要素。例如，To–南京夫子庙–PTN980–1–GE1/0/1–10G。其他参数可视运营商具体情况选择添加。

（3）第三部分是链路命名规则：主要体现源/宿设备名称、端口编号和链路类型三大要素。参考格式为源设备名称–端口序号–宿设备名称–端口序号–链路类型。例如，机场–PTN7900–12–1/0/1–火车站–PTN990–1/0/1–10GE。

（4）第四部分是 5G 基础配置命名规则：这是 5G 时代新增的规则，在之前的 4G 承载网中是没有的。在 5G 基础配置中涉及了一些不同域的命名，先是区域通常是本地市名称，再是 5G 承载网中特有的 SR 域，参考格式为地市名称–区县名称–SR 域类型。例如，南京市–玄武区–接入域。其还包含 IGP 域，IGP 域的命名规则与 SR 域类似。

5G 承载网相关资源池的规划设计：首先是 IGP 资源池的规划设计，通常 IGP 资源池指的是 IGP 进程号资源，在运营商侧部署时，会根据核心汇聚环 IGP 域的数量来确定，接入环进程号资源则参考本地市接入环 IGP 域数量确定；其次是 IP 地址资源的规划设计，IP 地址资源主要分为链路 IP 地址资源、网元 IP 地址资源、业务 IP 地址资源，其中，链路 IP 地址通常采用 30 位掩码，网元 IP 地址需要保证全网唯一性，若发生不同网元 IP 地址冲突，则可能会导致网元在网管上离线托管，业务 IP 地址主要是基站和核心网设备 IP 地址，根据无线侧和核心网侧具体规划而定；最后是 VLAN 资源池规划设计，承载网中的 VLAN 通常不具备端到端意义，只是在对接基站侧和核心网侧用于识别业务。

技术部署方案部分的设计：IGP 路由的规划与部署，IGP 路由部署的目的是实现承载网内部设备之间的互连互通，如图 11-12 所示。

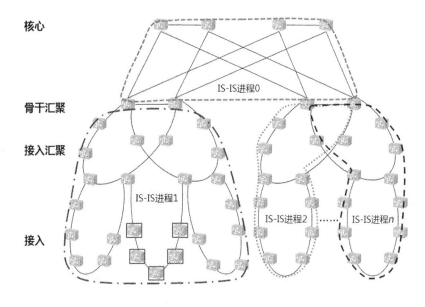

图 11-12　IGP 路由的规划与部署

从图 11-12 中可以看到，中国移动部署的承载网在 IGP 路由部分采用了 IS-IS 协议，接入环、汇聚环、核心环的 IS-IS 协议分别采用不同的进程号进行隔离。由于 IS-IS 协议扩展性和收敛速度较 OSPF 协议更好，所以在大型的运营商网络中，IS-IS 协议的应用往往比 OSPF 协议更加普及和广泛。IS-IS 协议在部署时有以下几点注意事项。

（1）接入环不能跨骨干汇聚设备组网。

（2）一个节点只能部署一个环回口地址，若该节点属于多个 IS-IS 进程，则只宣告到核心环进程。

（3）若同一链路属于多个 IS-IS 进程，则部署单端口多进程。

（4）原 4G 网络无须 IS-IS 协议，因此不承载 5G 业务的设备无须部署 IS-IS 协议。

（5）IS-IS 协议部署全网设备 Level-2 级别。

（6）IS-IS 协议本身收敛速度达不到承载网的要求，需要与 BFD 协议联合使用，实现故障情况下路由层面的快速收敛。

另外，在部署时需要特别注意 IGP 的开销值，IS-IS 协议的开销值默认为 10，但在某些场景下需要手动调整链路的开销值。IGP 开销值规划有以下几点原则。

（1）同一类型的链路开销值相同。

（2）流量需要绕行时优先走下层网络，即绕行点离流量源头越近越好。

（3）流量需要绕行时不能绕行到不相干的接入环或汇聚环。

（4）地市存在多对核心时，通过修改开销值使不同的汇聚设备优选某对核心。

（5）成对的汇聚设备及核心设备之间互连链路开销值要加大。

IGP 部分的具体配置请参见第 4 章。在打通了 IGP 路由的基础上可建立隧道路径，下面将介绍中国移动在 5G 承载网中重部署隧道的规划。

在第 5 章中曾提到 5G 承载网所用的隧道技术是 SR 技术，下面将介绍在中国移动的 5G 承载网中如何通过 SR 技术实现隧道部署。图 11-13 所示为中国移动 SR 域规划图。

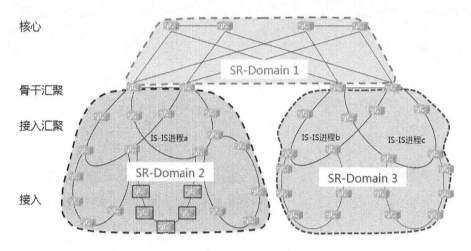

图 11-13　中国移动 SR 域规划图

如图 11-13 所示，一个 SR 域可以包含多个 IGP 进程域，每个 SR 域独立进行节点标签分配，且该节点标签在本 SR 域内唯一。每个节点标签可以标识一个 SR 节点，用于建立 SR-BE 隧道。SR 域的范围和节点标签可以由 NCE 控制器基于设备自动部署及统一下发。当某节点（见图 11-13 中的骨干汇聚）处于多个 SR 域时，可使用核心 SR 域分配的节点标签。

中国移动在使用 SR 技术建立隧道时，对原有技术进行了扩展，叠加了部分 MPLS-TP 功能，称之为 SR-TP。SR-TP 增加了端到端的 OAM 功能，可以实现业务的快速检测，发现问题时能够进行快速保护倒换，同时支持业务质量的端到端监控。SR-TP 采用了 SDN 架构，SDN 控制器通过收集网络拓扑信息进行全网路径的统一计算，相对于传统的路由器单节点进行路径计算的方式，大大减小了 CPU 和网络带宽的消耗，通过 SR-TE（面向连接）和 SR-BE（面向无连接）隧道，可以很好地支撑 5G 云化网络灵活连接需求。例如，对于比较灵活的转发业务（X2），可以采用 SR-BE 隧道进行承载，而 SR-TE 隧道可以用来承载 S1 业务和其他流量。SR-TP 隧道转发过程如图 11-14 所示。

从图 11-14 中可以看到，接入设备 PTN_1 收到 NCE 控制器下发的标签栈，其中，栈底标签 Path SID（即 SR-TP 隧道标签）用以表示目的地；而外层的 1、5、8 三重标签则是邻接段标签，用于唯一标识一段链路，每经过一段链路将对应的邻接段标签剥离。简单来说，PTN_1 根据外层的邻接段选择了 PTN_1 上行至 PTN_2 至 PTN_3 最终到达 PTN_5 的这条路径作为隧道流量的转发路径，即图 11-14 中虚线所描述的路径。SR 的具体配置参见第 5 章。

上文介绍了中国移动的隧道部署，在隧道之上承载着不同的业务路径，前文也提到了在网络中通常以不同的 VPN 通道承载不同的业务流量，在一条隧道中可以承载多个 VPN 通道。下面将介绍中国移动承载网中 VPN 技术的部署。

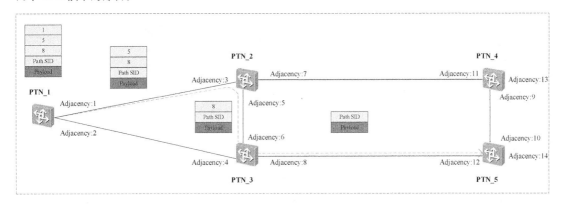

图 11-14 SR-TP 隧道转发过程

在中国移动网络中，VPN 部署通常有两种方案，即 L2VPN+L3VPN 以及端到端 L3VPN。这两种方案的不同之处在于，L2VPN+L3VPN 方案在接入到汇聚之间仍然可以沿用 4G 阶段的 L2VPN，将汇聚到核心之间改造为 L3VPN，其优点是部分利旧，地市公司的原有 4G 组网无须大的变动；而端到端 L3VPN 方案则需从接入到核心全部改造为 L3VPN，这更符合 5G 网络端到端 IP 化的趋势，其优点是承载网全网 IP 化，缺点是归属地市公司管辖的接入层和汇聚层设备也需要进行 L3VPN 改造，工作量大，对于公司内部网络管理人员的维护能力要求较高。

L2VPN+L3VPN 组网架构如图 11-15 所示。可以看到，在 SR-TP 隧道建立的基础之上，接入点与双归汇聚点之间部署了 L2VPN，汇聚点与核心点之间部署的 L3VPN 承载 S1 业务流量，汇聚点与其他汇聚点之间需要部署 L3VPN 承载 X2 业务流量。由于 L2VPN 在原有 4G 阶段已经部署，可以充分利旧，所以实际需要改造部分是汇聚设备的上行部分。

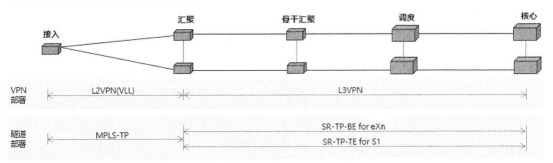

图 11-15 L2VPN+L3VPN 组网架构

端到端 L3VPN 组网架构如图 11-16 所示。可以看到，端到端 L3VPN 在接入设备到地市核心设备之间部署了 SR-TP-TE 隧道；接入到汇聚、汇聚到核心分层次部署 L3VPN 承载 S1 业务流量；接入环接入设备之间部署 L3VPN 全互连，实现环内 Xn 流量就近转发；汇聚设备之间部署 L3VPN 全互连，实现跨接入环的 eXII 流量转发。与 L2VPN 全互连相比，端到端 L3VPN 实现更加复杂，对于地市公司原有网络改动较大，在现网应用中可以根据实际情况选择任意一种方案。具体配置可参见第 6 章。

现网中不管何种业务都必须有保护机制，一旦中断就可能给客户带来不可估量的经济损失，因此，除了业务部署技术之外，故障保护技术也至关重要。前面曾经详细介绍过不同的保护技术，在此具体保护技术不再过多介绍，这里主要介绍在承载网方案中针对路由、隧道、VPN 等不同层面不同对象的保护技术，以及保护位置、能够实现的保护性能等。

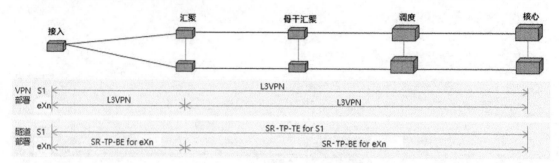

图 11-16　端到端 L3VPN 组网架构

结合业务来考量，可以将保护技术分为南北向保护技术（基站到核心网设备的业务流量保护）与 Xn 流量保护技术（基站到基站之间的业务流量保护）。下面将通过两个例子来展示这两种业务流量保护中所使用到的保护技术。南北向业务（即 4G 时代的 S1 业务流量）所涉及的保护技术如图 11-17 所示。

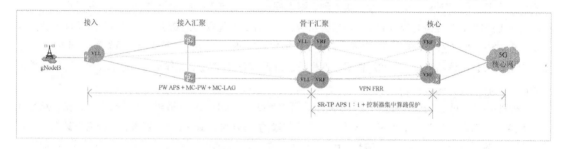

图 11-17　南北向业务所涉及的保护技术

Xn 业务所涉及的保护技术如图 11-18 所示。

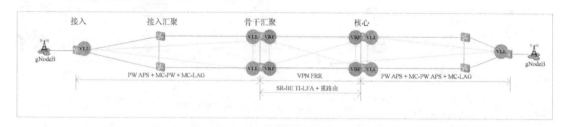

图 11-18　Xn 业务所涉及的保护技术

这两种业务流量所涉及的保护技术涵盖了 5G 承载网大部分的保护技术，保护技术名称及功能如表 11-1 所示，各业务所涉及的检测/保护位置、检测/保护机制及保护倒换性能如表 11-2 所示。

表 11-1　保护技术名称及功能

技术名称	功能
MPLS-TP	用于 L2VPN 保护，通过 MPLS-TP 实现 LSP/PW 层的快速故障检测
PW APS	用于 L2VPN 保护，通过 1：1 备份实现链路和节点故障时的保护倒换
LSP APS	用于汇聚节点保护，在汇聚节点之间部署可实现 LSP 的 1：1 保护倒换

续表

技术名称	功能
MC-LAG	用于 L2VPN 保护，在骨干汇聚 PTN 节点的 L2VE 上配置 MC-LAG，配合 MC-PW APS，实现 L2VPN 业务的双归
BFD	用于快速故障检测，可以与多种协议联合使用
TI-LFA	用于保护 SR-BE 隧道，通过在故障节点下发修复列表，将流量导向备份路径
SR-TP APS	用于保护 SR-TP 隧道，通过 1∶1 备份实现保护倒换
VPN FRR	用于保护 L3VPN，可以实现主备 L3VPN 通道的快速切换

表 11-2   各业务所涉及的检测/保护位置、检测/保护机制及保护倒换性能

检测/保护位置	检测机制	保护机制	保护倒换性能
L2VPN 网络侧	MPLS-TP OAM / MPLS OAM	LSP APS 1∶1 / MC-PW APS	50ms
L3VPN 网络侧	SR-TP OAM	SR-TP APS 1∶1、VPN FRR	50ms
	端口状态	TI-LFA	50ms
	IGP 收敛	重路由，IS-IS 协议收敛完成后，SR-BE 再重路由	百毫秒级
	IGP 收敛	SR-BE 隧道的 VPN FRR 节点故障	<1s
核心 PTN 节点核心网侧	BFD 、802.3ae、LACP	核心 PTN 节点上：IP/VPN 混合 FRR 核心网设备上：主备静态路由	50ms

表 11-1 和表 11-2 列出了中国移动 5G 承载网中所用到的保护技术、检测/保护位置等参数，每种技术的具体细节参见第 10 章。

11.3 中国电信&中国联通方案示例

中国电信与中国联通所使用的承载网方案都是路由型承载网解决方案，称之为 IPRAN，因此，两者有很多共通之处，在此将其合并讨论。IPRAN 方案的优势在于 4G 阶段本身就使用了很多动态协议，选路灵活，因此，相比中国移动，中国电信和中国联通在 5G 承载网改造中更加便捷。

11.3.1 中国电信&中国联通 5G 承载网物理设计

如图 11-19 所示，目前，中国电信、中国联通 5G 承载网与 4G 时代相比功能更加多样化。

目前，5G 网络旨在为运营商提供能够统一承载移动、固定以及专线业务的综合性承载网，脱离了原有 4G 网络主要承载移动业务的瓶颈。以后家庭宽带无须光纤入户，只需通过无线接入到附近的 5G 基站即可实现家庭宽带拨号上网，完全脱离物理介质的束缚，也节省了一大笔物理链路资源的花费。其在满足大带宽、低时延、高业务量、高精度时间同步等符合 5G 网络发展需求的同时，也能够帮助运营商及客户降低成本。

不管是中国移动的 PTN 方案，还是中国电信和中国联通的 IPRAN 方案，对于物理组网架构而言基本上是一致的，都可以分为接入环、汇聚环及核心环。在原有 4G 承载网中，IPRAN 有两种不同的方案：分层 VPN（HVPN）与混合 VPN（Mixed-VPN）。这两种方案的区别是 HVPN 即层次化的 L3VPN，从接入到汇聚到核心都是三层；而 Mixed-VPN 即 L2VPN+L3VPN，从接入到汇聚是 L2VPN，从汇聚到核心是 L3VPN。中国电信在 4G 阶段只使用 Mixed-VPN，而中国联通在 4G 阶段会根据每个地市的不同情况而确定使用哪种方案。在 5G 阶段，为了端

到端 IP 化，HVPN 方案将会广泛应用。而 Mixed-VPN 方案会逐渐减少，且只用来承载固有业务。这一点对中国电信影响较大，原来地市公司只负责接入到汇聚的 L2VPN 开通，现在维护人员必须掌握 L3VPN 开通，但对中国联通的维护人员影响较小。

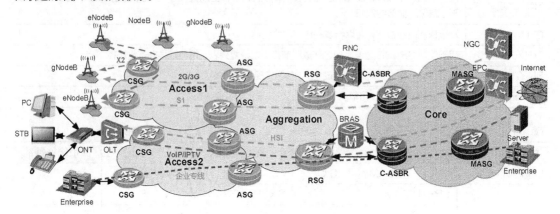

图 11-19　中国电信、中国联通 5G 承载网

HVPN 方案组网架构如图 11-20 所示。接入层设备在 IPRAN 方案中称为 CSG，汇聚层设备称为 ASG，核心层设备称为 RSG。接入层由 CSG 设备组成，通常采用环形组网，链形组网消耗纤缆资源较多，现网中已较少采用。汇聚层由 ASG 设备组成，主要负责汇聚接入层的流量。核心层由成对的 RSG 设备组成，负责将流量上行至核心网。一般情况下，RSG 不能直接带接入环，以免增加核心设备压力。不同厂家有不同型号的设备适用于 IPRAN。CSG 设备对接业务侧终端包括但不限于基站，因此，接口和纤缆连接的类型要求多种多样，能够提供更丰富的端口接入。而 ASG 与 RSG 设备主要用于业务流量的汇聚和快速转发，经常需要转发大量的业务流量，因此，侧重点在于设备的端口带宽及转发性能。

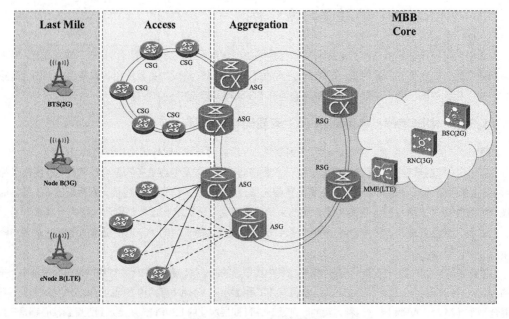

图 11-20　HVPN 方案组网架构

11.3.2　中国电信&中国联通 5G 承载网规划设计

对于基本的参数资源池规划，每个运营商都大同小异，可以参考中国移动的相关方案，这里重点关注 IPRAN 方案与 PTN 方案在技术部署时的不同之处。首先介绍 IGP 部分，需要注意的是，在 IGP 部署部分，中国电信和中国联通在路由协议选择部分略有区别。在 IGP 部署时，中国联通的接入层、汇聚层、核心层设备间均采用 IS-IS 协议，接入环、汇聚环及核心环的 IS-IS 协议采用不同进程互相路由隔离，如图 11-21 所示。而中国电信在接入环中采用了 OSPF 协议，汇聚环及核心环采用了 IS-IS 协议，如图 11-22 所示。IS-IS 协议扩展性和收敛更好，但是就一个接入环不超过 20 个节点的设备数量而言，OSPF 协议与 IS-IS 协议的收敛速度几乎没有差别，为了与其他运营商区分，中国电信在接入环中部署了 OSPF 协议。中国电信和中国联通方案中的 IS-IS 协议均使用 Level-2 层级。

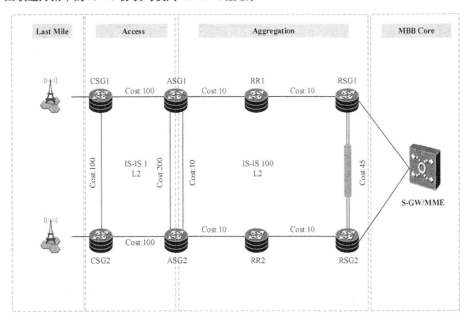

图 11-21　中国联通 HVPN IGP 部署方案

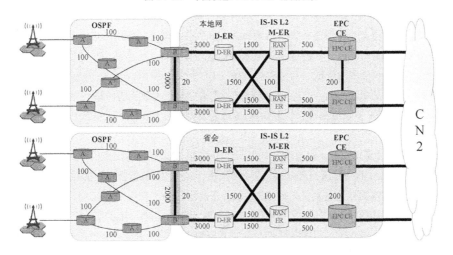

图 11-22　中国电信 HVPN IGP 部署方案

如图 11-20 和图 11-21 所示，在接入环或汇聚环中，一般情况下，每一段链路的开销值部署都是相同的，但是汇聚设备对及核心设备对之间互连链路的开销值往往需要加大。该调整的目的是在网络正常情况下防止接入环流量绕行到汇聚设备之间的互连链路上。网络正常情况下，汇聚设备对与核心设备对之间的互连链路上不允许存在流量对穿的情况。在图 11-21 中，可以发现汇聚设备对之间互连链路的开销值越向上行越大，这是为了在网络需要进行路径切换时，将切换点尽量下移到靠近用户的位置。

为了部署 BFD for IGP 加快路由收敛，通常在现网中会配置 BFD 检测周期为 10ms。另外，针对 TI-LFA 保护技术，IGP 开销值做了简化，通过开销值的设置保证 IGP 路径走主路径，如图 11-23 所示。

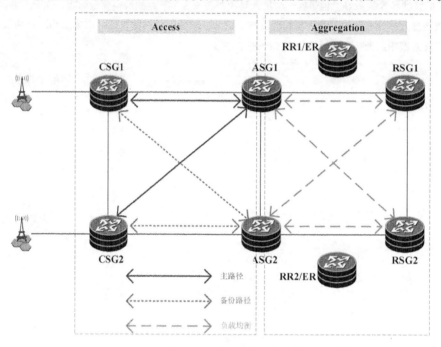

图 11-23　IGP 开销值的设置会影响选路

下面将介绍 IPRAN 方案中的隧道部署，在第 5 章中曾提到 5G 承载网络中的隧道部署有 SR-TE 隧道与 SR-BE 隧道之分。SR-TE 隧道部署如图 11-24 所示，隧道 1 和隧道 2 为 CSG1 去往 RSG1 的主隧道，其余为备份隧道。备份隧道 3 为隧道 1 发生故障时接入环的备份隧道，备份隧道 4 是隧道 1 发生故障时汇聚核心环的备份隧道，备份隧道 5 是隧道 2 发生故障时汇聚核心环的备份隧道，备份隧道 6 是隧道 1 和 2 均出现故障时汇聚核心环的备份隧道，备份隧道 7 是从 RSG2 回到 RSG1 的备份隧道。因此，可以发现每个备份隧道都有其固定的保护点，每个备份隧道都是必须建立且不可替代的。每个 SR-TE 隧道都建议配置热备份保护，实现故障情况下隧道路径的快速切换。故障检测则依靠 BFD for TE-LSP 和 BFD for TE-Tunnel 实现。

下面将介绍 SR-BE 隧道部署，如图 11-25 所示。SR-BE 隧道根据首节点的 MPLS 标签栈即可控制报文在网络中的传输路径。SR-BE 隧道基于转发器计算路径，各转发器通过 IGP 收集 SR 域的 SR 信息，再结合 IGP 拓扑信息，计算出到达各转发器的 SR 转发，最终形成 Full Mesh 隧道。SR-BE 隧道路径依赖于公网 IGP 部署，SR-BE 隧道所经过的每个节点都必须使能 MPLS 功能，且必须配置 SRGB 全局标签范围。这里需要特别注意的是，SRGB 标签范围需要大于 IGP 环内节点数，否则会有节点因分不到标签而导致无法转发，建议使用统一的 SRGB 范围。

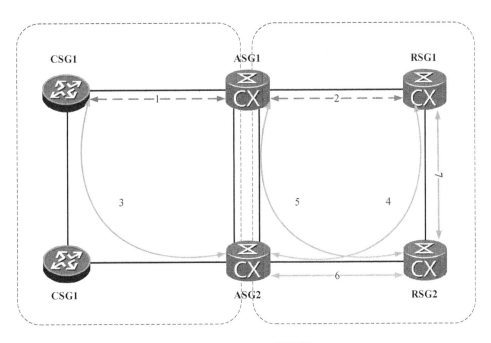

图 11-24 SR-TE 隧道部署

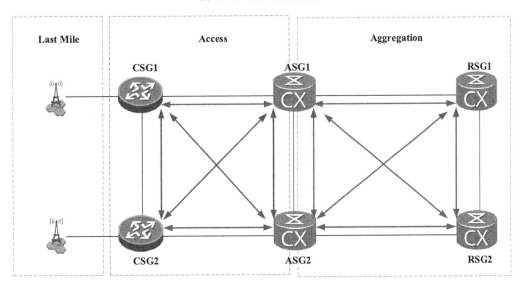

图 11-25 SR-BE 隧道部署

SR-TE 隧道与 SR-BE 隧道的对比如表 11-3 所示。

表 11-3 SR-TE 隧道与 SR-BE 隧道的对比

对比参数	SR-TE 隧道	SR-BE 隧道
IGP 快速收敛	配置	配置
隧道路径约束	不配置约束点	配置路径约束
故障检测技术	BFD	BFD
保护倒换技术	Hot-Standby	TI-LFA

SR-TE 隧道具有以下特点。

（1）不配置约束点，主备路由控制器控制，最大限度地发挥流量调优能力。

（2）SR-TE 隧道保护采用 Hot-Standby 的方式。

（3）IGP 配置快速收敛。

（4）接入侧、汇聚侧部署 BFD for SR-TE LSP 和 BFD for SR-TE Tunnel。

SR-BE 隧道具有以下特点。

（1）IGP 配置快速收敛。

（2）IGP 使能 SR 功能，配置标签范围 SRGB。

（3）IGP 部署 TI-LFA 特性，同时配置 BFD for IGP，加快了链路故障倒换时间。

（4）部署 BFD for SR-BE，加快了节点故障倒换时间。

（5）主备路由转发器控制，依赖于 IGP。

目前来说，对于 IPRAN 承载网中 VPN 业务的部署，现网最普及的还是端到端 Ethernet 业务，端到端 Ethernet 业务的 VPN 部署如图 11-26 所示，从 CSG 到 RSG 通过建立层次化的 L3VPN 承载业务流量。

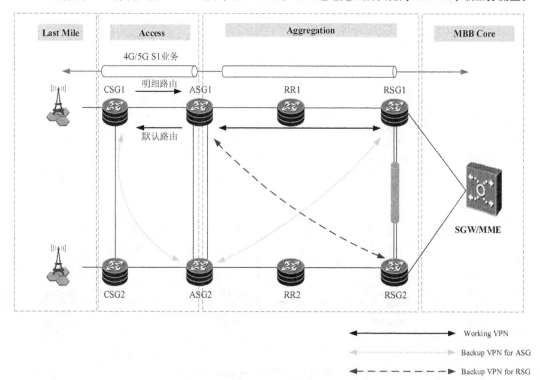

图 11-26　端到端 Ethernet 业务的 VPN 部署

如图 11-26 所示，在接入到汇聚、汇聚到核心之间建立 L3VPN。到目前为止，在运营商网络中说到的 L3VPN 通常指的就是 BGP MPLS VPN 技术，因此必须在节点与节点之间互相运行 MP-BGP。部署完成 MP-BGP 后即可进行 VPN 的部署，首先是 S1 业务的 VPN 部署，如图 11-27 所示。

对于 S1 业务，上行时 CSG 通过 MP-BGP 对等体将私网路由以 VPNv4 路由的形式传递给 ASG，在 ASG 上修改路由下一跳为自己，并将路由发送给 RSG；下行时，RSG 将路由传递给 ASG，ASG 不再向 CSG 通告此路由，而是向 CSG 发布默认路由。流量上行时，通过默认路由到达 ASG，ASG 上部署了 VRF，通过查找 VRF 私网路由表进行转发。

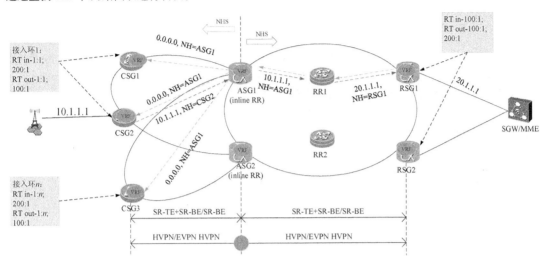

图 11-27　S1 业务的 VPN 部署

除了 S1 业务之外，另一种承载网中的常用业务就是 X2 业务，X2 业务的 VPN 部署如图 11-28 所示。

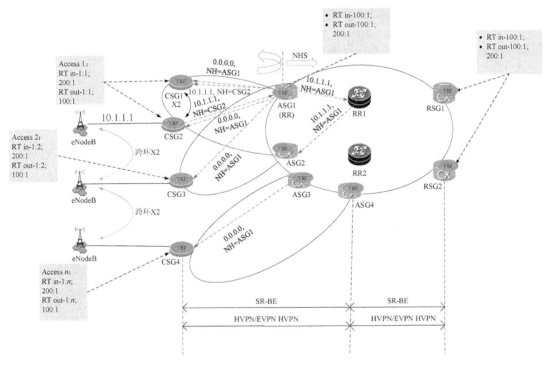

图 11-28　X2 业务的 VPN 部署

对于 X2 业务，CSG 发布的私网路由在 ASG 上进行反射，反射给同环 CSG 的路由。环内 X2 业务由发布明细路由就近转发，跨环 X2 业务利用默认路由进行转发，因此 ASG 上需要通过 VRF 发布默认路由给下挂所有接入环 CSG，以支持跨环 X2 业务。VPN 的保护技术就是前面章节中提到过的 VPN FRR。具体的 VPN 部署可以参考第 6 章。

本章小结

本章主要介绍了 5G 承载网的整体架构部署和各运营商的部署方案。现网中各运营商在部署 5G 承载网时原理虽相通但组网方案各有不同。本章先介绍了 5G 承载网的架构，再介绍了中国移动 5G 网络的组网架构与设计方案，最后介绍了中国电信&中国联通 5G 网络的组网架构和设计方案。

完成本章的学习后，读者应该对 5G 承载网的网络架构及三大运营商各自的网络设计方案有初步的了解，掌握现网中 5G 承载网的部署规划。

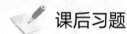 课后习题

1. 选择题

（1）在 5G 移动承载网方案中使用的隧道技术是（　　　）。
    A. LDP   B. RSVP-TE   C. MPLS-TP   D. SR

（2）在中国移动 5G 承载网场景下，IGP 改造中使用的协议是（　　　）。
    A. OSPF 协议   B. IS-IS 协议   C. BGP   D. 静态路由协议

（3）中国电信 IPRAN 网络中接入环所使用的 IGP 是（　　　）。
    A. OSPF 协议   B. RIP   C. IS-IS 协议   D. 静态路由协议

（4）IPRAN 方案中原有 L3VPN 部署需要用到的技术是（　　　）。
    A. MP-BGP   B. MPLS   C. LDP   D. IS-IS

2. 问答题

（1）简述 SR-TE 与 SR-BE 隧道建立标签分发的区别。

（2）画出 5G 中国电信 IPRAN 方案 S1 流量组网图。

（3）写出移动运营商在向 5G 演进时，改造的困难点及需要考虑的因素。

（4）简述 5G 中国电信 IPRAN 方案与中国联通 IPRAN 方案的不同之处。

（5）若使用 4G 与 5G 混合组网，则对于现网设备有哪些挑战？

（6）5G 承载网中南北向业务流量与 Xn 业务流量在网络设计时有何区别？